国家级一流本科专业
建设成果教材

# 大学物理实验教程

谷玉亭　王智勇　陆大伟　主编

College Physics Experiments

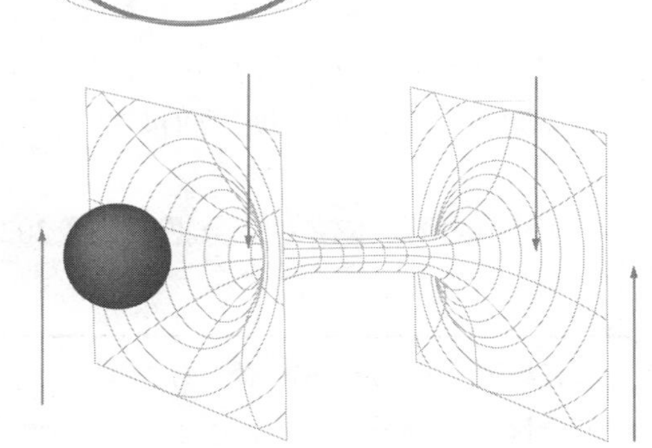

化学工业出版社
·北京·

## 内 容 简 介

物理实验是高等学校理工科的必修基础课程，是学生进入大学以后接受系统实验方法和实验技能训练的开端，是理工科类专业学生进行科学实验训练的重要基础。本书以教育部高等学校物理基础课程教学指导分委员会颁布的《理工科大学物理实验教学基本要求》为基础，结合应用型本科人才培养特点，考虑通用实验设备情况，将物理技术思想和工程应用实践有机结合，全书共分6章，分别是绪论、力学和热学实验、电磁学实验、光学实验、近现代物理实验和设计性实验。

本书可作为高等院校非物理专业的物理实验课程教材，也可作为实验技术人员和有关教师的参考用书。

**图书在版编目（CIP）数据**

大学物理实验教程 / 谷玉亭，王智勇，陆大伟主编
.— 北京：化学工业出版社，2024.3
ISBN 978-7-122-45131-6

Ⅰ. ①大… Ⅱ. ①谷… ②王… ③陆… Ⅲ. ①物理学-实验-高等学校-教材 Ⅳ. ①O4-33

中国国家版本馆 CIP 数据核字（2024）第 044099 号

责任编辑：王 婧 杨 菁 石 磊　　文字编辑：赵 越
责任校对：王鹏飞　　装帧设计：张 辉

出版发行：化学工业出版社（北京市东城区青年湖南街 13 号　邮政编码 100011）
印　　装：大厂聚鑫印刷有限责任公司
787mm×1092mm　1/16　印张 14¼　字数 353 千字　　2024 年 7 月北京第 1 版第 1 次印刷

购书咨询：010-64518888　　售后服务：010-64518899
网　　址：http://www.cip.com.cn
凡购买本书，如有缺损质量问题，本社销售中心负责调换。

定　　价：39.00 元

# 前言

大学物理实验课是高等院校理工科专业的一门独立的必修基础课程，是理工科学生入学后接受系统实验训练的开端。通过这门课程的学习，学生能够在实验的基本理论、方法和技能等方面受到系统而严格的训练，不断提高实验技能和创新能力。

本书以教育部高等学校物理基础课程教学指导分委员会颁布的《理工科大学物理实验教学基本要求》为基础，结合应用型本科人才培养特点，考虑通用实验设备情况，将物理技术思想和工程应用实践有机结合，构建服务于全面建设社会主义现代化国家的基础性实践教学体系。本书共分为 6 章。第 1 章为绪论；第 2 章为力学和热学实验，共 11 个项目；第 3 章为电磁学实验，共 11 个项目；第 4 章为光学实验，共 8 个项目；第 5 章是近现代物理实验，共 8 个项目；第 6 章为设计性实验，共 12 个项目。附录有 3 项内容，附录 1 为用 MS Excel 绘制实验曲线，用实例介绍了用 MS Excel 的图表功能绘制实验曲线的方法；附录 2 为物理实验报告模板，以帮助并规范学生撰写实验报告；附录 3 为物理实验练习题，帮助学生复习和巩固学过的物理实验基础理论等内容。

本书凝聚了沈阳工业大学基础部物理实验教学中心全体教师多年教学的智慧和成果。本书由谷玉亭、王智勇、陆大伟主编，参加编写的教师还有孙旸、刘扬、李云飞、王莉等。本书借鉴了相关文献，并参阅了兄弟院校的部分资料，在此深表感谢。

因编者水平有限，书中难免有疏漏之处，诚请广大读者不吝指正。

编者

2024 年 1 月

# 目录

扫一扫

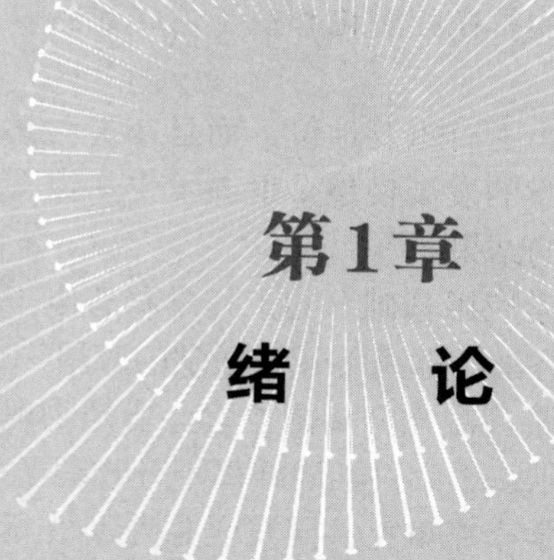

# 第1章 绪 论

物理学是一门实验科学，物理实验体现了大多数科学实验的共同特性，其包含的物理实验思想、方法和手段，是其他各学科科学实验的基础。

物理实验是对高等学校理工科学生进行科学实验基础训练的一门独立的必修基础课程，是学生进入大学以后受到系统实验方法和实验技能训练的开端，是理工科专业学生进行科学实验训练的重要基础。

在大学物理实验课程学习过程中，学生应根据每一个实验项目的目的与要求，预习了解实验背景，按照实验原理和内容进行实验操作，从中学习具体的实验方法和技能。通过一系列不同层次实验的系统而严格的训练，不断提高自身的实验能力。

如何在实验中仔细观察现象、规范使用仪器、记录实验数据、正确处理数据并独立撰写实验报告等内容是学生必须掌握的实验基础知识。本章要求学生在实验操作前修读，并随着物理实验课的进程，逐步深入地学习。

## 1.1 物理实验的作用

物理实验是科学实验的先驱，在物理学发展过程中，实验起着决定性的作用。物理学中每个概念的确立、原理和规律的发现、物理理论的建立，都必须以严格的物理实验为基础，并受到实验检验。

在物理学发展史上，伽利略用“对接斜面”的理想实验提出了惯性定律；焦耳通过大量精确的实验结果论证了机械能和电能与内能之间的转化关系，他测定的热功当量的一致性，为能量守恒和转化定律奠定了不可动摇的基础；库仑用扭秤精密测定电荷间静电力的实验，开启了电磁学的定量研究；牛顿的万有引力定律的正确性被海王星的发现和哈雷彗星的准确观测等实验所证明，而他关于光的微粒学说却被托马斯·杨的双缝干涉实验所否定。

物理实验还是物理理论演变、发展的动力。进入 20 世纪，一些实验现象与经典物理学相悖，特别是两朵乌云和三大发现。前者指的是黑体辐射和迈克尔逊-莫雷实验；后者指 X 光、放射性和电子的发现。由于用经典物理学难以解释上述现象，现代物理学两大支柱理论——相对论和量子力学由此建立。尽管相对论和量子力学主要是由理论物理学家所创立，但这两个理论的正确性却是经过实验检验的。在相对论和量子力学建立以后，大量实验证实了它们的正确性。

物理实验不仅在物理学的发展中占有重要地位，而且在推动其他自然学科和工程技术的发展中也起着重要作用。当代物理学的发展使整个世界发生了惊人的变化，而这些变化正是物理学在各个学科和工程领域应用的结果。

以物理学为基础或建立在物理学应用基础上的工程学科有电工学、热工学、无线电电子学等。许多新材料的发现及其制备方法，都离不开物理学的应用。在化学领域，从物理化学、光谱分析到量子化学，从放射性测量到激光分离同位素，皆是物理学的应用。在生物学发展过程中，更离不开各类显微镜的贡献；生命科学同样离不开物理学的应用，DNA 双螺旋结构是由美国生物学家沃森和英国物理学家克里克共同发现并为 X 光衍射实验所证实。在医学方面，从 X 光透视、B 超诊断、CT 诊断、核磁共振诊断到各种理疗手段，包括放射性治疗、激光治疗、$\gamma$ 刀等都是物理学的应用。

物理学正在渗透到各个学科领域，这种渗透无不与实验密切相关。显然，实验是物理理论到其他应用学科的桥梁和纽带，只有掌握物理实验的基础理论和基本技能，才能顺利地将物理学原理应用到其他学科和工程技术中。

## 1.2 物理实验课的目的、要求

### 1.2.1 物理实验课的目的

物理实验课的目的是培养学生的基本科学实验技能，建立学生的科学实验基本素质，使学生初步掌握实验科学的思想和方法，开拓学生的科学思维和创新意识，提高学生的分析能力和创新能力。同时，培养学生理论联系实际和实事求是的科学作风，认真严谨的科学态度，积极主动的探索精神，遵守纪律、团结协作、爱护公物的优良品德。

### 1.2.2 物理实验课的要求

掌握基本物理量的测量方法、常用仪器的性能与使用方法和基本实验操作技术，学会常用的物理实验方法、测量误差的基础知识和实验数据的处理方法。

具有独立实验的能力，即通过阅读实验教材，掌握实验原理，规范使用仪器，准确记录并正确处理数据，客观分析实验结果，独立撰写实验报告的能力。

物理实验课包括课前预习，实验操作与记录，撰写实验报告。

（1）课前预习

详细了解实验室的各项规章制度和相关实验的注意事项。

仔细阅读实验教材及相关文献，了解实验目的与要求、实验原理与方法、实验仪器的性能与操作规程等，预习，用自己的语言写好实验报告。实验报告内容大致包括：

① 实验报告封面信息；

② 实验目的——应学会的实验方法或预期的实验结果；

③ 实验原理——简要的实验理论和方法，必要的实验装置示意图，注意事项等；
④ 实验仪器——实验用到的主要仪器、量具、元器件等（应到实验室后填写）；
⑤ 实验内容——实验的关键步骤和注意要点；
⑥ 实验表格——依据实验要求设计用于记录原始数据的表格。

（2）实验操作

① 学生进入实验室后，应按要求签名，并根据分组情况找到自己的位置；
② 结合实验仪器进一步了解所用仪器的操作规程、使用方法和注意事项；
③ 按实验内容和要求，合理布置实验仪器，包括电路连接、光路布置等；
④ 请指导教师检查实验仪器布置情况，符合要求后进行下一步；
⑤ 对各个仪器进行零点调节或校准；
⑥ 测量第一个数据后，请教师检查，合格后进行下一步；
⑦ 按照实验要求，依次测量其余数据，将数据正确记录到数据表格内；
⑧ 实验数据测取完毕后，请指导教师审阅数据；
⑨ 数据经指导教师审阅签字后，整理还原仪器，并将实验凳归位。

（3）实验报告

实验报告应在预习报告基础上续写。

实验报告应依据数据处理方法与要求，进行数值和误差计算，正确表达实验结果，对实验结果进行分析、讨论，给出合理的评价，并进行实验总结。实验报告内容包括：

① 实验目的——应学会的实验方法或预期的实验结果；
② 实验原理——简要的实验理论和方法，必要的实验装置示意图，注意事项等；
③ 实验仪器——实验用到的主要仪器、量具、元器件等；
④ 实验内容——实验的关键步骤和注意要点；
⑤ 实验数据——未经改动、完整并经指导教师签字的原始记录；
⑥ 数据处理——计算公式及简要计算过程，误差计算，作图，实验结果的表达；
⑦ 分析讨论——对误差的评定，对实验结果的分析与讨论；
⑧ 实验总结——对实验的分析、评价、体会和建议等。

## 1.3 物理实验基本规则

在物理实验中，每一个项目都有其要求和操作规则，可在实验过程中逐一学习。其中电磁学实验和光学实验有些基本规则需要事先了解和掌握。

### 1.3.1 电磁学实验基本规则

电磁学实验要在保证人身安全的前提下进行，应特别注意：连接线路和拆线必须在断电状态下进行；操作时不能触及高压带电部位；尽量用单手操作。

（1）仪器布置

参照电路图，将需要操作的仪器放在近处，需要读数的仪表置于眼前，并根据布线合理、操作方便、实验安全、检查容易的原则布置仪器。

（2）电路连接

按照回路接线法连接线路。将电路分解为若干单元回路，接线时沿着单元回路，从电源正极开始，依次首尾相连，最后仍然回到起始点。按照同样方法，再从已连接好的单元回路的高电位开始连接下一个单元回路。这样一个回路、一个回路地连接线路，直至完毕。

（3）设置检查

连接好线路后，要检查线路是否正确、仪器是否设置在安全状态。比如电流表和电压表是否置于所需量程、变阻器的滑动端（或电阻箱旋钮）是否处于安全位置等。线路自检且仪器安全设置后，应请指导教师复查，合格后方能通电试验。

（4）通电试验

用跃接法通电试验。接通电源瞬间，及时观察仪器、仪表的反应。如果发现表针反向偏转、超出量程、线路打火或声音特殊等异常现象，应立即断电，重新检查，排除故障后方可继续试验。只有情况正常，才能进行实验。

（5）上电实验

在电路正常的情况下，开启电源开关，上电实验。按照仪器或电表的操作规程、使用方法和注意事项进行操作。调节仪器时，从其安全位置或安全状态开始。根据实验步骤，逐一测量数据。操作过程中应始终保证人身安全，并使仪器保持在安全状态下工作。

（6）断电整理

实验结束后，不要急于拆线。应先检查数据是否合理，并经教师检查，确认无误后，方可拆线。拆线前应将分压器和限流器调至安全位置，然后切断电源开关。拆线时应从电源开始，依次拆除其他仪器。最后将导线整理好，仪器归整、复原。

### 1.3.2 光学实验基本规则

光学仪器的主要部件是光学元件，它们多数是用光学玻璃制成的，其光学表面经过仔细研磨和抛光，有些还镀有薄膜。它们的机械性能和化学性能不是太好，若使用不当，则会降低其光学性能，甚至损坏报废。

① 必须在了解仪器和光学元件的操作规程与使用方法后再使用它们，并要轻拿缓放。

② 不能使仪器或光学元件受到震动或冲击，更要防止脱手落地。

③ 切勿用手触及元件的光学表面。取、放光学元件时，只可接触其磨砂面，比如棱镜的上下底面、光栅与透镜的边缘等（图 1.1）。

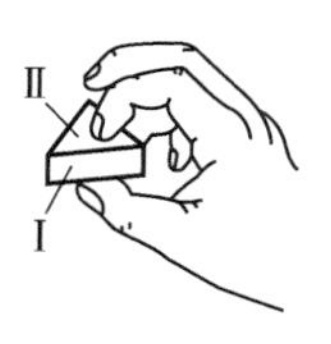

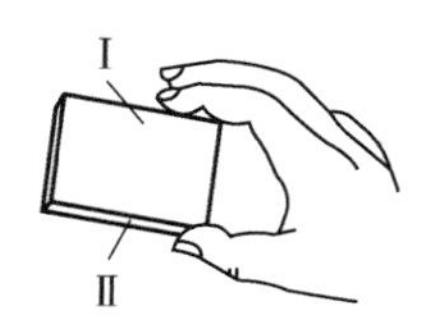

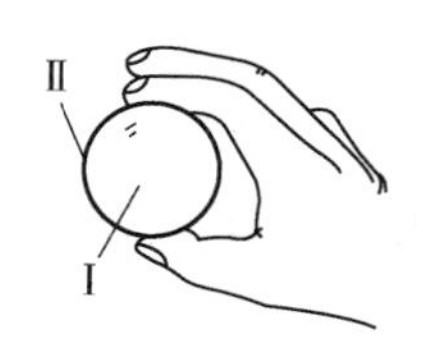


图 1.1　手持光学元件的方式

④ 勿对着光学元件说话、打喷嚏，以免污染它们。

⑤ 调节光学仪器时，应耐心细致，边观察边调节，动作要轻、慢、匀、稳，严禁盲目操作与粗鲁行事。

⑥ 光学元件表面若有灰尘，可用橡胶球吹掉或用干燥脱脂棉轻轻拭去。

⑦ 光学元件表面倘有轻微污痕，可用镜头纸轻轻拂去，不可用普通纸、手帕、衣角或袖口等擦拭。若光学元件表面有严重污痕，应由实验室人员处理。

⑧ 仪器和元件用毕，应及时放回原处，防止被污染。

## 1.4 测量误差及数据处理

测量误差、数值计算和测量结果的表示等数据处理方法不仅在物理实验中需要，在其他学科实验中也会用到。这些内容包括记录实验数据、数值与误差计算、数据结果的表示，以及列表法、作图法、逐差法和最小二乘法等数据处理方法。

数据处理是物理实验课的重要基础知识，需要认真阅读实验教材和相关文献，结合具体实验项目的学习，逐渐掌握。

### 1.4.1 测量与误差

#### 1.4.1.1 测量

物理实验的目的，是通过对某些物理量的测量，寻找物理规律，或根据已知的物理规律去设计新的实验方法。任何一项物理实验都离不开对物理量的测量，测量是物理实验的基本手段。所谓测量，就是用一定的工具或仪器，通过一定方法，直接或间接地与被测对象进行比较。测量的范围十分广泛，从由基本粒子组成的微观世界，到庞大星系构成的宏观世界；从粒子碰撞、蜕变的瞬间，到宇宙演变的漫长过程，都属于测量的范围。

物理实验的测量可分为两类：一类是用量具或仪器直接读出测量的结果，这类测量为直接测量，相应的物理量称为直接测得量，如米尺测长度，秒表测时间，电表测电流、电压等；另一类是由直接测得量代入公式进行计算得出测量的结果，称为间接测量，相应的物理量称为间接测得量，例如测量铜柱的密度时，可以用卡尺测出它的高 $h$ 和直径 $d$，算出体积 $V=\frac{\pi d^2 h}{4}$，然后用天平称出它的质量 $m$，则铜柱的密度 $\rho=m/V=4m/\pi d^2h$，$V$ 和 $\rho$ 都是间接测得量。

#### 1.4.1.2 误差理论

（1）误差概念

人们用仪器对某一物理量进行测量时，由于仪器、实验条件等各种因素的限制和影响，使得测量值总是与客观存在的实际值（真值）之间有一定的偏差，这个偏差称为测量的误差，也叫绝对误差，简称误差。

误差=测量值−真值。它的大小反映了人们的认识与客观真实的接近程度。误差存在于一切测量之中，而且贯穿于测量的始终。

被测量的真值是指在一定时间和空间、一定状态下，被测量客观存在的真实大小，它是个理想概念，通常情况下是无法得到的。所以在计算误差时，一般用理论真值、约定真值和相对真值来代替。理论真值（也称绝对真值），即通过理论证实而知的值，如平面三角形的内角和为 180°；约定真值（也称规定真值），即实际测量中在没有系统误差的情况下，足够多次的测量值的平均值；高一级标准器的指示值即为下一等级的真值，此真值被称为相对真值。实验的目的就是采用科学方法测得其“真值”。

测量中要绝对消除误差是不可能的，只能设法在测量时减少测量误差，尽可能得到被测物理量的最接近值，并估计测量的误差。为此必须研究误差的性质、来源和规律，以便达到测量的目的。

（2）误差的分类

根据误差的性质和产生的原因，误差可分为系统误差、随机误差、过失误差三种。

① 系统误差。系统误差具有确定性。在同一条件下进行多次测量时，误差的大小和正负或保持不变，或在条件改变时按一定的规律变化。增加测量次数并不能减少这种误差对测量值的影响。

系统误差主要来自以下几个方面：

一是仪器误差。测量是用仪器进行的，有的仪器较粗糙，有的较精确，但任何仪器都存在误差。所不同的是，粗糙的仪器其仪器误差大，精确的仪器其仪器误差小。因此，仪器误差对实验结果的影响是不可忽略的。

仪器误差用$\Delta_{仪}$表示，它是指在正确使用仪器的条件下，测量值和被测物理量的真值之间可能产生的最大误差。仪器误差通常是由制造厂家或计量机关确定，一般写在仪器的标牌上或说明书中。对于未标明误差的仪器，可取其最小分度值作为仪器误差。或者根据仪器的级别进行计算，如电表示值的最大仪器误差为

$$\Delta_{仪}=\pm量程\times级别（\%）$$

不同的量具、量仪，其仪器误差有不同的规定。例如：1/10s 的停表，仪器误差为 0.1s；游标卡尺、温度计等的仪器误差与其最小分度相等，如 50 分度的游标卡尺的仪器误差为 0.02mm。

本书对仪器误差采取以下原则：

a. 游标卡尺，仪器误差一律取卡尺分度值；

b. 螺旋测微计，量程 0～25mm 及 25～50mm 的一级千分尺的仪器误差均为 0.004mm；

c. 天平，标尺分度值的一半；

d. 电表，仪器误差=量程×准确度等级（%）；

e. 数字式仪表，取其末位数最小分度的一个单位；

f. 长度测量工具，酒精、水银温度计等，仪器误差或准确度等级未知，可取其最小分度值的一半；

g. 电阻箱、电桥，用专用公式计算[误差=读数×准确度等级（%）]。

单次测量不确定度，统一取最小分度值的 1/5。

二是方法误差。这是实验方法或理论不完善而导致的。如采用伏安法测电阻时因采用不同的连接方法，由电表的内阻产生的接入误差；采用单摆法测重力加速度测量周期时，由摆角引起的误差。

三是环境误差。这是周围环境（如温度、压力、湿度、电磁场等）的影响而引起的误差。

四是人身误差。这是观测人生理或心理特点所造成的误差，如个人的习惯与偏见等造成的误差。

系统误差一般都有较明显的原因，因此可以采用适当的措施加以限制或消除它对测量结果的影响。系统误差是测量误差的重要组成部分，所以发现系统误差，弄清其产生原因，进而消除它对测量结果的影响是十分必要的。

② 随机误差。随机误差又称偶然误差，它具有随机性。在同一条件下多次测量某一物理

量时，即使消除了一切引起系统误差的因素，测量结果也仍然存在着误差，这就是随机误差。

随机误差是由于人的感官灵敏程度和仪器精密度的限制、周围环境的干扰及随测量而来的其他不可预测的偶然因素的影响而产生的。如测量时被测物对得不准，平衡点定得不准，温度、湿度、电源电压的起伏涨落等引起的误差都属于随机误差。这些影响一般是很微小的而且是混乱的、无规律的，不像系统误差那样可以找出明显的原因并加以限制或消除。

随机误差使测量值有时偏大，有时偏小，不可预知。但当对一物理量进行多次测量时，这些测量结果将呈现出一定的统计规律性，即随机误差服从一定的统计分布，随机误差在测量次数很多时，基本上可以认为近似遵从正态分布规律，即其绝对值相等的正、负误差出现的概率相等，绝对值小的误差比绝对值大的误差出现的机会大。因此可以通过多次测量，取测量值的算术平均值的方法来减小或消除随机误差，提高测量结果的可靠度。

从统计规律角度讲，测量次数越多，所得的平均值越接近真值。但在实验当中并不是测量次数越多越好。因为增加测量次数必然要延长测量时间，这将会给保持稳定的测量条件增加困难。同时增加测量次数也会给测量者造成疲劳，这又能引起较大的观测误差。另外增加测量次数只能减少随机误差而不能减少系统误差，也就是说，只有当个别测量的随机误差超过该测量的系统误差时，多次测量才有意义，所以实际观测次数并不必太多。一般在科学研究当中，取 10 到 20 次，在物理实验课中取 5 到 10 次。当随机误差小于系统误差时多次测量就没有意义了，可以只取单次测量值。

③ 过失误差。过失误差即实验过程中由于过失、错误引起的误差。凡是用测量时的客观条件不能合理解释那些明显偏离正常测量结果的误差，均称为过失误差，也称为粗差。过失误差是由于实验者在观测、记录和整理数据过程中缺乏经验、粗心大意、疲劳等原因引起的。

刚开始进行实验时，可能会出现过失误差，但在教师的指导下不断地总结经验，提高实验素养，过失误差是可以防止出现的。含有过失误差的测量值称为异常值或坏值。在正确的测量结果中不应当含有过失误差。测量时如发现某一数值与同样条件下的其他数值有明显的区别，应怀疑为过失误差所致。应立刻把它删除，并重新再取一次该数据。

总之，系统误差、随机误差，由于它们的性质不同，来源不同，处理的方法也不同。对于系统误差和过失误差，只要我们不断积累经验，培养实验技能，把握实验条件是可以加以限制和消除的。对于随机误差可以通过取算术平均值的方法加以限制或减小。

### 1.4.2 测量的不确定度及结果表示

#### 1.4.2.1 测量的不确定度

不确定度是指由于测量误差的存在而对被测量值不能肯定的程度，它是表征被测量的真值在某个量值范围的一个评定。

在将可修正的系统误差修正之后，将余下的全部误差划分为两类，即多次重复测量用统计方法计算的 A 类不确定度分量 $U_A$ 和用其他方法（非统计方法）估算的 B 类不确定度分量 $U_B$ 。则总不确定度：

$$U=\sqrt{U_A^2+U_B^2} \tag{1.1}$$

#### 1.4.2.2 测量结果的正确表达式

测量结果表示被测量的真值在某一范围内的概率。所以一个正确的测量结果表达式，应包括它的测量值、总不确定度、单位，并写成测量结果表达式：

$$N = \bar{N} \pm U(\text{单位}) \tag{1.2}$$

有时为了全面评价测量的优劣，还需要考虑被测量本身的大小，可用相对不确定度来表示。即

$$E = \frac{U}{\bar{N}} \times 100\% \tag{1.3}$$

为了说明相对不确定度的意义，下面举一个例子。

例如测得两个物体的长度为 $L_1$=（23.50±0.03）cm，$L_2$=（2.35±0.03）cm，则其相对不确定度分别为：

$$E_1 = \frac{0.03}{23.5} \times 100\% = 0.1\%$$

$$E_2 = \frac{0.03}{2.35} \times 100\% = 1\%$$

从不确定度来看，两者相同，但从相对不确定度来看，后者是前者的 10 倍，我们认为第一个测量更准确些。

当被测量值有公认的标准值或理论值时，在实验结果的数据处理中，还常常把测量值与其公认值或理论值进行比较，并用百分差来表示实验结果：

$$E = \frac{|\text{测量值} - \text{理论值}|}{\text{理论值}} \times 100\%$$

（1）直接测量结果的表示和不确定度估计

在直接测量中，误差直接来源于测量，即前面讲过的系统误差、随机误差和过失误差。对于系统误差和过失误差可以在实验的操作过程中加以限制和消除。对于随机误差可以用取算术平均值的方法尽量减少对实验的影响。现在假设已经消除了系统误差，那么其测量结果可以用多次测量值的算术平均值来表示，而其误差可用多次测量的标准偏差来表示。

① 多次测量值的算术平均值。在同一条件下，对某一物理量进行 $n$ 次等精度的测量，其结果为 $x_1$，$x_2$，…，$x_n$，则我们可以用多次测量的算术平均值表示测量结果。即

$$\bar{x} = \frac{1}{n}\sum_{i=1}^{n} x_i \tag{1.4}$$

显然，测量次数 $n$ 越多，算术平均值越接近于真值，测量结果越准确。

② 标准偏差（又称方均根误差）。对某物理量 $x$ 进行 $n$ 次等精度测量，其算术平均值为 $\bar{x}$，各次测量的偏差为 $\Delta x_i = x_i - \bar{x}$，显然，这些偏差有正有负，有大有小。常用方均根法对它们进行统计，$n$ 次测量结果平均值的标准偏差为

$$S_{\bar{x}} = \sqrt{\frac{\sum (x_i - \bar{x})^2}{n(n-1)}} \tag{1.5}$$

③ 不确定度计算。当测量次数 $5 \leqslant n \leqslant 10$ 时，就可简化地取 A 类不确定度 $U_A = S_{\bar{x}}$（若 $U_B$ 可忽略不计时）可使被测量的真值落在 $\bar{x} \pm S_{\bar{x}}$ 范围内的概率接近或大于 95%。

B 类不确定度 $U_B = \Delta_{仪}/K$，$K$ 是一个系数，视 $\Delta_{仪}$ 的概率分布而定，可以计算，若 $\Delta_{仪}$ 为正态分布，$K=3$；若为均匀分布，$K=\sqrt{3}$；若为三角分布，$K=\sqrt{6}$。通常级别较高的仪器 $\Delta_{仪}$

可视为正态分布，级别较低的仪器$\varDelta_{仪}$可视为均匀分布。普通物理实验中若不能确定$\varDelta_{仪}$分布，可视为均匀分布，即，$K=\sqrt{3}$。

则直接测量结果的总不确定度为

$$U=\sqrt{U_A^2+U_B^2}=\sqrt{S_{\bar{x}}^2+\left(\frac{\varDelta_{仪}}{\sqrt{3}}\right)^2} \tag{1.6}$$

④ 直接测量量的结果表达式为

$$x=\bar{x}\pm U(单位) \qquad E=\frac{U}{\bar{x}}\times 100\% \tag{1.7}$$

讨论：

a. 在某些物理实验中，所用仪器精度不高，测量条件比较稳定，多次测量同一物理量结果相近，即随机误差很小（$U_A<1/3U_B$），故可对该物理量只作单次测量。

在单次测量中，就取该次测量值作为算术平均值，总不确定度只有B类不确定度，并且B类不确定度就用仪器误差来表示。

即
$$U=U_B=\frac{\varDelta_{仪}}{\sqrt{3}}$$

单次测量结果表达式

$$x=\bar{x}\pm\frac{\varDelta_{仪}}{\sqrt{3}}$$

b. 在某些物理实验中，系统误差已经消除，或减小到最低程度，并且所用仪器精度较高，测量条件比较稳定（$U_B<1/3U_A$）的情况下，主要存在随机误差，即可对该物理量采用多次测量。则总不确定度只有A类不确定度，并且A类不确定度可用标准偏差来表示。

即
$$U=U_A=S_{\bar{x}}$$

测量结果表达式

$$x=\bar{x}\pm S_{\bar{x}}$$

**例：**用米尺测量某一物体长度$l$，得到5次的重复测量值分别为34.2mm，34.3mm，34.4mm，34.4 mm，34.3mm，试求其测量值。

**解：**$\bar{l}=\frac{1}{5}\sum_1^5 l_i=34.32\text{mm}$（中间过程可多保留1至2位）

$$S_{(\bar{l})}=\sqrt{\frac{1}{5\times(5-1)}\sum_1^5(l_i-\bar{l})^2}=0.0866\text{mm}$$

$\varDelta_{仪}=0.5\text{mm}$（估计到最小分度值的1/2）

$$U=\sqrt{\frac{\varDelta_{仪}^2}{3}+S_{(\bar{l})}^2}\approx 0.3\text{mm}$$（不确定度取一位有效数字）

结果（由不确定度决定测量结果最佳值的有效数字）：

$l=(34.3\pm0.3)$ mm［尾数取齐，写成$(34.32\pm0.3)$ mm或$(34.3\pm0.30)$ mm都是错的］

$$E=\frac{U}{\bar{l}}\approx 0.87\%$$

（2）间接测量结果的表示和不确定度合成

在间接测量中，间接测量的结果是由直接测量结果根据一定的数学公式计算出来的。显然，直接测量结果的不确定度必然影响到间接测量的结果。

设间接测量量 $N$ 与各独立的直接测量量 $x$，$y$，$z\cdots$有下列函数关系，即

$$N = f(x, y, z\cdots)$$

设 $x$、$y$、$z\cdots$的不确定度分别为 $U_x$、$U_y$、$U_z\cdots$，它们必然影响间接测量结果，使 $N$ 也有相应的不确定度 $U_N$，由于不确定度都是微小的量，相当于数学中的增量，因此间接测量量的不确定度公式与数学中的全微分公式基本相同。不同之处是：①要用不确定度 $U_x$ 替代微分 $\mathrm{d}x$ 等。②考虑其最大值则在不确定度各项中都取正号。于是，我们可以用标准偏差的不确定度传递公式简化地计算 $N$ 的不确定度。

$$U_N = \sqrt{\left(\frac{\partial f}{\partial x}\right)^2 U_x^2 + \left(\frac{\partial f}{\partial y}\right)^2 U_y^2 + \left(\frac{\partial f}{\partial z}\right)^2 U_z^2 + \cdots} \tag{1.8}$$

$$\frac{U_N}{N} = \sqrt{\left(\frac{\partial \ln f}{\partial x}\right)^2 U_x^2 + \left(\frac{\partial \ln f}{\partial y}\right)^2 U_y^2 + \left(\frac{\partial \ln f}{\partial z}\right)^2 U_z^2 + \cdots} \tag{1.9}$$

式（1.8）适用于和差形式的函数，式（1.9）适用于积商形式的函数。

为了计算方便，将常用的一些标准偏差的传递公式列于表 1.1 中，以供参考。

由表可见，在计算间接测量量的标准偏差时，若测量函数关系为加减法，则用各自标准偏差的平方和来计算比较方便；乘除法用相对不确定度计算较为方便，且都取正号。

**表 1.1　常用函数的标准偏差传递公式**

| 函数表达式 | 标准偏差传递公式 |
|---|---|
| $N = x \pm y$ | $U_N = \sqrt{U_x^2 + U_y^2}$ |
| $N = xy$（或$N = \dfrac{x}{y}$） | $\dfrac{U_N}{N} = \sqrt{\left(\dfrac{U_x}{x}\right)^2 + \left(\dfrac{U_y}{y}\right)^2}$ |
| $N = kx$ | $U_N = kU_x$；$\dfrac{U_N}{N} = \dfrac{U_x}{x}$ |
| $N = \dfrac{x^k y^m}{z^n}$ | $\dfrac{U_N}{N} = \sqrt{k^2\left(\dfrac{U_x}{x}\right)^2 + m^2\left(\dfrac{U_y}{y}\right)^2 + n^2\left(\dfrac{U_z}{z}\right)^2}$ |
| $N = \sqrt[n]{x}$ | $\dfrac{U_N}{N} = \dfrac{1}{n} \times \dfrac{U_x}{x}$ |
| $N = \sin x$ | $U_N = \lvert\cos x\rvert U_x$ |
| $N = \ln x$ | $U_N = \dfrac{U_x}{x}$ |

对于其他函数关系的误差传递，可按下列步骤计算：

① 对函数求全微分（或先对函数取对数，再求全微分）；

② 合并同一变量的系数；

③ 改微分号为不确定度符号，且各项都取正号，代入标准偏差传递公式中进行计算。

**例**：已知某空心圆柱体的外径 $D_1=(3.600\pm0.004)$ cm，内径 $D_2=(2.880\pm0.004)$ cm，高 $h=(2.575\pm0.004)$ cm，求体积 $V$ 和不确定度 $U_V$，并写出正确的结果表达式。

**解**：圆柱体积

$$V=\frac{\pi}{4}(D_1^2-D_2^2)h$$
$$=\frac{\pi}{4}\times(3.600^2-2.880^2)\times2.575$$
$$=9.436(\text{cm}^3)$$

体积函数式的对数及其微分式为

$$\ln V=\ln\frac{\pi}{4}+\ln(D_1^2-D_2^2)+\ln h$$

$$\frac{\mathrm{d}V}{V}=\frac{\partial\ln V}{\partial D_1}\mathrm{d}D_1+\frac{\partial\ln V}{\partial D_2}\mathrm{d}D_2+\frac{\partial\ln V}{\partial h}\mathrm{d}h$$
$$=\frac{2D_1}{D_1^2-D_2^2}\mathrm{d}D_1+\frac{-2D_2}{D_1^2-D_2^2}\mathrm{d}D_2+\frac{1}{h}\mathrm{d}h$$

改微分号为不确定度符号，各项都取正号，代入标准偏差传递公式则有相对不确定度

$$\frac{U_V}{V}=\sqrt{\left(\frac{2D_1}{D_1^2-D_2^2}\right)^2U_{D_1}^2+\left(\frac{2D_2}{D_1^2-D_2^2}\right)^2U_{D_2}^2+\left(\frac{1}{h}\right)^2U_h^2}$$
$$=\sqrt{\left(\frac{2\times3.600\times0.004}{3.600^2-2.880^2}\right)^2+\left(\frac{2\times2.880\times0.004}{3.600^2-2.880^2}\right)^2+\left(\frac{0.004}{2.575}\right)^2}$$
$$=0.0081$$
$$=0.8\%$$

总不确定度 $U_V=V\times\frac{U_V}{V}=9.436\times0.8\%(\text{cm}^3)$

则空心圆柱体体积的测量结果表达式为：

$V=9.44\pm0.08(\text{cm}^3)$　　　　$E=\frac{U_V}{V}\times100\%=0.8\%$

## 1.4.3　有效数字及其运算规则

### 1.4.3.1　有效数字

在物理实验中，任何测量仪器都存在仪器误差，使用仪器对被测量进行测量读数时，所读取的数字的准确度直接受仪器本身的精密度——最小分度值的限制。为了获得较好的测量结果，在读取数值时，只能读到仪器的最小分度值，然后在最小分度值以下还可以再估读一位数字。如（1.3512…±0.01）cm 应当写成（1.35±0.01）cm。因为由不确定度为 0.01cm 可知，小数点后第二位已不可靠，是可疑的，在它以后的数字写出来便无多大意义了。这样，一个物理量的数值和数学上的一个数就有着不同的意义。在物理实验测量中，1.35≠1.350≠1.3500，因为它们反映了不同的测量精度。

我们把测量结果中可靠的几位数字加上可疑的一位数字，统称为测量结果的有效数字。

有效数字的最后一位应该是误差所在位。

例如，用精度为1mm的米尺测量一物体的长度，所得数据是25.2mm，其中25是从米尺上读出来的可靠数字，末位的2是估读出来的可疑数字。由此可见对于精度为1mm的米尺，选取的有效数字最后一位取到mm的下一位，再多取就没有意义了。显然选取有效数字和仪器的精度有直接关系。

#### 1.4.3.2 有效数字的选取

① 在用仪器直接测量中，有效数字应该读到测量器具最小分度的1/10、1/5或1/2，测量读数时读到最小分度的数是可靠数，而小于最小分度的估读数为可疑数。

如用最小分度为1mm的钢直尺测得某物体长度为23.4mm，其中2和3是可靠数，4是估读的可疑数，因此它的有效数字为3位。如果估读数正好与分度刻线重合，这一位不能舍去，因为数值的有效位数直接反映测量的正确程度，所以，最后刻线对准的一位务必写上“0”，这个“0”是有效的，它所代表的数值的不确定度范围可大不一样。

如：$x_1$=23.4mm，$x_2$=23.40mm，它们意味着：23.3≤$x_1$≤23.5mm，23.39≤$x_2$≤23.41mm。

② 对于标明准确度等级的仪器、仪表，有效数字的位数由量程和准确度等级的百分比的乘积决定，如电流表、电压表等。

③ 对于有读数显示的数字仪表，如数字毫秒计、函数信号发生器等，仪表所显示的数字即为有效数字。

④ “0”在数字之前不为有效数字，“0”在数字中间或末尾均为有效数字。并且有效数字的位数与十进制单位的换算无关。例如：$g=980\text{cm/s}^2=9.80\text{m/s}^2=0.00980\text{km/s}^2$都是3位有效数字，而9.8 $\text{m/s}^2$则是2位有效数字。显然有效数字最后的“0”不能随便取舍。

⑤ 有效数字的科学表示法。测量数字特大特小时，可用10的幂指数形式表示。指数前的系数由1位整数以及小数构成，它的位数表明了有效数字的位数，指数部分不是有效数字。如250kΩ若用Ω为单位，只能写成$2.50\times10^5$Ω，而不能写成250000Ω。因为前者是三位有效数字，后者则是六位有效数字。

⑥ 表示测量结果的有效数字，其中平均值的尾数应与不确定度尾数对齐，不确定度一般取1位有效数字。例如黄铜的密度$\rho$=（8.5±0.3）g/cm$^3$、钢丝直径$d$=（0.501±0.005）mm表示是正确的，而铜球体积$V$=（20±0.2）cm$^3$、重力加速度$g$=（980.12±0.3）cm/s$^2$表示是错误的。

在下列情况下，不确定度可以取2位有效数字。

a. 对于一些比较精确且重要的测量结果，常将不确定度多保留1位。如普朗克常数$h$=（6.626176±0.000036）$\times10^{-34}$J·S。

b. 当不确定度的第1位数≤3，不确定度的有效数字可取2位。如0.32、0.16等。

另外，对间接测量量的中间运算过程，有效数字可多保留1位，但最后结果的可疑数一般仍只取一位。

总之，测量结果的有效数字的位数，完全取决于不确定度的大小。由不确定度决定有效数字，这是处理一切有效数字问题的依据。

#### 1.4.3.3 有效数字的运算规则

正确运用有效数字的运算规则，既可以解决在数值计算中因各量取值位数的多少不同而影响实验结果原有的精确度的问题，又不至于去进行本来并不必要的取位过多的运算。

有效数字进行数学运算时，一般应遵循如下原则：可靠数字与可靠数字运算，其结果仍为可靠数字；可靠数字与可疑数字或可疑数字之间的运算，其结果均为可疑数字。

运算结果的有效数字位数视具体问题而定，末尾多余的可疑数字，可用尾数舍入法则处理。

下面通过几个例子说明运算规律，为了醒目，在可疑数字下加了一横线。

（1）加减法运算规则

$$\begin{array}{r} 20.\underline{1} \\ +\ 4.17\underline{8} \\ \hline 24.\underline{2}\underline{7}\underline{8} \end{array} \qquad \begin{array}{r} 19.6\underline{8} \\ -\ 5.84\underline{8} \\ \hline 13.8\underline{3}\underline{2} \end{array}$$

和数应写成 $24.\underline{3}$ 差数应写成 $13.8\underline{3}$

可见，和或差的可疑数字所在位置与参与加减运算各量中可疑数字最大位相同。

上两例中，也可以参加运算的各分量中位数最高的可疑数字为基准，先进行取舍，取齐诸量的可疑位数，然后加减，这样结果相同，而运算可简便些，即

$$\begin{array}{r} 20.\underline{1} \\ +\ 4.\underline{2} \\ \hline 24.\underline{3} \end{array} \qquad \begin{array}{r} 19.6\underline{8} \\ -\ 5.8\underline{5} \\ \hline 13.8\underline{3} \end{array}$$

（2）乘除法运算规则

$$\begin{array}{r} 4.17\underline{8} \\ \times\ 10.\underline{1} \\ \hline \underline{4}\underline{1}\underline{7}\underline{8} \\ 4178\phantom{0} \\ \hline 42.\underline{1}\underline{9}\underline{7}\underline{8} \end{array} \qquad \begin{array}{r} 39\underline{2} \\ 12\underline{3}\overline{)4821\underline{6}} \\ 36\underline{9}\phantom{00} \\ \hline 113\underline{1}\phantom{0} \\ 110\underline{7}\phantom{0} \\ \hline \underline{2}\underline{4}\underline{6} \\ 24\underline{6} \\ \hline \underline{0} \end{array}$$

乘积应写成 $42.\underline{2}$ 商应写成 $39\underline{2}$

可见，积或商的有效位数一般和参与乘除的各量中有效位数最少的相同。

（3）幂运算规则

幂运算结果的有效数字位数，与底数的有效数字位数相同。

如 $3.5^3=43$，$357^3=455\times10^7$

（4）对数的有效数字位数

对于常用对数，如某数 $A$ 的对数 $\lg A$，其尾数的位数应与该数的有效数字位数相同。因为常用对数的首数是用来表示其真数是一个十位数还是百位数的。

如 $A_1=4.803$（四位），$\lg A_1=0.6815$（四位）

$A_2=48.03$（四位），$\lg A_2=1.6815$（定值部分为四位）

对于自然对数，其有效数字位数与真数相同。

如 $B_1=4.38$ $\ln B_1=1.48$

$B_2=43.8$ $\ln B_2=3.80$

（5）三角函数的有效数字位数

例如 $x=9°24'$，$\cos x=\cos 9°24'=0.98657$，有效数字取五位。因为 $\Delta\cos x=|-\sin x|\Delta x$，取 $x$ 的误

差为 1′，化为弧度代入，则$|\sin x|\Delta x=0.0000475\approx0.00005$，所以取五位有效数字。

（6）多步运算

在运算过程中，每步的结果应多保留一位有效数字，最后的结果再按照规定保留相应的有效数字位数。

（7）常数的运算

常数 π、e 等在运算中一般可比测量值多取一位有效数字。

#### 1.4.3.4 有效数字尾数的舍入法则

为了使有效数字只含有一位可疑数字，往往要对末位可疑数字进行舍或入，法则是“四舍、六入、五凑偶”（尾数等于 5 时，左边一位数为奇数则进，为偶数则舍）。该舍入法则的依据是使尾数入与舍的概率相等。

例如，将下面左边的数取四位有效数字，成为右边的数。

3.1416→3.142

2.7173→2.717

4.5105→4.510

3.2165→3.216

5.6235→5.624

7.69149→7.691

### 1.4.4 实验数据处理方法

数据处理是指从获得实验数据起到得到结果为止的加工过程。它包括记录、整理、计算分析等步骤。用简明而严格的方法把实验数据所代表的事物内在规律提炼出来就是数据处理。我们介绍列表法、作图法、逐差法以及最小二乘法等数据处理方法。

#### 1.4.4.1 列表法

写实验报告，一般都要列出数据表。尤其数据繁多时，用列表法处理数据更有优势。数据列表要求表格设计合理，简单明了。根据需要可以列出需要计算的某种中间项以及一些相关量、对应量等等，这样就可简单明确地表示出相关物理量之间的对应关系，有利于比较、分析各量变化趋势，发现各量之间的规律性联系。列表法处理数据可使实验报告形式简洁，门类清晰，眉目清楚，便于随时检查测量数据，及时发现问题，提高数据处理效率，避免不必要的重复计算。

列表要注意完整，必须写明表格与栏目名称，单位与公因子写在标称栏里或表格右上角，不要在各数据后面重复写，要工整，用直尺做表格，表格中数据要正确反映被测物理量的有效数字。在表格上方或下方可以附有必要的数据及文字说明。

例如：表 1.2 是电学元件伏安特性研究实验用到的表格之一。

**表 1.2 金属膜电阻的伏安特性曲线**

| 测量次数/$n$ | 1 | 2 | 3 | 4 | 5 | 6 | 7 | 8 | 9 |
|---|---|---|---|---|---|---|---|---|---|
| 电压 $U$/V | | | | | | | | | |
| 电流 $I$/mA | | | | | | | | | |

#### 1.4.4.2 作图法

作图法处理数据，反映物理量之间的关系，可以收到形象直观的效果。这是作图法处理数据的突出优点。

作图法是了解物理量间函数关系，找出经验公式最常用的方法之一。由于图线是依据点作出的，则作图具有多次测量、取平均值的作用。可以从图线中求出某些物理量或常数，也可直接从图中读出没有进行观测的对应于 $x$ 的 $y$ 值，“内插法”与“外推法”就是从所作的图线上或延长线上读坐标的方法。在科研和生产中，作图法有着不可取代的重要作用。铜丝电阻与温度的关系见图 1.2。

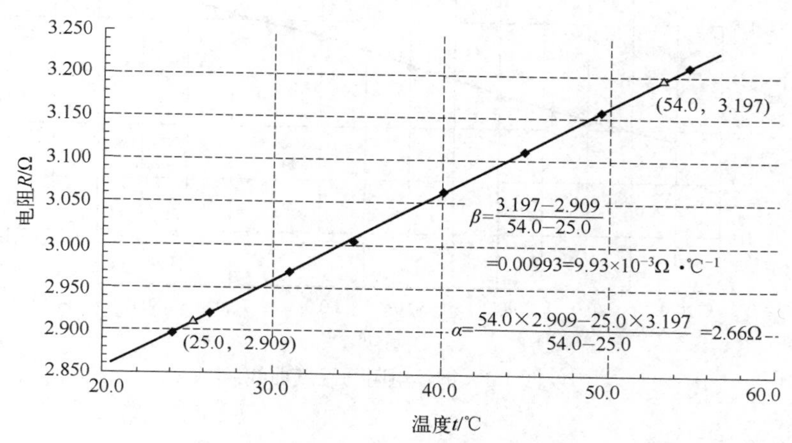


图 1.2 铜丝电阻与温度的关系

作图规则：

① 作图一定要用坐标纸。当确定了作图参量后，可根据情况选用直角坐标纸或对数纸。

② 图纸大小、比例要适当，以作图不失去测量的有效数字为准。并保证作图点在图上全面分布，必要时图上可以不含（0,0）坐标点。

③ 坐标轴上的分度要适中，一般以不用计算就能直接读出图纸上各点的坐标为宜。通常坐标分度取 1、2、4、5，而不用 3、6、7、9 来标度。

④ 画出坐标轴方向，标明其代表的物理量（或符号）及单位，并写清图的名称。作图时，两轴分度、比例要搭配得当，以使图线所处位置合理，充分利用图纸。

⑤ 根据测量数据，用“+”（或×、△、○等）符号，用直尺（或曲线尺）、尖笔清楚画出，使实验数据准确落在“+”的交点上（或中心处）。

⑥ 用直尺或曲线板、曲线尺等把点连成直线、光滑曲线或折线。连线要在概率最大的方向上画线，连线不一定要通过所有的点，应使各偏差点在连线两侧均匀分布。画线时，个别偏差大的点应当舍去或重新测量。

⑦ 计算直线斜率时，一定在所作图线上，找出两相距较远的新点，并用新的符号标出，用有效数字注明两点坐标。使用两点式：

$$k=\frac{y_2-y_1}{x_2-x_1}$$

计算斜率。

计算截距时，是在图线上选定一点 $P_3$（$x_3$，$y_3$）代入 $y=kx+b$，求得：

$$b = y_3 - \frac{y_2 - y_1}{x_2 - x_1} x_3$$

确定直线图形的斜率和截距以后，再根据斜率或截距求出所含的参量，从而得出测量结果。

为了减小作图误差，可以借助某些计算机软件绘图，比如 MS Excel 的图表功能就能完成许多实验曲线的绘制。图 1.3 就是由 MS Excel 实现的。

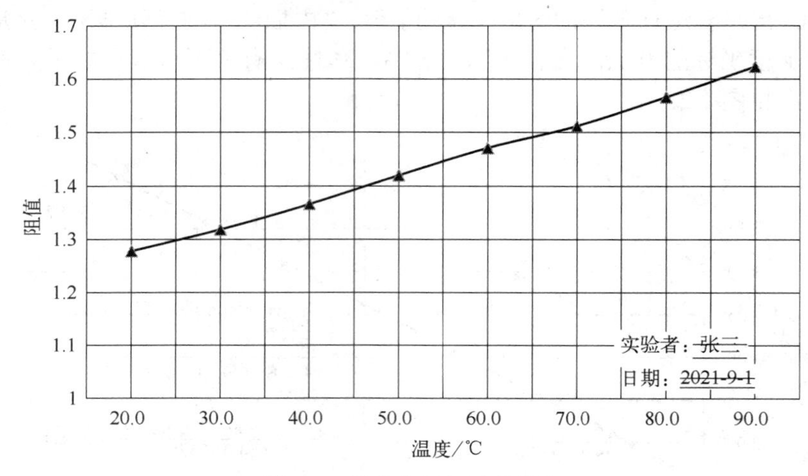


图 1.3　铜丝电阻与温度曲线

#### 1.4.4.3　逐差法

逐差法一般用于等间隔线性变化测量中所得数据的处理。它是把测量数据分成高、低两组，实行对应项相减的一种数据处理方法。

例如，有一长为 $x_1$ 的弹簧，逐次在其下端加重 $m$ 的砝码，测出长度为 $x_2$，$x_3$，$x_4$，…，$x_{10}$。如果简单地去求每加 $m$ 砝码时弹簧的平均伸长量，有：

$$\overline{\Delta x'} = \frac{(x_2 - x_1) + (x_3 - x_2) + \cdots + (x_{10} - x_9)}{9} = \frac{x_{10} - x_1}{9}$$

可见，中间测量值全部抵消，只有始末两次测量值起作用。这样处理数据与一次加 $9m$ 砝码的单次测量等效。

为了保持多次测量的优点，体现出多次测量减小随机误差的目的，我们将这组等间隔连续测量数据按次序分成高低两组（两组次数应相同）。一组为：$x_1$、$x_2$、$x_3$、$x_4$、$x_5$；另一组为：$x_6$、$x_7$、$x_8$、$x_9$、$x_{10}$。取对应项的差值后再求平均值：

$$\overline{\Delta x} = \frac{1}{5}[(x_6 - x_1) + (x_7 - x_2) + (x_8 - x_3) + (x_9 - x_4) + (x_{10} - x_5)]$$
$$= \frac{1}{5}[(x_6 + x_7 + x_8 + x_9 + x_{10}) - (x_1 + x_2 + x_3 + x_4 + x_5)]$$

$\overline{\Delta x}$ 是负荷改变 $5m$ 砝码时弹簧的平均伸长量。

由此可见，用逐差法测量数据的优点是，充分利用各个测量数据，保持多次测量的优点，减小测量误差和扩大测量范围。

#### 1.4.4.4　用最小二乘法求一元线性回归方程

若两个物理量 $x$ 和 $y$ 满足线性关系，并由实验等精度（同一条件下对同一被测量作 $n$ 次测量）地测量得一对数据组（$x_1$，$x_2$，…，$x_n$；$y_1$，$y_2$，…，$y_n$），那么，分析所得数据，建立经验方程，以反映这两个变量的线性关系，可以得出以下判断：

① 它是一元线性回归分析的对象，其函数形式是

$$y = a + bx \tag{1.10}$$

② 两变量既是线性相关，必可拟合一条直线。且与 $x_i$ 对应的全部测量值（试验点）$y_i$，应与拟合直线 $\hat{y}_i$ 的偏差程度最小。其中，这种偏差程度可用式（1.11）表达：

$$y_i - \hat{y}_i = y_i - a - bx_i \tag{1.11}$$

要使测量值与拟合直线偏差程度最小，最小二乘法要求把式（1.10）中的 $a$ 和 $b$ 视为回归常数和回归系数。只要用微积分中的极值原理，求得它们的最小值，即

$$\sum_{i=1}^{n}(y_i - \hat{y}_i)^2 = \sum_{i=1}^{n}(y_i - a - bx_i)^2 = \min$$

$$\frac{\partial}{\partial a}\sum_{i=1}^{n}(y_i - a - bx_i)^2 = 0$$

$$\frac{\partial}{\partial b}\sum_{i=1}^{n}(y_i - a - bx_i)^2 = 0$$

可得到关于 $a$、$b$ 最佳值的正规方程组：

$$\begin{cases} \sum_{i=1}^{n} y_i - na - b\sum_{i=1}^{n} x_i = 0 \\ \sum_{i=1}^{n} x_i y_i - a\sum_{i=1}^{n} x_i - b\sum_{i=1}^{n} x_i^2 = 0 \end{cases}$$

消去方程组中的 $a$ 解得：

$$b = \frac{\sum_{i=1}^{n} x_i y_i - \frac{1}{n}(\sum_{i=1}^{n} x_i)(\sum_{i=1}^{n} y_i)}{\sum_{i=1}^{n} x_i^2 - \frac{1}{n}(\sum_{i=1}^{n} x_i)^2} = \frac{\sum_{i=1}^{n}(x_i - \overline{x})(y_i - \overline{y})}{\sum_{i=1}^{n}(x_i - \overline{x})^2} \tag{1.12}$$

消去方程组中的 $b$ 解得：

$$a = \frac{\sum_{i=1}^{n} x_i y_i \sum_{i=1}^{n} x_i - \sum_{i=1}^{n} y_i \sum_{i=1}^{n} x_i^2}{(\sum_{i=1}^{n} x_i)^2 - n\sum_{i=1}^{n} x_i^2} = \overline{y} - b\overline{x} \tag{1.13}$$

为简单起见，上式中相关符号可写成：

$$\begin{cases} \sum_{i=1}^{n}(x_i - \overline{x})^2 = S_{xx} \\ \sum_{i=1}^{n}(y_i - \overline{y})^2 = S_{yy} \\ \sum_{i=1}^{n}(x_i - \overline{x})(y_i - \overline{y}) = S_{xy} \end{cases}$$

这样，$b$ 和 $a$ 的最佳值可表示为：

$$b=\frac{S_{xy}}{S_{xx}} \tag{1.14}$$

$$a=\overline{y}-b\overline{x} \tag{1.15}$$

鉴于 $a$、$b$ 的误差均是在对 $y_i$ 的测量中所造成的（这里假设 $x$ 的误差可忽略），测量值 $y$ 的标准偏差由下式给出：

$$S_y=\sqrt{\frac{\sum_{i=1}^{n}(y_i-a-bx_i)^2}{n-2}}=\sqrt{\frac{S_{yy}-\frac{S_{xy}^2}{S_{xx}}}{n-2}} \tag{1.16}$$

因此，回归系数 $b$ 和回归常数 $a$ 的不确定度可表示为：

$$\begin{cases} S_b=\dfrac{1}{\sqrt{S_{xx}}}S_y \\ S_a=\sqrt{\dfrac{\overline{x^2}}{S_{xx}}}S_y=\sqrt{\overline{x^2}}S_b \end{cases} \tag{1.17}$$

由于 $x$ 和 $y$ 之间的线性函数关系是预先设定好的。因而，所拟合直线是否有意义、$y$ 与 $x$ 是否有线性关系，需要用相关系数 $r$ 来判定：

$$r=\frac{\sum_{i=1}^{n}(x_i-\overline{x})(y_i-\overline{y})}{\sqrt{\sum_{i=1}^{n}(x_i-\overline{x})^2\sum_{i=1}^{n}(y_i-\overline{y})^2}}=\frac{S_{xy}}{\sqrt{S_{xx}S_{yy}}} \tag{1.18}$$

相关系数 $r$ 总是小于 1 的。当 $r\to1$ 时，$x$ 与 $y$ 线性相关，$r\to0$ 时，$x$ 与 $y$ 线性无关。

应用举例：

① 对两相关量 $x$、$y$ 进行组合测量，得 8 对数据：

| $x$： | 1.00 | 3.00 | 8.00 | 10.00 | 13.00 | 15.00 | 17.00 | 20.00 |
|---|---|---|---|---|---|---|---|---|
| $y$： | 3.0 | 4.0 | 6.0 | 7.0 | 8.0 | 9.0 | 10.0 | 11.0 |

② 根据运算需要计算相关各项：

$$\overline{x}=\frac{1}{n}\sum_{i=1}^{n}x_i=10.88 \qquad \overline{x^2}=\frac{1}{n}\sum_{i=1}^{n}x_i^2=157.1$$

$$\overline{y}=\frac{1}{n}\sum_{i=1}^{n}y_i=7.25 \qquad S_{xx}=\sum_{i=1}^{n}(x_i-\overline{x})^2=310.9$$

$$S_{yy}=\sum_{i=1}^{n}(y_i-\overline{y})^2=55.5 \qquad S_{xy}=\sum_{i=1}^{n}(x_i-\overline{x})(y_i-\overline{y})=131.2$$

③ 求相关系数：

$$b=\frac{S_{xy}}{S_{xx}}=\frac{131.2}{310.9}=0.422 \qquad a=\overline{y}-b\overline{x}=7.25-0.422\times10.88=2.66$$

$$S_y=\sqrt{\frac{S_{yy}-\frac{S_{xy}^2}{S_{xx}}}{n-2}}=\sqrt{\frac{55.5-\frac{131.2^2}{310.9}}{6}}=0.15$$

$$S_b = \frac{1}{\sqrt{S_{xx}}} S_y = \frac{0.15}{\sqrt{310.9}} = 0.008 \qquad S_a = \sqrt{\overline{x^2}} S_b = \sqrt{157.1} \times 0.008 = 0.1$$

④ 判定两变量是否线性相关：

$$r = \frac{S_{xy}}{\sqrt{S_{xx} S_{yy}}} = 0.9985, r \to 1$$

可见，$x$ 与 $y$ 确实满足线性关系，其回归方程可写成 $y=2.7+0.442x$

$$a = 2.7 \pm 0.1 \qquad b = 0.442 \pm 0.008$$

### 1.4.5 物理实验中的基本测量方法

物理量的测量方法门类繁多，究其共性可以概括出一些基本方法，如比较法、补偿法、放大法、模拟法、振动与波动法、光学法、转换法及其他方法。

#### 1.4.5.1 比较法

（1）直接比较

一个待测物理量与一个经过校准的属于同类物理量的量具或量仪（标准量）直接进行比较，从测量工具的装置上获取待测物理量量值的测量方法，称为直接比较，如用米尺测杆的长度即为直接比较。

（2）间接比较

由于某些物理量无法进行直接比较测量，故需设法将被测量转变为另一种能与已知标准量直接比较的物理量，当然这种转变必须服从一定的单值函数关系。如用弹簧的形变测力，用水银的热膨胀测温等均为这类测量，称为间接比较。

#### 1.4.5.2 补偿法

当系统受到某一作用时会产生某种效应，在受到另一种作用时又产生了一种新效应，新效应与旧效应叠加，使新旧效应均不再显现，系统回到初状态，称新作用补偿了原作用。如原处于平衡状态的天平，在左盘上放上重物后，在重力作用下，天平臂发生倾斜，当在右盘放上与物同质量的砝码后，在砝码重量的作用下，天平臂发生反向倾斜，天平又回到平衡状态。这是砝码（的重力）补偿了物（的重力）的结果。运用补偿思想进行测量的方法称补偿法。常用的电学测量仪器——电位差计，即基于补偿法。

#### 1.4.5.3 放大法

放大有两类含义：一类是将被测对象放大，使测量精密度得以提高；一类是将读数机构的读数细分，从而也能使测量精密度提高。

（1）机械放大

利用丝杠鼓轮和蜗轮蜗杆制成的螺旋测微计和迈克尔逊干涉仪的读数细分机构，可把读数细分到 0.01mm 和 0.0001mm，读数精密度大为提高。利用杠杆原理，也能将读数细分。

（2）视角放大

由于人眼分辨率的限制，当物对眼睛的张角小于 0.00157° 时，人眼将不能分辨物的细节，只能将物视作一点。利用放大镜、显微镜、望远镜的视角放大作用，可增大物对眼的视角，使人眼能看清物体，提高测量精密度。如果再配合读数细分机构，测量精密度将更高，像测微目镜、读数显微镜即是。

（3）角放大

根据光的反射定律，正入射于平面反射镜的光线，当平面镜转过 $\theta$ 角时，反射光线将相对原入射方向转过 $2\theta$，每反射一次便将变化的角度放大一倍。而且光线相当于一只无质量的长指针，能扫过标度尺的很多刻度。由此构成的镜尺结构，可使微小转角得以明显显示。用此原理制成了光杠杆及冲击电流计、辐射式光点电流计的读数系统。

#### 1.4.5.4 模拟法

为了对难以直接进行测量的对象（如极易受干扰的静电场、体积太大的飞机等）进行测量，可以制成与研究对象有一定关系的模型，用对模型的测试代替对原型的测试。这种方法称模拟法。模拟法可分为物理模拟和数学模拟。物理模拟是保持同一物理本质的模拟，如用光测弹性法模拟工件内部的应力情况，用“风洞”中的飞机模型模拟实际飞机在大气中飞行等等。数学模拟的原理是两个类比的物理现象遵从的物理规律，具有相似的数学表达形式。如用稳恒电流来模拟静电场就是基于这两种场的分布有相同的数学形式。

#### 1.4.5.5 振动与波动法

（1）振动法

振动是一种基本运动形式。许多物理量均可为某振动系统的振动参量。只要测出振动系统的振动参量，利用被测量与参量的关系就可得到被测量。利用三线摆测圆盘的转动惯量即是振动法的应用。

（2）李萨如图法

两个振动方向互相垂直的振动，可合成为新的运动图像。图像因振幅、频率、相位的不同而不同。此图称李萨如图。利用李萨如图可测频率、相位差等。李萨如图通常用示波器显示。

（3）共振法

一个振动系统受到另一系统周期性地激励，若激励系统的激励频率与振动系统的固有频率相同，则振动系统将获得最多的激励能量，此现象称为共振。共振现象存在于自然界的许多领域，诸如机械振动、电磁振荡等。用共振法可测声音的频率、$LC$ 振荡回路的谐振频率等。

（4）驻波法

驻波是入射波与反射波叠加的结果。机械波、电磁波均会发生。驻波波长较易测得，故常用驻波法测波的波长，如果同时测出频率，则可知波的传播速度。

（5）相位比较法

波是相位的传播。在传播方向上，两相邻同相点的距离是一个波长。可通过比较相位变化而测出波的波长。驻波法和相位比较法在声速测量实验中将用到。

#### 1.4.5.6 光学法

（1）干涉法

在精密测量中，以光的干涉原理为基础，利用对干涉条纹明暗交替间距的量度，实现对微小长度、微小角度、透镜曲率、光波波长等的测量。双棱镜干涉、牛顿环干涉等实验即为干涉测量，迈克尔逊干涉仪即为典型的干涉测量仪器。

（2）衍射法

在光场中置一线度与入射光波长相当的障碍物（如狭缝、细丝、小孔、光栅等），在其后方将出现衍射花样。通过对衍射花样的测量与分析，可定出障碍物的大小。用伦琴射线对晶体的衍射，可进行物质结构分析。

（3）光谱法

利用分光元件（棱镜或光栅），将发光体发出的光分解为分立的按波长排列的光谱。光谱的波长、强度等参量给出了物质结构的信息。

（4）光测法

用单色性好、强度高、稳定性好的激光作光源，再利用声-光、电-光、磁-光等物理效应，可将某些需精确测量的物理量转换为光学量测量，光测法已发展为重要的测量手段。

**1.4.5.7 非电量的电测法**

随着科学技术的发展，许多物理量，如位移、速度、加速度、压强、温度、光强等都可以经过传感器转换为电学量而进行测量，称为非电量的电测法。一般说来，非电量电测系统组成如图 1.4 所示。

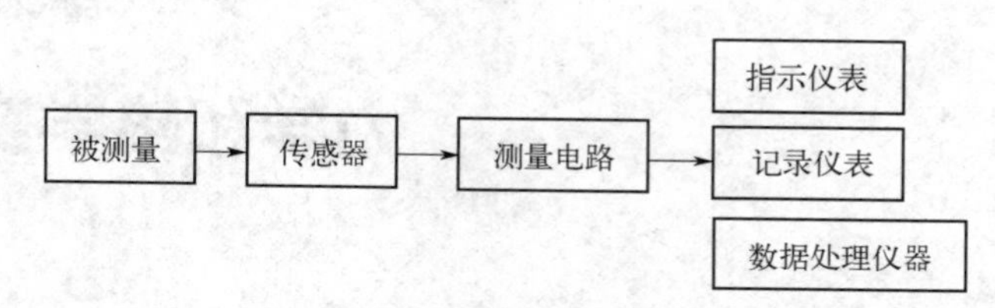


图 1.4 非电量电测系统组成

传感器是把非电的被测物理量转换成电学量的装置，是非电量电测系统中的关键器件。传感器都是根据某一物理原理或效应而制成的。

（1）温度-电压转换

进行温度-电压转换，可用热电偶来实现。热电偶是根据两种不同材料的金属接触时产生电势的接触电势效应和单一金属两端因温度不同而产生电势的温差电势效应而制成的。当两种不同材料的金属导体两端均紧密接触，且两端温度又不同时，高低两端出现电势差。此电势差与材料和温度有关。若测出此电势差，并已知一端的温度（比如把此端置于冰水中），便可查阅事先编制好的表格而知另一端的温度。这就是热电偶温度计。

（2）压强-电压转换

进行压强-电压转换，可用压电传感器来实现。这是利用某些材料的压电效应制成的。某些电介质材料，当沿着一定方向对其施力而使其变形时，内部产生极化现象，同时在它的两个表面上便产生符号相反的电荷，形成电势差，其大小与受力大小有关，当外力去除后，又重新恢复不带电状态；当作用力的方向改变时，电荷的极性也随之改变。这种现象称为正压电效应。反之，在电介质的极化方向上施加电场，则会引起电介质变形，这种现象称逆压电效应。正压电效应可用来测力与压强的大小，如对压电传感器施以声压，则会输出交变电压，通过测量电压的各参量而得知声波的各参量。

（3）磁感应强度-电压转换

进行磁感应强度-电压转换，可通过霍尔元件实现。霍尔元件是由半导体材料制成的片状物，当把它置于磁场中，并于两相对薄边加上电压，内部流有电流后，相邻两薄边将有异号电荷积累，出现电势差，其大小、方向与材料、电流大小及磁场磁感应强度有关。此效应称霍尔效应。用霍尔片可测磁感应强度。

（4）光-电转换

实现光-电转换的器件很多。利用光电效应制造的光电管、光电倍增管可测定相对光强。光敏电阻则是根据有些材料的电阻率会因照射光强不同而具有不同的性能制成的，因而可用它测量光束中谱线光强。光电池受到光照后会产生与光强有一定关系的电动势，从而可通过测电势来测量入射光的相对光强。光敏二极管和光敏三极管等器件，多用于电路控制。

# 第2章

# 力学和热学实验

## 2.1 长度测量

在人类活动的各个领域，人们几乎天天要接触长度。而长度的量度离不开尺，人类发明尺的历史源远流长。古代埃及人将普通成年人的手臂长度定为“一尺”，而古代欧洲人则用脚的长度表示“一尺”。

传说，我国夏代的大禹在治水过程中，为了解决丈量时遇到的困难，将其身体的长度定为“一丈”，再将一丈划分为十等份，每一等份定为“一尺”。在日本，人们把两臂左右平伸的长度作为一个单位，称为“一庹”，约相当于今天的 1.70m。

世界各地的人们发明的这些以手、脚或身体其他部位作为长度的基准，成为后世人们发明尺的依据。

由于各国使用的度量单位千差万别，给经济贸易和文化交往带来很多麻烦。于是有人强烈要求建立国际上统一的单位系统。1791 年法国科学院决定用“米”作为长度的标准，因为在拉丁语中，“米”的意思为“度量”。由此，以米为基础的度量衡制度就称为米制。

法国科学家米凯因和德拉姆贝用铂铱合金制成了一根横截面为 X 形的棒状标准米尺，其两端分别刻一条横线，在周围温度为 0℃时，将两横线之间的距离定为“1 米”。

1889 年第一届国际计量会议决定将米凯因和德拉姆贝制造的米尺定为国际标准米尺，并命名为“米原器”。它被存放在巴黎国际度量衡局内。

为了适应现代精密计量的要求和人类对光的不断深入了解，人们用光波波长来定义“1 米”的长度。1960 年 10 月在第十一届国际计量大会上，废除了“米原器”，决定将氪-86 气体在真空中所发射的橙色光波波长的 1650763.73 倍作为“1 米”。与“米原器”相比，它具有不变形、易复制等优点，且精度提高了一个数量级。

随着对光速测量精度的不断提高，人们觉得用光速定义米具有更多的优越性。在 1983 年 10 月第十七届国际计量大会上，将“1 米”定义为光在真空中于 1/299792458 秒内传播的距离。这就是所谓的“光尺”。米是长度的基本单位，用符号 m 表示。

用激光作尺的仪器称为激光比长仪。它由氦氖激光管、干涉系统、电子计算机、打印机和光电显微镜等组成。这种仪器广泛用于线纹尺、精密丝杠、高精度块规等，若配上相应的附件，能刻制精密刻线尺的计量光栅，还可用于大型机床上代替标准丝杠，控制精密机床的运行，等等。

【实验目的】

① 掌握游标卡尺和螺旋测微计的构造、原理和使用方法。

② 学会正确记录数据。

③ 练习有效数字的基本运算及误差的计算。

【实验原理】

测量长度的常用量具有米尺、游标卡尺和螺旋测微计（又称千分尺）。表征这些量具的主要技术参数有量程、分度值和准确度等级。量程指量具的最大测量范围，分度值指可读取的最小刻度值，准确度等级表示仪器或量具的准确程度。

（1）游标原理

游标卡尺的读数机构由主尺和游标（副尺）两部分构成，如图 2.1 所示。设主尺分度值为 $a$，游标分度值为 $b$；游标共有 $n$ 格，总长度等于主尺 $n$−1 格的长度，即 $nb=(n-1)a$，

于是游标分度值为

$$b=\frac{n-1}{n}a$$

主尺分度值 $a$ 与游标分度值 $b$ 之差为

$$\delta=a-b=\frac{a}{n}$$

$\delta$ 为游标卡尺的分度值（也称游标精度）。游标卡尺上都刻有分度值，如图 2.1 中，$a=1\text{mm}$，$n=10$，$b=0.9\text{mm}$，$\delta=0.1\text{mm}$，这种卡尺称为 10 分度游标卡尺。其他常用的还有 20 分度（$n=20$）和 50 分度（$n=50$）游标卡尺，它们的分度值分别为 0.05mm 和 0.02mm，它们主尺的分度值 $a$ 均为 1mm。

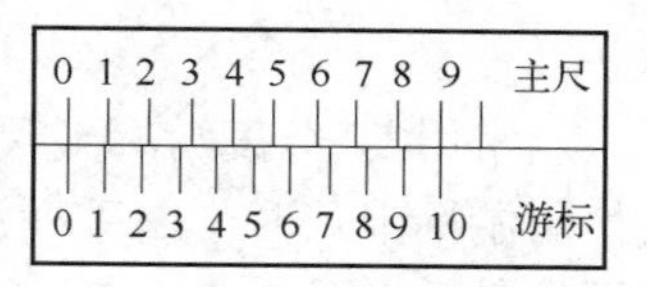


图 2.1　游标原理

若用 $n$ 分度游标卡尺测量某一长度，步骤如下：

第一步，先读出游标“0”刻线前主尺上的刻度 $l$（主尺分度值的整数位）。

第二步，读出游标上与主尺对齐的那一条线的序数 $k$，乘以游标分度值 $\delta$，即

$$\Delta l=k\delta$$

第三步，把以上两个数字相加，即得被测物体的长度：

$$L=l+\Delta l=l+k\delta$$

比如，用 50 分度游标卡尺测量长度时，游标“0”刻线介于主尺 38mm 与 39mm 之间，即 $l=38\text{ mm}$，游标第 7 条刻线与主尺某条刻线对齐，即 $k=7$，则游标的读数为

$$\Delta l=k\delta=7\times0.02=0.14\ (\text{mm})$$

游标卡尺的读数为：$L=l+\Delta l=38+0.14=38.14$（mm）

在实际测量中，由于磨损等原因，使得游标“0”刻线与主尺“0”刻线不能对齐，由此产生了零点读数问题。零点读数有两种情况：一是游标“0”刻线位于主尺“0”刻线左侧，二是游标“0”刻线位于主尺“0”刻线右侧，如图 2.2。

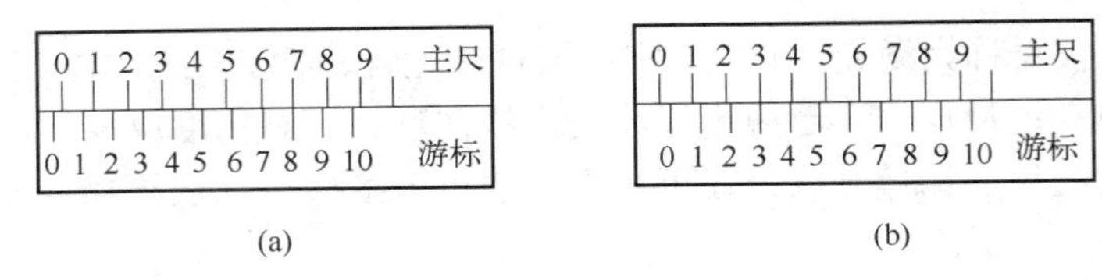


图 2.2　游标卡尺零点读数

如图 2.2（a）所示情形对应第一种情况，游标第 8 条刻线与主尺某条刻线对齐，则游标卡尺的零点读数 $l_0=-1+0.1\times8=-0.2$（mm）；对于图 2.2（b），零点读数 $l_0=0+0.1\times3=0.3$（mm）。考虑零点读数后，游标卡尺的读数为

$$L'=L-l_0=(l+\Delta l)-l_0 \tag{2.1}$$

游标卡尺是根据游标原理制成的，其构造见图 2.3。其外量爪用来测量厚度或外径，内量爪用来测量内径，深度尺用来测量槽或筒的深度，紧固螺钉用来固定游标。

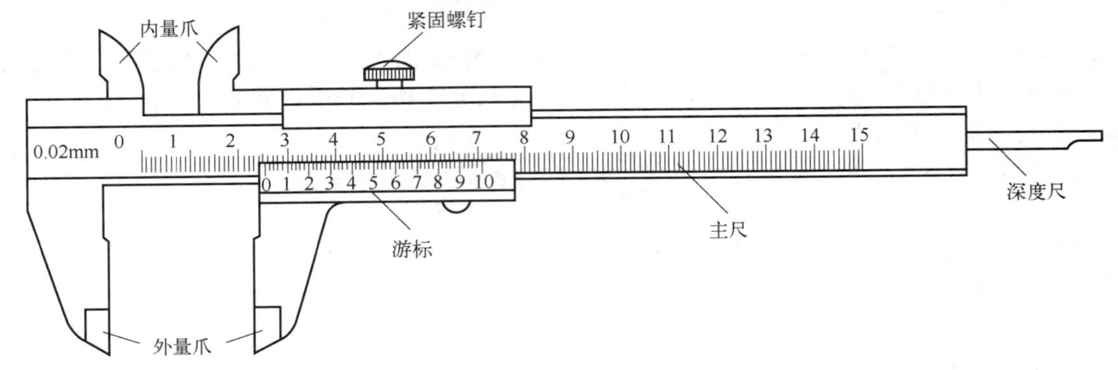


图 2.3　游标卡尺

常用 50 分度游标卡尺的量程为 0～150mm，分度值为 0.02mm，其仪器误差为 0.02mm。使用游标卡尺时，右手握游标卡尺，左手持被测物，将被测物轻轻卡住后即可读数。应注意保护量爪，不允许被卡住的物体在量爪之间挪动。测量时，必须先确定零点读数，再测量，读数方法见上述游标原理。

（2）螺旋测微器

螺旋测微器又称千分尺，俗称分厘卡，是一种利用螺旋运动将螺杆的直线位移变为套管的角位移而得到放大的精密测长量具，如图 2.4。

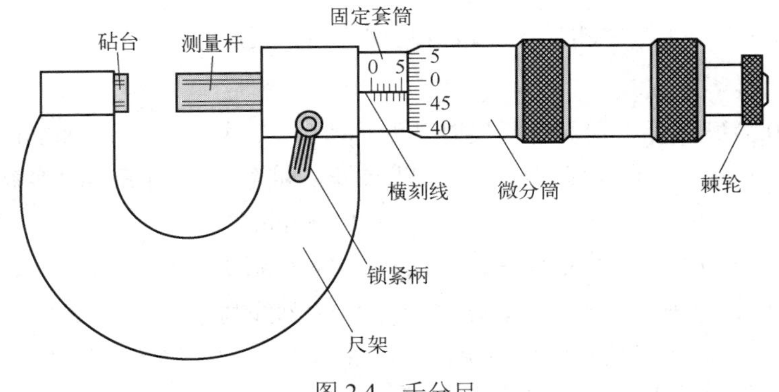


图 2.4　千分尺

螺旋测微器，其读数部分由带有主尺的固定套筒、有 $n$ 条刻线的微分筒和与微分筒相连的测量杆组成。固定套筒主尺的分度值为 $a$，它等于测量杆一个螺距 $h$。转动微分筒可带动测量杆移动，微分筒转动一周，测量杆移动一个螺距 $h$。由此，可根据微分筒转动的角度，确定测量杆移动的距离。

在图 2.4 中，$a=h=0.5\text{mm}$，$n=50$，螺旋测微器的分度值为 $b=h/n=a/n=0.5/50=0.01$（mm）。螺旋测微器的读数 $l$ 由主尺读数和微分筒读数两部分组成，即

$$l=ma+(k+\text{估读数})\frac{a}{n} \tag{2.2}$$

式中，$m$ 为主尺露出的格数；$k$ 为微分筒与主尺“横刻线”之下的格数；估读数为微分筒一格内的估计值。

螺旋测微器也存在零点读数问题。在图 2.5（a）中，当微分筒“0”刻线位于主尺“横刻线”之下时，零点读数为 $l_0=0+0.01\times2.5=0.025$（mm）；当“0”刻线位于“横刻线”之上时，零点读数 $l_0=-0.5+0.01\times47.5=-0.025$（mm），如图 2.5（b）所示。

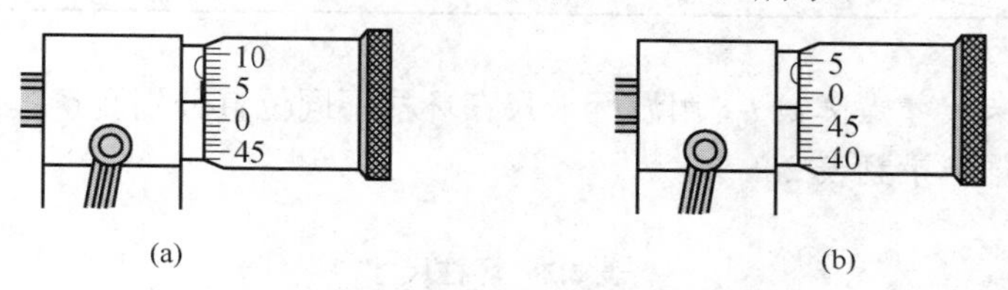


图 2.5 螺旋测微器零点读数的两种情形

考虑零点读数后的螺旋测微器读数为

$$l'=l-l_0=\left[ma+(k+\text{估读数})\frac{a}{n}\right]-l_0 \tag{2.3}$$

螺旋测微器的主要技术参数为量程、分度值和仪器误差。一级 0～25mm 外径千分尺的分度值为 0.01mm，仪器误差为 0.004mm。

使用螺旋测微器之前，必须先确定零点读数，再进行测量，读数方法参见螺旋测微器原理。使用螺旋测微器应注意：

① 确定零点读数时，转动棘轮使测量杆向砧台方向移动，听到“轧轧……”声后停止转动棘轮，读出零点数值；

② 测量长度时，必须转动棘轮，使测量杆与砧台夹住待测物，听到“轧轧……”声后，停止转动棘轮，然后读数，不得直接转动微分筒；

③ 读数结束，不得将被夹住的待测物拉出，应反方向转动微分筒，取出待测物；

④ 螺旋测微器使用完毕，应使测量杆与砧台之间留有一定空隙，以免受热膨胀而使测量杆与砧台变形或损坏丝杠螺纹。

**【实验仪器】**

游标卡尺（0～150mm，0.02mm），螺旋测微器（0～25mm，0.01mm），钢丝，环柱。

**【实验内容】**

① 记录测量数据前，应反复练习使用所用量具，达到会确定零点读数，直接由量具读出测量值为止。

② 确定螺旋测微器的零点读数 $l_0$，然后用螺旋测微器在钢丝不同位置测量其直径 $d$ 五

次，将数据填入表 2.1。

表 2.1　钢丝直径

$l_0$=

| 次数 | $d$/mm | | |
|---|---|---|---|
| | $d_i'$ | $d_i=d_i'-l_0$ | $\Delta d_i=\lvert d_i-\bar{d}\rvert$ |
| 1 | | | |
| 2 | | | |
| 3 | | | |
| 4 | | | |
| 5 | | | |
| 平均值 | | | |

③ 确定游标卡尺零点读数 $l_0$，用游标卡尺在环柱不同位置分别测量其高 $H$、内径 $D_1$ 和外径 $D_2$ 三次，将数据记录到表 2.2 中。

表 2.2　环柱尺寸

$l_0$=

| 次数/$n$ | 环柱高 $H$/mm | | 环柱内径 $D_1$/mm | | 环柱外径 $D_2$/mm | |
|---|---|---|---|---|---|---|
| | $H_i$ | $\Delta H_i$ | $D_{1i}$ | $\Delta D_{1i}$ | $D_{2i}$ | $\Delta D_{2i}$ |
| 1 | | | | | | |
| 2 | | | | | | |
| 3 | | | | | | |
| 平均值 | | | | | | |

【数据处理】

① 不确定度计算

$$\bar{d}=\frac{\sum_{i=1}^{5}d_i}{5}=\qquad U_d=\sqrt{\frac{\sum_{i=1}^{5}(\Delta d_i)^2}{5\times 4}+\frac{\varDelta_{千}^2}{3}}=$$

$$\bar{H}=\frac{\sum_{i=1}^{3}H_i}{3}=\qquad U_H=\sqrt{\frac{\sum_{i=1}^{3}(\Delta H_i)^2}{3\times 2}+\frac{\varDelta_{卡}^2}{3}}=$$

$$\bar{D}_1=\frac{\sum_{i=1}^{3}D_{1i}}{3}=\qquad U_{D_1}=\sqrt{\frac{\sum_{i=1}^{3}(\Delta D_{1i})^2}{3\times 2}+\frac{\varDelta_{卡}^2}{3}}=$$

$$\bar{D}_2 = \frac{\sum_{i=1}^{3} D_{2i}}{3} = \qquad U_{D_2} = \sqrt{\frac{\sum_{i=1}^{3} (\Delta D_{2i})^2}{3 \times 2} + \frac{\Delta_{卡}^2}{3}} =$$

② 测量结果表示

$$d = \bar{d} \pm U_d = \qquad H = \bar{H} \pm U_H = \qquad D_1 = \bar{D}_1 \pm U_{D_1} = \qquad D_2 = \bar{D}_2 \pm U_{D_2} =$$

$$E = \frac{U_d}{\bar{d}} \times 100\% = \qquad E = \frac{U_H}{\bar{H}} \times 100\% = \qquad E = \frac{U_{D_1}}{\bar{D}_1} \times 100\% = \qquad E = \frac{U_{D_2}}{\bar{D}_2} \times 100\% =$$

【思考题】

（1）分别用米尺、10分度游标卡尺、50分度游标卡尺和螺旋测微器测量直径约为8.5毫米的圆柱直径，各可测得几位有效数字？

（2）如图2.6所示，分光计有一个刻度圆盘，主刻度盘29格对应的角度等于游标盘130格对应的角度，该刻度盘的分度值为多少？

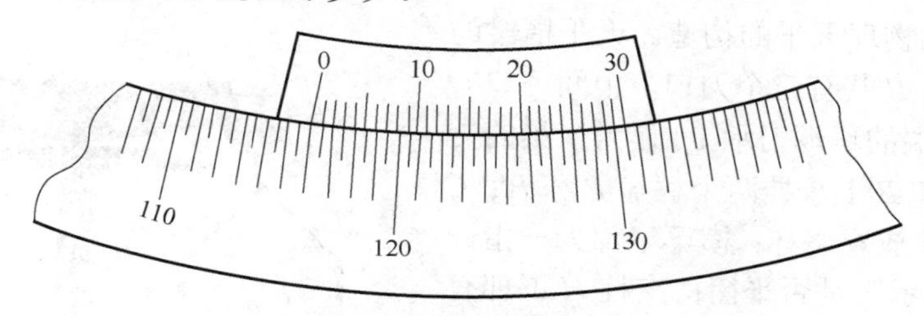


图2.6 分光计刻度盘读数

## 2.2 固体密度测量

人们到商场、商店购物，接触最多的量具是秤，在科学实验中也常用到秤或天平。

最早的秤要算距今7000多年前古代埃及人发明的天平。它是用石灰岩制成的，横梁长度为8.5cm，支点两边的长度相等，砝码也是用石灰岩制成的，大小共7种。到了公元前1350年前后，埃及出现了木制天平，横梁长度达30cm，砝码则是用青铜制成的小动物。当时，天平主要用于称量沙金、药品和宝石之类的东西。

据说，公元前3世纪，古罗马人也发明了天平，不过其支点两边的长度不同，其实这已经成杆秤了。至于提纽秤，那是我国古代的发明，《墨经》中有记载。

将天平用于科学研究、定量测定质量是18世纪以后的事情。国际上质量单位的统一是法国人于1790年首先提出的；1799年6月，法国的一个专家委员会向政府提出了“千克”的标准单位；至1840年1月，法国政府才以法律的形式规定必须普遍采用包括“千克”在内的公制度量衡，并规定1千克等于4℃时1L纯水的质量。

1875年5月20日，法、德、美、俄等19个国家的代表在巴黎签订米制公约，公认米制为国际通用的计量制度，并成立国际计量局，制造出铂铱合金原器，作为质量的国际标准。质量的单位为千克，代号kg，1kg为保存在巴黎国际计量局内的铂铱千克国际原器的质量。

随着科学技术的日益发展，各种新型的秤应运而生：应用力学原理的复式台秤；使用弹簧的弹簧秤；源于液压技术的液压秤；伴随电学发展的安培秤、伏特秤和电流天平；广泛应用电子技术的电子秤；此外，还有放射性同位素秤等。

质量是量度物体惯性大小的物理量。最初由于同种物质质量的大小与该物质的多少成正比，而作为“物质多少的量”引入，后来质量的值一般用物体所受外力的大小与由此得到的加速度的大小之比来表示。

物体的质量与其体积的比值称为密度，常用单位为kg/m³。例如，水的密度在4℃时为1000kg/m³，标准状况下干燥空气的平均密度为1.293kg/m³。

**【实验目的】**

① 掌握游标卡尺的使用方法。

② 学习天平的使用和物体密度的测量方法。

③ 学会正确记录数据和处理间接测量的数据。

**【实验原理】**

（1）游标卡尺

游标卡尺的原理和使用方法，参见2.1长度测量。

（2）物理天平

图2.7所示为物理天平的构造。天平横梁的中点$O$和两侧$B$、$B'$共有三个刀口，中间刀口$O$安置在支柱$H$顶端的玛瑙刀承上，作为横梁的支点；两侧刀口$B$和$B'$上承挂两个秤盘$P$和$P'$；$C$为烧杯托盘，用于放置烧杯；横梁下部为一指针$J$，天平启动时指示其是否平衡；支柱$H$下部有一个标尺$S$，底座上有一水平仪$L$，用于判断天平的水平；标尺下面的制动旋钮$K$可使横梁升降；平衡螺母$E$和$E'$用于天平空载时的平衡调节；横梁上有20条刻线和可以移动的游码$D$，游码向右移动一格，相当于在右侧秤盘添加0.05g（或0.1g）砝码。

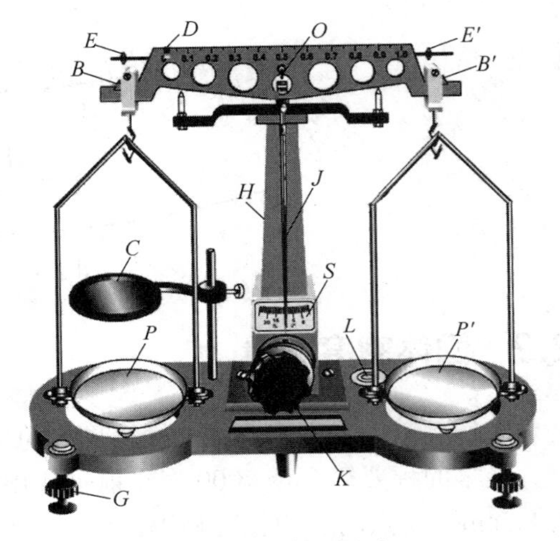


图2.7 物理天平

天平的主要参数为称量、分度值与灵敏度。称量是指天平允许称衡的最大质量（满载值），常以克（g）为单位表示；分度值也称感量，是天平平衡时，使天平指针偏离平衡位置一格，在一个秤盘中添加的质量；灵敏度是分度值的倒数。

（3）天平操作规程

① 认识天平。使用天平前应知道天平的称量与分度值，并将天平的两个秤盘挂钩置于横梁两侧的刀口上，然后进行水平调节。

② 水平调节。调节天平底脚螺钉$G$，使其水平仪中的气泡居中，以保证天平支柱铅直。

③ 零点调节。用镊子将游码$D$移到横梁左侧零刻线处，顺时针缓慢旋转制动旋钮$K$，启动天平，观察指针摆动情况。若指针$J$在标尺$S$中线两边摆幅相等，说明天平已经平衡，即零点已经调节好；若不平衡，应立即放下横梁，止动天平，调节横梁两侧的平衡螺母$E$或$E'$，重复上面操作，再观察天平是否平衡，直至其平衡为止。

④ 称衡。将待测物置于左盘$P$中央，用镊子将砝码置于右盘$P'$中央。缓缓启动天平，观察其是否平衡。若不平衡，立即放下横梁，止动天平后，根据指针偏转方向和程度，增减砝码或移动游码，直到天平平衡为止，然后轻缓止动天平。

⑤ 读数。在天平止动状态下，计算砝码与游码读数之和，即为待测物的质量。

⑥ 复原。使天平处于止动状态，将待测物从盘中取出，用镊子将砝码放回原处，游码置于零刻线处，称盘架从副刀口取下放在横梁两端。

（4）物体密度

设物体的质量为$M$，体积为$V$，则其密度$\rho$为

$$\rho = \frac{M}{V} \tag{2.4}$$

对于形状简单、规则的物体，其质量可用天平称衡，体积用测长仪测量，由上式计算其密度。比如，一个质量为$M$、直径为$D$、高为$H$的圆柱体的密度$\rho$，由式（2.4）得

$$\rho = \frac{4M}{\pi D^2 H}$$

用天平测量圆柱体的质量$M$，用游标卡尺分别测量其直径$D$和高$H$，由上式即可算出该圆柱体的密度$\rho$。

对于形状不规则的固体，常用流体静力称衡法测量其密度。选择一种液体，使其密度$\rho_0$小于待测固体的密度$\rho$，即$\rho_0<\rho$。先称衡固体在空气中的质量$m$，然后称衡其在液体中的质量$m_1$。根据阿基米德原理：浸在流体中的物体受到向上的浮力，其大小等于物体所排开流体的重量，即$F=m_0g=\rho_0Vg$，$m_0$为物体所排开流体的质量。由式（2.4）有

$$\rho = \frac{m}{m_0}\rho_0 = \frac{m}{m-m_1}\rho_0 \tag{2.5}$$

测量不规则固体的密度，一般用水作为测量流体。称衡质量时，将盛水的烧杯置于天平左侧的烧杯托盘上，然后将不规则固体用细线拴住挂在天平左秤盘上，并使其浸入水中。

使用天平时，应考虑天平两臂长度不等引起的系统误差，一般采用复称法消除。用天平称物体质量，将其置于天平左盘，称其质量为$M_1$；再将其置于天平右盘，称其质量为$M_2$，则物体质量$M$近似等于$M_1$与$M_2$的平均值，即

$$M = \frac{M_1+M_2}{2}\quad（或 M=\sqrt{M_1M_2}） \tag{2.6}$$

**【实验仪器】**

游标卡尺，物理天平（0～1000g，0.05g），电子天平，烧杯，圆柱体，不规则金属块，细线。

**【实验内容】**

（1）实验准备

测量前应熟悉游标卡尺和天平的使用方法与注意事项，并反复练习，达到会确定零点读数，直接由仪器读出测量值为止。

（2）测量规则固体的密度

① 用游标卡尺分别测量圆柱高$H$、直径$D$，将数据填入表2.3。

② 调节好天平零点后，用天平称圆柱质量$M$。将圆柱置于天平左盘，称其质量为$M_1$；将圆柱置于天平右盘，再称量其质量为$M_2$，将数据填入表2.4。

（3）用流体静力称衡法测不规则固体的密度

实验者自拟数据表格和测量步骤，按天平使用规程和注意事项进行操作。

**【注意事项】**

① 天平的负载不得超过其量程，以免损坏刀口或压弯横梁。

② 在调节天平水平、平衡、取放待测物或砝码时，一定要在天平止动状态下进行，只有判断天平是否平衡时才启动天平。天平启动、止动时要轻缓。

③ 待测物和砝码放在秤盘中央，取放砝码只能用镊子或按照实验室要求戴手套，不能直接用手。称衡完毕，一定要将砝码放回原处。

④ 使用天平过程中，勿用手摸天平，勿将潮湿物品或化学药品直接放入秤盘。应保持天平与砝码清洁、干燥，防止锈蚀。

**表 2.3　圆柱尺寸**

$l_0$=

| 次数 | 圆柱高 $H$/mm | | | | 圆柱直径 $D$/mm | |
|---|---|---|---|---|---|---|
| | $H_i'$ | $H_i=H_i'-l_0$ | $\Delta H_i$ | $D_i'$ | $D_i=D_i'-l_0$ | $\Delta D_i$ |
| 1 | | | | | | |
| 2 | | | | | | |
| 3 | | | | | | |
| 4 | | | | | | |
| 5 | | | | | | |
| 平均值 | | | | | | |

**表 2.4　圆柱质量**

| 次数 | 1 | 2 | 3 | 4 | 5 | 6 | 平均值 |
|---|---|---|---|---|---|---|---|
| $M_i$/g | | | | | | | |
| $\Delta M_i$/g | | | | | | | |

**【数据处理】**

① 规则固体密度

$$\bar{\rho}=\frac{4\bar{M}}{\pi\bar{D}^2\bar{H}}=$$

$$\frac{U_\rho}{\bar{\rho}}=\sqrt{\left(\frac{U_M}{\bar{M}}\right)^2+2\left(\frac{U_D}{\bar{D}}\right)^2+\left(\frac{U_H}{\bar{H}}\right)^2}=$$

$$U_\rho=\bar{\rho}\left(\frac{U_\rho}{\bar{\rho}}\right)=$$

$$\rho=\bar{\rho}\pm U_\rho=$$

$$E=\frac{U_\rho}{\bar{\rho}}\times 100\%=$$

② 不规则固体密度

$$\rho=\bar{\rho}\pm U_\rho=$$

$$E=\frac{U_\rho}{\bar{\rho}}\times 100\%=$$

**【思考题】**

(1) 使用天平前应进行哪些调节？如何消除天平不等臂误差？

(2) 怎样测量粉尘的密度？

（3）测量圆柱体几何尺寸时，为何要在不同部位测量？

（4）你所用天平的感量是多少？所测圆柱体的质量有几位有效数字？

## 2.3 单摆法测重力加速度

1582 年，意大利数学家、天文学家、物理学家伽利略（Galileo Galilei）在比萨教堂内注意到一盏悬灯的摆动，发现其摆动周期总是不变，不管摆幅多大都是一样。后来他用实验证实了这一现象并建议可用摆的原理调控钟表的走时。

荷兰数学家、天文学家、物理学家惠更斯（Christian Huygens）在他的著作《摆钟》（1658）中提出著名的单摆周期公式。

单摆亦称数学摆，由一根上端固定不能伸长的质量可以忽略的细线和在下端悬挂的一个摆球组成。当它在重力场中于铅垂面内摆动时，若摆幅很小，则它的运动近似为简谐振动。其振动周期仅与摆长有关，而与摆球质量和振幅无关。

时间是物质运动过程的持续性和顺序性。计算和指示时间的工具就是钟表。

人类从古到今经历了不同形式的钟表——太阳、日晷、漏壶、沙漏、机械钟、摆钟、石英钟等。伴随科学和技术日新月异的发展，时间计量的精度越来越高。1952 年，美国研制成了原子钟，它是利用原子的一定共振频率而制造的精确度非常高的计时仪器。原子钟的电子元件被某种原子在量子跃迁时发射或吸收的电磁波的频率所调制。原子钟内的量子跃迁产生极有规律的电磁波，原子钟为这些波计数。

铯原子钟是原子时（atomic time）和频率的标准。1967 年第 13 届国际计量大会将时间的国际单位（SI unit）秒按铯原子重新定义，使之与历书时（Ephemeris Time）的秒相等。大会决定：1 秒等于地面状态的铯 133 原子对应于两个超精细能级之间跃迁的 9 192 631 770 个辐射周期的持续时间。以此为基准建立的时间计量系统称为原子时。

**【实验目的】**

① 了解自然现象中的周期性运动和简谐运动的等时性特征。

② 学习时间的测量方法及提高精度的方法。

③ 学习平均值的计算方法和处理数据的图解法。

**【实验原理】**

单摆是质点振动系统的一种，是最简单的摆。绕一个悬点来回摆动的物体，都称为摆，但其周期一般和物体的形状、大小及密度的分布有关。若把尺寸很小的小球悬于一端固定的长度为 $L$ 且不能伸长的细绳上，将小球拉离平衡位置，使细绳和过悬点铅垂线所成角度 $\theta$ 小于 5°（摆长的 1/12），放手后小球往复振动，可视为质点的简谐振动，其周期 $T$ 只与摆长 $L$ 和当地的重力加速度 $g$ 有关，而和小球的质量、形状和振幅都无关，其运动状态可用简谐振动公式表示，该模型称为单摆或数学摆。如果振动的角度大于 5°（摆长的 1/12），则振动的周期将随振幅的增加而变大，就不成为单摆了。如摆球的尺寸相当大，绳的质量不能忽略，就成为复摆（物理摆），周期就和摆球的尺寸有关了。

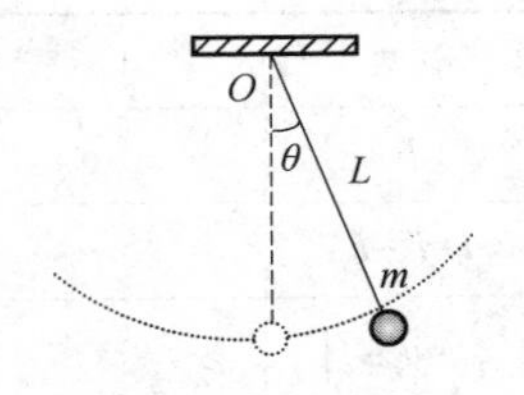

图 2.8 单摆运动

如图 2.8 所示，用一不可伸长的轻绳悬挂一个小球，作幅角 $\theta$ 很小的摆动就是一单摆。设摆球质量为 $m$，其质心到摆的支点 $O$ 的距离为 $L$（摆长）。转动定律 $M=J\alpha$，$J=mL^2$。式中，$M$ 为单摆受到的力矩；$J$为转动惯量；$\alpha$ 为角加速度。若只考虑重力场作用，则$M=-mgL\sin\theta$。式中，$g$为重力加速度；$\theta$为摆角。如果$\theta<5°$，则$\sin\theta\approx\theta$。于是

$$mL^2\frac{\mathrm{d}^2\theta}{\mathrm{d}t^2}=-mgL\theta \tag{2.7}$$

式（2.7）的解为$\theta=\theta_m\cos(\omega t+\varphi)$，$\theta_m$为振幅，$\omega=\sqrt{g/L}$为圆频率，$\varphi$为初相位。由圆频率与周期的关系$\omega T=2\pi$，得单摆的振动周期为

$$T=2\pi\sqrt{\frac{L}{g}} \tag{2.8}$$

测定了单摆的$L$和$T$，就可由式（2.8）求出重力加速度$g$。其中$L$为悬点到小球中心的距离，悬点到小球顶部的距离为$l$，金属球的直径为$d$，则

$$L=l+d/2$$

一般做单摆实验时，采用某一固定摆长$L$，精密地多次测量周期$T$代入式（2.8），即可求得当地的重力加速度$g$。若测出不同摆长$L_i$下的周期$T_i$，作$T_i$-$\sqrt{L_i}$关系曲线，所得结果为一直线，就证明了单摆的振动为谐振动，它的周期随摆长的变化满足式（2.8），由直线的斜率可求出当地的重力加速度$g$。从理论上讲，式（2.8）所表示的直线应通过坐标原点，实际所得直线若不通过原点，说明它有系统误差存在。

设秒表启动和停止引起的计时误差为$\Delta t$，如果直接测量周期$T$（来回摆动一次的时间），则周期的测量误差为$\Delta t/T$；如果根据摆动周期的等时性，测量来回摆动$n$次时间$t$，$t=nT$，秒表启动和停止引起的计时误差仍为$\Delta t$，测量误差变为$\Delta t/nT$，当$n$较大时，$\Delta t/nT\ll\Delta t/T$，从而提高了测量周期的精确度，$n$愈大，测量的精确度愈高。这种方法称为积累（累计）放大法。

**【实验仪器】**

单摆，游标卡尺（0～150mm，0.02mm），米尺（0～1m，1mm），量角器（100mm，0～180°，0.5°），停表（0～30s，0.01s或0～120s，0.01s）。

**【实验内容】**

① 检查实验仪器是否完整，调节仪器使其水平。

② 单摆测重力加速度：取一质量为$m$的摆球，用游标卡尺测出其直径$d$。固定摆长，线长度合适范围内尽量长一些。用米尺测量线的长度6次，依次为$l_1$、$l_2$、$l_3$……将数据填入表2.5。拉起摆球（注意摆球最大摆角不得超过5°或摆长的1/12），放手后任其摆动。先让摆球来回摆动数次，确认摆球在一铅垂平面内摆动，然后选择摆球经过平衡位置的某一瞬间开始计时，记下摆球完成50次摆动的时间$t$，重复6次，将数据填入表2.6。

**表 2.5　摆长**

$l_0=$

| 次数 | 1 | 2 | 3 | 4 | 5 | 6 | 平均$\bar{l}$ |
|---|---|---|---|---|---|---|---|
| $l_i'$ | | | | | | | |
| $l_i=l_i'-l_0$ | | | | | | | |
| $\Delta l_i=\lvert l_i-\bar{l}\rvert$ | | | | | | | |

表 2.6　周期

| 次数 | 1 | 2 | 3 | 4 | 5 | 6 | 平均 $\overline{T}$ |
|---|---|---|---|---|---|---|---|
| $t$ | | | | | | | |
| $T_i=t/50$ | | | | | | | |
| $\Delta T_i=\lvert T_i-\overline{T}\rvert$ | | | | | | | |

③ 研究周期和摆长的关系：改变摆长，使摆长依次增加，测量对应的周期，将测量数据填入表 2.7。

表 2.7　$T_i$ - $\sqrt{L_i}$ 的关系

$l_0=$

| 次数 | 1 | 2 | 3 | 4 | 5 | 6 |
|---|---|---|---|---|---|---|
| $l_i'$ | | | | | | |
| $l_i=l_i'-l_0$ | | | | | | |
| $t$ | | | | | | |
| $T_i$ | | | | | | |
| $\sqrt{l_i}$ | | | | | | |

④ 研究周期与摆角的关系：固定摆长，使摆角 $\theta$ 依次为 2°、4°、6°、8°、10°，测量对应的周期，将数据填入表 2.7。

表 2.8　$T$ - $\theta$ 关系

| $\theta$ | 2° | 4° | 6° | 8° | 10° |
|---|---|---|---|---|---|
| $t$ | | | | | |
| $T_i=t/50$ | | | | | |

【数据处理】

① 由式（2.8）计算重力加速度，并计算平均值和不确定度。

$$\overline{l}=\frac{\sum_{i=1}^{6}l_i}{6}= \qquad U_l=\sqrt{\frac{\sum_{i=1}^{6}(\Delta l_i)^2}{6\times5}+\frac{\Delta_{米}^2}{3}}= \qquad l=\overline{l}\pm U_l= \qquad E=\frac{U_{l_1}}{\overline{l}}\times100\%=$$

$$\overline{T}=\frac{\sum_{i=1}^{6}T_i}{6}= \qquad U_T=\sqrt{\frac{\sum_{i=1}^{6}(\Delta T_i)^2}{6\times5}+\frac{\Delta_{秒}^2}{3}}= \qquad T=\overline{T}\pm U_T= \qquad E=\frac{U_T}{\overline{T}}\times100\%=$$

$$\overline{g}=\frac{4\pi^2\overline{l}}{\overline{T}^2}= \qquad U_g=\sqrt{\left(\frac{U_l}{\overline{l}}\right)^2+2^2\left(\frac{U_T}{\overline{T}}\right)^2}= \qquad g=\overline{g}\pm U_g= \qquad E=\frac{U_g}{\overline{g}}\times100\%=$$

② 根据表 2.7，作 $T\text{-}\sqrt{L}$ 关系曲线，计算并说明斜率所表示的物理意义。

③ 根据表 2.8，作 $T\text{-}\theta$ 关系曲线。

**【思考题】**

（1）若摆长与摆角都固定，摆球的大小和摆球质量对单摆周期是否产生影响？

（2）为什么单摆的摆线越长，测量越准确？

（3）如果单摆的振动不在铅垂面内，而是形成圆锥摆运动，周期会有什么变化？

（4）在测量摆动周期时，摆球经过什么位置时开始计时可以减小测量误差？

（5）单摆在摆动中受到空气阻尼作用，其振幅越来越小，是否会影响摆动周期？

## 2.4 测温器件原理

四季的更替和昼夜的变更，人们会感到温度的变化；夜空中星辰的明暗，标志着它们温度的高低。日常生活中，人们与温度的关系非常密切：生病发烧，体温会超过 37℃；冬天结冰，气温低于 0℃；水沸腾了，温度达到 100℃……，温度计成了人们生活的伙伴。

温度计是在长期的实践中不断完善起来的。从 1593 年伽利略发明第一支空气温度计开始，经历了酒精温度计、水银温度计、温差电偶温度计、电阻温度计、集成电路温度计、辐射高温计、光测高温计以及氢温度计，等等。

从第一支温度计的诞生起，人们就碰到一个难题，那就是温标——温度计需要有一个共同的标准，才能被广泛接受和使用。首先意识到这一问题的是英国著名物理学家波义耳，他为缺少一个绝对的测温标准而感到深深的苦恼。

当时，波义耳有个助手，名叫胡克（Robert Hooke），他也跟着波义耳一起思考温标的问题。一天，胡克做完实验后感到很疲倦，便走到实验室外的酒柜旁，倒了半杯葡萄酒自斟自饮起来。突然，他的眼睛盯在红色的葡萄酒上不动了：为什么不用红色的酒精代替无颜色的酒精呢？这样的话，不是更容易观察温度的变化吗？这个灵感使胡克十分高兴。不久，一支清晰易辨的温度计制成了，里面盛的是红色酒精。胡克制造的温度计变化很大，他在为其标刻度时，先将温度计置于正在凝固的蒸馏水中，把酒精停留的位置作为零点，然后再根据酒精膨胀的程度分度。

由于物理学、医学、气象学等学科日益发展的需要，温度测量的要求也越来越高。制定合适而准确的温标也越来越迫切。

1714 年德国物理学家华伦海特（Daniel Gabriel Fahrenheit）制造出了现在仍以他名字命名的水银温度计。在其温度计上，他选了 3 个固定点：第一点取冰、水和氯化铵混合的温度为 0 度；第二点取无盐的冰水混合物的温度为 32 度，称为凝结的起点；第三点取温度计插入口中或置于腋下的温度为 96 度。这便是华氏温标。

极为巧合的是，水的沸点虽然不是华氏温标的固定点，但 212 度这一点，恰恰与之重合。后来，人们为了使固定点更精确，便以冰水混合物的温度为 32 度，以在标准大气压下水的沸腾温度为 212 度。

1742 年瑞典天文学家摄尔修斯（Anders Celsius）在一篇向瑞典科学院宣读的论文中，建议采用一种新的温标，即摄氏温标，又称百分温标。他选择了两个固定点，一个是水沸腾的温度记作 0，一个是水结冰的温度记作 100，中间等分为 100 个分度。摄尔修斯的情形与今天刚好相反：沸腾的水不是 100 度，而是 0 度！

摄氏温标使用起来比以往所有的温标都更令人满意，渐渐地成了科学研究中应用最广的温标。第二年，有人对摄氏温标的方向不太满意，便将它倒了过来，取水的沸点为100度，水的冰点为0度，这种习惯一直沿用至今。

【实验目的】

① 了解各种测温器件的结构和原理。

② 测绘水温随时间变化的关系曲线。

③ 学习直接测量量的记录方法和数据处理方法。

【实验原理】

温度是表征物体冷热程度的物理量。物体冷热程度依赖于人的直觉，具有主观性。通过直觉判断温度会导致错误的结果。严格的温度定义是建立在热平衡定律基础上的。

热力学第零定律（即热平衡定律）指出：处于同一热平衡状态的所有热力学系统都具有相同的宏观性质，这个宏观性质称为温度。其特征是一切互为热平衡的热力学系统都具有相同的温度。

从微观上看，温度反映了组成宏观物体的大量分子无规则运动的剧烈程度，是大量分子热运动平均能量的量度。温度愈高，分子平均能量愈大。

热力学第零定律不仅给出了温度的概念，而且指明了比较温度的方法：处于热平衡的一切物体都具有相同的温度。比较各个物体的温度时，只需将一个物体选作标准，分别与其他物体接触，经过一段时间，两者达到热平衡，标准物体的温度就是待测物体的温度，这个标准物体就是温度计。温度计的热容量必须足够小，使得它在与待测物体接触而进行热交换的过程中，几乎不影响待测物体原有的状态。

为了测量温度，需要规定温度的数值表示法——温标。它是温度的标尺，即温度的单位制，也是为了量度温度高低而对温度零点和分度方法所作的一种规定。

历史上曾采用经验温标，包括华氏温标、摄氏温标、热力学温标等。对应于各种温标可以得到温度的不同表示方法，如华氏温度、摄氏温度等。由热力学温标定义的热力学温度具有严格的科学意义。

华氏温标，符号为$F$，单位是华氏度，单位符号为℉。华氏温标至今只有美国等少数国家使用。规定在标准大气压下，冰的熔点为32℉，水的沸点为212℉，中间分为180等分，每等分为1℉。

摄氏温标，符号为$t$，单位是摄氏度，单位符号为℃。摄氏温标为目前世界上绝大多数国家采用的温标。规定在标准大气压下，水的冰点为0℃，沸点为100℃，中间分为100等分，每等分代表1℃。比如，29℃表示29摄氏度。

摄氏温度与华氏温度的换算关系为

$$t=\frac{5}{9}(F-32) \quad \text{或} \quad F=\frac{9}{5}t+32 \tag{2.9}$$

热力学温标，亦称绝对温标，由开尔文（William Thomson，Lord Kelvin）引入。它是建立在卡诺循环基础上的与测温物质无关的理想温标，1960年国际计量大会规定用水的三相点（273.16K）来定义温标。水的三相点作为一个固定点，是热力学温标和国际实用温标的共同值。热力学温标被作为基本温标，符号是$T$，单位是开尔文，单位符号为K。开尔文一度等于水的三相点热力学温度的1/273.16。

摄氏温度与热力学温度的关系为

$$t = T - T_0 \tag{2.10}$$

式中，$T_0$=273.15K。由于热力学温度相差1度，摄氏温度也相差1度，因此温差可用K表示，也可用℃表示。例如，0℃是在水的三相点之下0.01℃或0.01K。

热力学温标的零点称为绝对零度（0K），不过无法通过有限的步骤达到。

1906年能斯特（Walther Hermann Nernst）根据对低温现象的研究得出：当温度趋向于绝对零度时，热力学系统的熵趋向于一个固定的数值，而与其他性质如压强等无关。这一结论称为能斯特热定理，它的常用表述为：绝对零度不可能达到；不可能通过有限次步骤使物体冷却到绝对零度。能斯特热定理的各种表述统称为热力学第三定律。

1968年国际计量委员会修改了以前的温标，建立了国际实用温标，包括热力学温标和国际实用摄氏温标。现在所用的摄氏度是指国际实用摄氏度。

温度计是测定温度的仪器的统称。常用的有玻璃液体温度计、双金属温度计、红外温度计和电子温度计等，如图2.9所示。

图2.9　常用的温度计

玻璃液体温度计一般由装有感温介质的感温泡、玻璃毛细管和刻度标尺三部分组成。感温泡位于温度计的一端，是玻璃液体温度计的感温部分，能容纳绝大部分的感温液，故也称贮液泡。感温泡由玻璃毛细管加工制成，或由焊接一段薄壁玻璃管制成。感温液为封装在感温泡内的测温介质，具有体胀系数大、黏度小、不变质以及在较宽温度范围内保持液态等特点，常用的有水银和乙醇等介质。玻璃毛细管与感温泡连接，感温液可随温度的变化在其中移动。刻度标尺是直接刻在毛细管表面的分度线，其上标有数字与单位符号，用来显示所测温度的高低。常见的玻璃液体温度计有体温计、水银温度计、酒精温度计。

在使用水银体温计时为什么要先甩一甩，测完体温后又可以从容地取出来读数呢？

水银体温计的构造与普通玻璃液体温度计基本相同，只是感温泡的颈部管径更小。当温度升高时，水银膨胀越过狭窄颈部进入毛细管内；而温度下降时，水银收缩，因颈部狭窄，毛细管内的水银不能回流至感温泡，水银柱在颈部中断而停留在毛细管内。因此水银柱所显示的温度为测量的最高温度。这就是在使用体温计时要甩一甩、使水银柱回流至感温泡内，而测完体温后又可以从容地由测量部位取出读数的原因。

双金属温度计的主要元件是一个用两种或多种金属片叠压在一起的多层金属片，利用不同金属在温度改变时膨胀程度不同的原理来工作。它可以直接测量−80～+500℃范围内的液体蒸汽和气体介质温度。

电子温度计是利用感温元件的电学性质（如电阻、电流、电压等）随环境温度的变化而改变的原理制成的，如热电偶、热敏电阻等。热电偶是把两种不同成分的导体两端焊接成闭合回路，如图2.10所示。

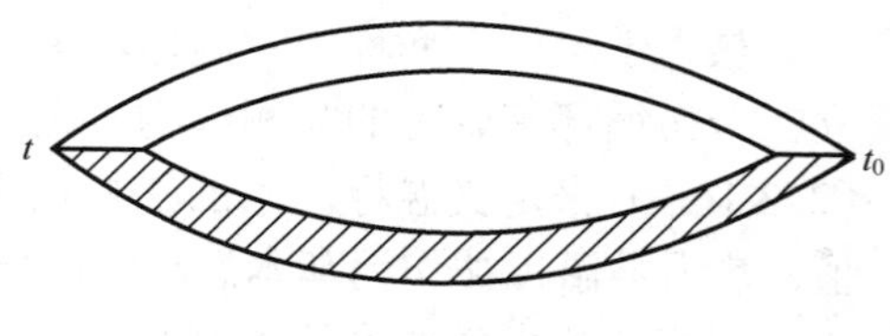


图2.10　热电偶

当两端存在温差时，回路中就会有电流通过，此时两端之间就存在电动势——热电动势，这就是热电效应。热电偶就是利用这种原理进行温度测量的。

热敏电阻的阻值随着温度的变化而变化。按照温度系数不同分为正温度系数热敏电阻和负温度系数热敏电阻。正温度系数热敏电阻的阻值随温度的升高而增大，负温度系数热敏电阻的阻值随温度的升高而减小。电子温度计一般由感温元件、信号转换与放大器、数字式温度显示器、连接线、电池盒与电源开关等组成。电子温度计具有携带方便、读数直观、不易损坏、寿命长、比普通温度计易于保管等特点。

自然界中，一切温度高于绝对零度的物体都在不停地向周围空间发出红外辐射能量，红外辐射能量的大小与温度存在密切关系，因此，红外温度计就可依据此原理进行温度测量。红外测温属于非接触测温，有着响应时间快、使用安全及使用寿命长等优点，生产过程中，在产品质量控制和监测、设备在线故障诊断和安全保护以及节约能源等方面发挥着重要作用。

温度计的主要技术参数为量程和分度值。使用温度计时应注意：

① 测量前观察所用的温度计，了解其量程和分度值；

② 测量液体时，使温度计的测温部位与被测液体充分接触，即浸没在被测液体中，不得接触容器壁和底部；

③ 待温度计示数稳定后读数；

④ 不能将温度计取出来读数。

**【实验仪器】**

各类温度计，烧杯，秒表，加热器等。

**【实验内容】**

① 将冷水注入烧杯中，使液面位于烧杯的1/3，然后将烧杯置于加热器上，再将温度计正确置于烧杯中。开启加热器电源开关，观察温度计，当温度开始升高时，记录水温随时间变化的数据于表2.9中。

② 将水持续加热到50℃，关闭加热器开关，观察温度计，当温度开始下降时，记录水温随时间变化的数据于表2.10中。

③ 取相同体积、不同温度的水混合，测量混合前、后的温度；取不同体积、不同温度的水混合，测出混合前、后的温度。自拟数据表格并记录测量数据。

**表2.9 升温曲线**

| $t$/s | | | | | | | | | | |
|---|---|---|---|---|---|---|---|---|---|---|
| $T$/℃ | | | | | | | | | | |
| $t$/s | | | | | | | | | | |
| $T$/℃ | | | | | | | | | | |

**表2.10 降温曲线**

| $t$/s | | | | | | | | | | |
|---|---|---|---|---|---|---|---|---|---|---|
| $T$/℃ | | | | | | | | | | |
| $t$/s | | | | | | | | | | |
| $T$/℃ | | | | | | | | | | |

【数据处理】

① 开启计算机，打开 MS Excel 软件，建立文件名为 $T$-$t$ 升温曲线的文件。

② 输入表 2.9 中的数据，横轴输入时刻 $t$，纵轴输入温度 $T$，生成 $T$-$t$ 曲线。

③ 建立名为 $T$-$t$ 降温曲线的文件。输入表 2.10 中的数据，横轴输入时刻 $t$，纵轴输入温度 $T$，生成 $T$-$t$ 降温曲线。

④ 在绘制好的升温曲线（或降温曲线）上，选择时间相等的三个时间间隔，分别计算每一时间间隔内两条曲线的斜率，并比较每个时间间隔内两条曲线斜率的特点。试解释曲线特征所反映的物理规律。

⑤ 将混合水的测量数值与理论计算值比较，提出实验改进方案。

【思考题】

（1）在什么温度下，以下一对温标给出相同的读数？

① 华氏温标与摄氏温标；

② 华氏温标与热力学温标；

③ 摄氏温标与热力学温标。

（2）玻璃液体温度计的液柱出现断点怎么办？

（3）当待测温度变化时，如何操作才能使测量值准确呢？

## 2.5 液体表面张力系数测定（拉脱法）

液体具有内聚性和吸附性，这两者都是分子引力的表现形式。内聚性使液体能抵抗拉伸引力，而吸附性则使液体可以黏附在其他物体上面 。

在液体和气体的分界处，即液体表面及两种不能混合的液体之间的界面处，由于此处分子间的距离比液体内部大一些，分子间的相互作用表现为引力。就像你要把弹簧拉开些，弹簧反而表现出具有收缩的趋势。

液体表面处存在一个薄膜层，它承受着此表面的拉伸力，液体的这一拉力称为表面张力。表面张力仅在液体自由表面或两种不能混合的液体之间的界面处存在，一般用表面张力系数 $\sigma$ 来衡量其大小。$\sigma$ 表示表面上单位长度所受拉力的数值，单位为 N/m。各种液体的表面张力涵盖范围很广，其数值随温度的增大而略有降低。在我们的日常生活中，雨后水滴在枝头悬而不落，水面稍高出杯口而不外溢等现象，都是表面张力作用的结果。正是因为这种张力的存在，有些小昆虫才能无拘无束地在水面上行走自如。

液体的表面张力系数，是液体本身的一种性质，主要由液体本身决定。无机液体的表面张力系数比有机液体的表面张力系数大得多，也就是说液体表面张力系数跟液体的种类有关。水的表面张力系数为 72.8mN/m（20℃），已知的有机液体表面张力系数都小于水，含 N、O 等元素的有机液体的表面张力系数较大，含 F、Si 的液体表面张力系数最小。水溶液中如果含有无机盐，表面张力比水大；含有有机物，表面张力比水小。

【实验目的】

① 学习测力计的定标方法。

② 观察拉脱法测液体表面张力的物理过程和物理现象。

③ 测量纯水和其他液体的表面张力系数。

【实验原理】

表面张力是指作用于液体表面上任一假想直线的两侧、垂直于该直线且平行于液面并使液面具有收缩倾向的一种力。从微观上看，表面张力是液体表面层内分子作用的结果。可以用表面张力系数来定量地描述液体表面张力的大小。设想在液面上一长度为$L$的直线，在$L$的两侧，表面张力以拉力的形式相互作用着，拉力的方向垂直于该直线，拉力的大小正比于$L$，即$f=aL$，式中$a$表示作用于直线的单位长度上的表面张力，称为表面张力系数，其单位为N/m。

液体表面张力的大小与液体的成分有关。不同的液体由于它们有不同的摩尔体积、分子极性和分子间力而具有不同的表面张力。实验表明温度对液体表面张力影响极大，表面张力随温度升高而减小，二者通常相当准确地呈线性关系。表面张力与液体中含有的杂质有关，有的杂质能使表面张力减小，有的却使之增大。表面张力还与液面外的物质有关。

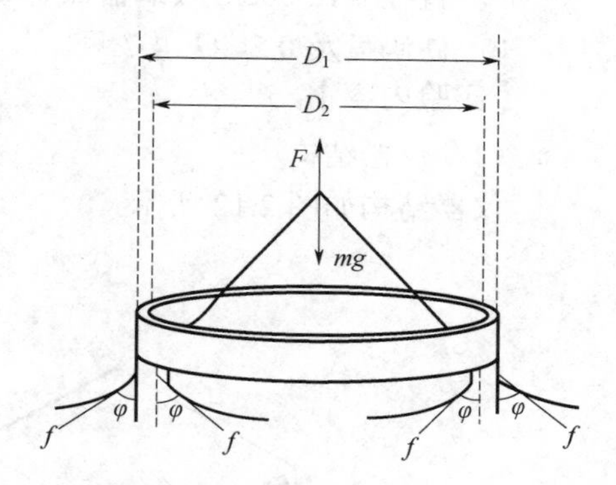

图2.11 拉脱过程吊环受力分析

如图2.11所示，将表面清洁的铝合金吊环挂在测力计上并垂直浸入液体中，使液面下降，当吊环底面与液面平齐或略高时，由于液体表面张力的作用，吊环的内、外壁会带起液膜。

平衡时吊环重力$mg$、向上拉力$F$与液体表面张力$f$（忽略带起的液膜的重量）满足

$$F = mg + f\cos\varphi \tag{2.11}$$

在吊环临界脱离液体时，$\varphi = 0$，即$\cos\varphi = 1$，则平衡条件近似为

$$f = F - mg = \alpha\left[\pi\left(D_1 + D_2\right)\right] \tag{2.12}$$

式中，$D_1$为吊环外径；$D_2$为吊环内径。则液体表面张力系数为

$$\alpha = \frac{F - mg}{\pi\left(D_1 + D_2\right)} \tag{2.13}$$

实验中需测出$F - mg$及$D_1$和$D_2$。本实验利用力敏传感器测力，硅压阻力敏传感器由弹性梁和贴在梁上的传感器芯片组成，其中芯片由四个硅扩散电阻集成一个非平衡电桥。当外界压力作用于金属梁时，在压力作用下，电桥失去平衡，此时将有电压信号输出，输出电压大小与所加外力成正比。即：

$$U = BF \tag{2.14}$$

式中，$F$为外力大小；$B$为硅压阻力敏传感器的灵敏度；$U$为传感器输出电压的大小。

首先进行硅压阻力敏传感器定标，求得传感器灵敏度$B$（$V/N$），再测出吊环在即将拉脱液面时（$F = mg + f$）电压表读数$U_1$，记录拉脱后（$F = mg$）数字电压表的读数$U_2$，代入式（2.13）得

$$\alpha = \frac{U_1 - U_2}{B\pi(D_1 + D_2)} \tag{2.15}$$

【实验仪器】

温度计，液体表面张力测定装置（如图2.12所示）。

① 硅压阻力敏传感器。

a. 受力量程：0～0.098N。

b. 灵敏度：约 3.00V/N（用砝码质量作单位定标）。

② 电压表（读数显示 200mV，三位半数字电压表）。

③ 力敏传感器固定支架、升降台、底板及水平调节装置。

④ 吊环：外径 $\phi$3.496cm、内径 $\phi$3.310cm、高 0.850cm 的铝合金吊环。

⑤ 直径 $\phi$12.00cm 玻璃器皿一套。

⑥ 砝码盘及 0.5g 砝码 7 只。

**【实验内容】**

（1）仪器结构

仪器结构如图 2.12 所示。

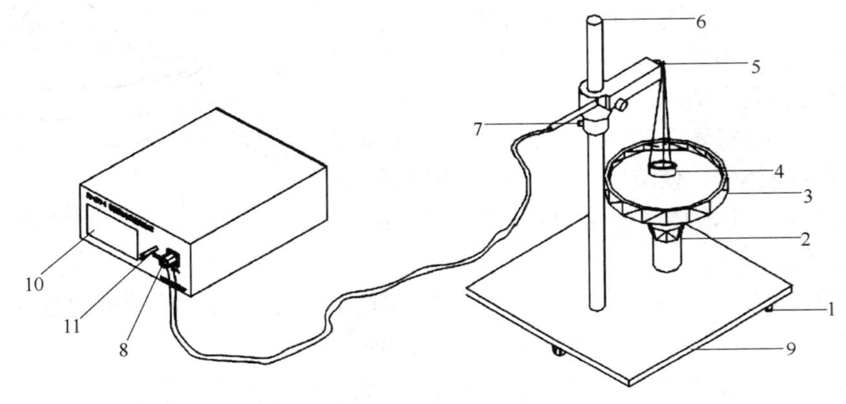


图 2.12 仪器结构图

1—调节螺钉；2—升降螺钉；3—玻璃器皿；4—吊环；5—力敏传感器；
6—支架；7—固定螺钉；8—航空插头；9—底座；10—数字电压表；11—调零旋钮

（2）仪器调节步骤

① 开机预热。

② 清洗玻璃器皿和吊环。

③ 在玻璃器皿内放入被测液体并安放在升降台上（玻璃器皿底部可用双面胶与升降台面贴紧固定）。

④ 将砝码盘挂在力敏传感器的钩上。

⑤ 若整机已预热 15min 以上，可对力敏传感器定标，在加砝码前应首先对仪器调零，安放砝码时应尽量轻。

⑥ 换吊环前应先测定吊环的内外直径，然后挂上吊环。在测定液体表面张力系数过程中，可观察到液体产生的浮力与张力的情况与现象。顺时针转动升降台大螺母时液体液面上升，当环下沿部分均浸入液体中时，改为逆时针转动该螺母，这时液面往下降（或者说相对吊环往上提拉），观察环浸入液体中及从液体中拉起时的物理过程和现象。特别应注意吊环即将拉断液柱前一瞬间数字电压表的读数 $U_1$，拉断瞬间数字电压表的读数 $U_2$。记下这两个数值。

（3）实验步骤

① 对力敏传感器进行定标，用逐差法或最小二乘法作直线拟合，求出传感器灵敏度 $B$。

② 用游标卡尺测量金属圆环的内、外直径，并清洁圆环表面。

③ 测乙醇的表面张力系数。

将金属环状吊片挂在传感器的小钩上。调节升降台，将液体升至靠近环片的下沿，观察环状吊片下沿与待测液面是否平行，若不平行，将金属环状吊片取下后，调节吊片上的细丝，使吊片与待测液面平行。（注意：吊环中心、玻璃器皿中心最好与转轴重合。）

④ 调节容器下的升降台，使其渐渐上升，将环片的下沿部分全部浸没于待测液体中。然后反向调节升降台，使液面逐渐下降。这时，金属环片和液面间形成一环形液膜，继续下降液面，测出环形液膜即将拉断前一瞬间数字电压表读数 $U_1$ 和液膜拉断后数字电压表读数 $U_2$。[注意：液膜断裂应发生在转动的过程中，而不是开始转动或转动结束时（因为此时振动较厉害）；应多次重复测量。]

⑤ 将实验数据代入公式，求出液体的表面张力系数。

⑥ 测纯水的表面张力系数（参考以上步骤）。

（4）测量数据记录表

① 硅压阻力敏传感器定标见表 2.11。

表 2.11　硅压阻力敏传感器定标

| 物体质量 $m$/g | 0.500 | 1.000 | 1.500 | 2.000 | 2.500 | 3.000 | 3.500 |
|---|---|---|---|---|---|---|---|
| 输出电压 $U$/mV | | | | | | | |

② 纯水表面张力系数的测量见表 2.12。对乙醇的表面张力系数，自拟表格进行测量。

表 2.12　纯水的表面张力系数测量　　（水的温度：$T=$　　℃）

| 测量次数 | $U_1$/mV | $U_2$/mV | $\Delta U$ /mV | $f/\times 10^{-3}$ N | $\alpha\times 10^{-3}$ N/m |
|---|---|---|---|---|---|
| 1 | | | | | |
| 2 | | | | | |
| 3 | | | | | |
| 4 | | | | | |
| 5 | | | | | |
| 6 | | | | | |

【数据处理】

① 按有效数字运算规则计算（不计算不确定度）结果。

② 查液体表面张力系数表，由公认值和测得值计算测量结果的百分误差。

$$E=\frac{测得值-公认值}{公认值}\times 100\%$$

【思考题】

（1）液体表面张力与哪些因素有关系？如何增大水的表面张力？

（2）实验过程中玻璃器皿没有清理干净，对实验结果有什么影响？

## 2.6　用拉伸法测杨氏模量

物体在外力作用下会产生形状变化，称为形变。形变可分为弹性形变和范性形变（塑性形变）两类。若撤除外力后物体能完全恢复原有形状的形变，称为弹性形变。如果加在物体上的外力过大，以致外力撤除后，物体不能完全恢复原状而留下剩余形变，就称为范性形变。

物体受到外力作用而在其内部引起的应力不超过某一极限值时，则发生弹性形变，这个作为极限的最大应力值，称为弹性限度。如果应力超过这一数值，则出现塑性变形。不同的材料或物体的弹性限度各不相同，而且其数值常随温度的升高而减小。

物体在弹性限度内应力与应变的比值称为弹性模量，它是表征弹性限度内物质材料抗拉或抗压能力的物理量。正应力同线应变的比值，称为纵向弹性模量或杨氏模量（Young's Modulus）；剪切应力同剪应变的比值，称为剪切弹性模量或刚性模量。

英国物理学家罗伯特·胡克（Robert Hooke）于1660年发现了以其名字命名的胡克定律——在弹性限度内，弹性物体的应力与应变成正比。该发现于1676年发表。

本实验学习用拉伸法测量金属丝的杨氏模量。根据等精度测量原则，选择不同的仪器测量不同的物理量。其中，金属丝伸长量的测量是关键环节，采用光杠杆放大法予以测量，这是一种测量长度微小变化的方法，也称为光杠杆镜尺法。

**【实验目的】**

① 学习用光杠杆原理测量长度微小变化的方法。

② 学会用逐差法处理测量数据。

③ 学习调节望远镜的方法及其在测量上的应用。

**【实验仪器】**

杨氏模量测量仪（包括支架、金属丝、光杠杆、望远镜、标尺、钩码、砝码），螺旋测微器（0～25mm，0.01mm），游标卡尺（0～150mm，0.02mm），米尺（0～2m，1mm）。

杨氏模量测量仪如图2.13所示。图2.13（a）为杨氏模量仪支架，金属丝由上下夹头卡住；上夹头固定于支架上平台；下夹头为圆柱状，上面为平面，下面与砝码挂钩固定，增减砝码时它可以通过中间平台上下移动。图2.13（b）为光杠杆，是测量金属丝长度微小变化的光学元件，其前足为$bb'$，后足为$P$，前、后足之间的距离$R$称为光杠杆常数。图2.13（c）是尺读望远镜，用于测量金属丝的变化位置。

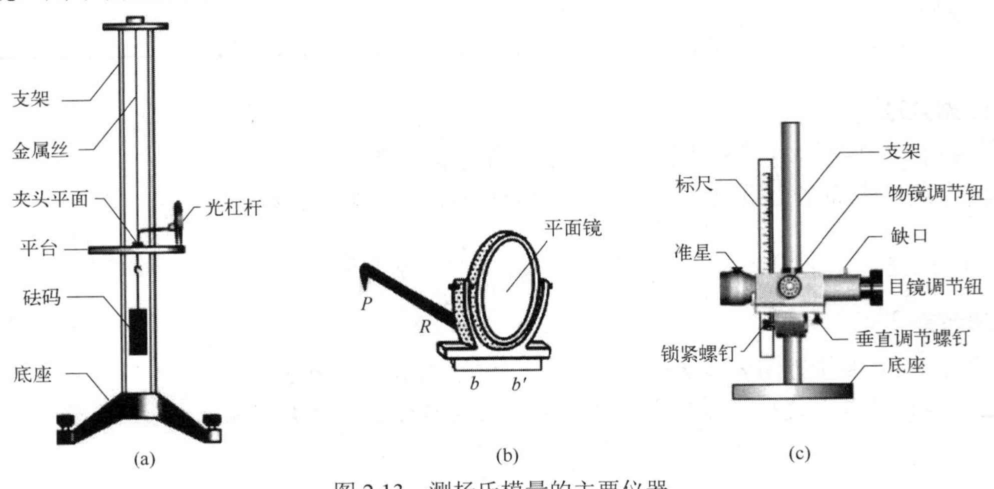


图2.13　测杨氏模量的主要仪器

【实验原理】

（1）胡克定律与杨氏模量

应力：单位面积上所受到的力（$F/S$）。

应变：指在外力作用下的相对形变（相对伸长 $\Delta L/L$），它反映了物体形变的大小。

粗细均匀的金属丝长度为 $L$、横截面积为 $S$，将其上端固定，下端悬挂砝码，金属丝受沿长度方向的力 $F$ 作用后，物体伸长为 $\Delta L$。

根据胡克定律，在物体的弹性限度内，应力、应变成正比，比例系数

$$E=\frac{F/S}{\Delta L/L} \tag{2.16}$$

称为杨氏弹性模量，简称杨氏模量，其单位为 Pa。

实验证明，杨氏模量 $E$ 与外力 $F$、物体的长度 $L$ 和截面积 $S$ 的大小无关，只取决于物体的材料，是表征固体性质的物理量。杨氏模量越大，其产生应变所需的应力越大。部分常用材料的杨氏模量见表 2.13。

表 2.13　部分常用材料的杨氏模量

单位：$Pa/\times10^{10}$

| 名称 | 锌 | 铝 | 铜 | 康铜 | 黄铜① | 锰铜② | 钛 | 软铁 | 铸铁 | 钢铁 | 铅 | 镍 | 橡胶 | 尼龙-6,6 | 聚乙烯 | 玻璃③ |
|---|---|---|---|---|---|---|---|---|---|---|---|---|---|---|---|---|
| $E$ | 0.8 | 7.03 | 13.0 | 16.4 | 10.1 | 12.4 | 1.6 | 21.2 | 15.2 | 20.1～21.6 | 1.61 | 19.9～22.0 | （1.5～5.0）$\times10^{-4}$ | 0.12～0.29 | 0.076 | 8.01 |

① 70Cu，30Zn；② 84Cu，12Mn，4Ni；③ 指火石玻璃。

上式中的 $F$、$S$、$L$ 都很容易测量：$F$ 是砝码所受重力，由 $F=mg$ 求出；$S$ 是金属丝截面积，用螺旋测微计测出直径 $d$，代入公式 $S=\pi d^2/4$ 算出 $S$；$L$ 是金属丝的原长，由米尺直接测量。由于 $\Delta L$ 很微小，不能直接测量，实验中利用光杠杆法，通过角度的放大，推算出 $\Delta L$。

（2）光杠杆放大原理

光杠杆是测量长度微小变化的元件，其测量原理如图 2.14 所示。

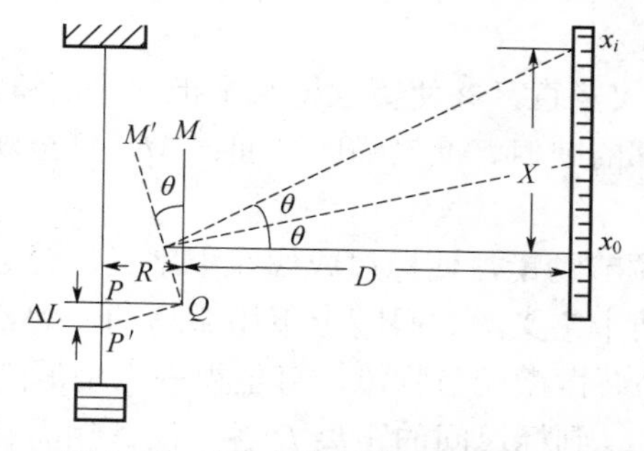


图 2.14　光杠杆测量微小长度原理

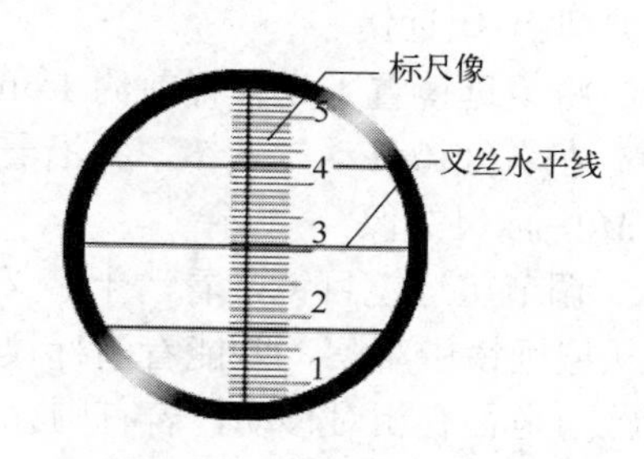


图 2.15　望远镜中的叉丝与标尺像

测量时将光杠杆前足 $bb'$ 放在中间平台沟槽内，后足 $P$ 置于下夹头圆柱平台上。在光杠杆前 1.5m 左右放置望远镜，望远镜配有与光杠杆平面镜 $M$ 平行的竖直标尺 $X$，如图 2.13（c）所示。

若望远镜与平面镜等高共轴，则从望远镜目镜中可以观察到叉丝水平线与平面镜中的标尺某一位置 $x_0$ 对齐，见图 2.15。当在钩码上加砝码时，金属丝伸长，置于金属丝下端的下夹头平台上的光杠杆后足 $P$ 下移至 $P'$（图 2.14），$PP'$ 即为金属丝的伸长量 $\Delta L$。而平面镜 $M$ 则

以前足 $bb'$ 为轴转过角度 $\theta$ 至 $M'$，此时从望远镜中可以观察到叉丝水平线对准平面镜中的标尺另一位置 $x_i$，望远镜中读数变化了 $X = x_i - x_0$。

由于经过平面镜 $M$ 反射而进入望远镜的光线方向不变，当 $M$ 转过 $\theta$ 角后，射到光杠杆 $M$ 的光线偏转 $2\theta$，而 $\theta$ 很小，平面镜到标尺的距离近似等于 $D$，且 $2\theta \approx \tan 2\theta = X/D$，所以

$$\theta = \frac{X}{2D} \tag{2.17}$$

又由△$PQP'$ 得

$$\theta \approx \tan\theta = \frac{\Delta L}{R} \tag{2.18}$$

式中，$R$ 为光杠杆常数。由式（2.17）与式（2.18）可得

$$\Delta L = \frac{R}{2D} X \tag{2.19}$$

$2D/R$ 称作光杠杆的放大率。若 $D = 1.5\text{m}$，$R = 8\text{cm}$，则其放大率为 37.5，即可将 $\Delta L$ 放大 37.5 倍测量。可见，通过光杠杆放大法，在保证测量精度的前提下，大大降低了测量难度。

将式（2.19）代入式（2.16）中，得

$$E = \frac{F/S}{\Delta L/L} = \frac{8FLD}{\pi d^2 RX} \tag{2.20}$$

式中，$D$、$L$ 可分别用米尺测量；$d$ 可用螺旋测微器测量；$R$（后足 $P$ 到前足 $bb'$ 两尖角点连线的垂线长度）可用游标卡尺测量；$X$ 可由光杠杆放大法通过望远镜读取。

**【实验内容】**

① 调节杨氏模量测量仪的底脚螺钉，使其水平仪气泡居中，以保证平台水平。

② 在金属丝下端的钩码上加一个砝码，使金属丝拉直，此重力不计入作用力 $F$ 内。

③ 配置光杠杆，使其前足 $bb'$ 置于平台沟槽内，后足 $P$ 置于固定金属丝的下夹头圆柱平台上，并使平面镜 $M$ 铅直。

④ 调节望远镜

a. 将望远镜置于光杠杆前约 1.5m 处，使标尺竖直，并使望远镜水平指向平面镜 $M$。

b. 左右轻微移动望远镜，并沿着望远镜上部的缺口、准星瞄向平面镜 $M$，直至观察到平面镜 $M$ 中标尺的像。

c. 调节望远镜目镜，看清十字叉丝。然后调节物镜，使标尺成像在十字叉丝分划板上，此时从望远镜中观察，既能看清标尺，又能看清十字叉丝。眼睛上下微微移动，观察标尺像与叉丝间是否有相对移动，若有则存在视差，需要微微调节物镜，直至视差完全消除。

⑤ 用米尺分别测量金属丝长度 $L$ 和平面镜 $M$ 到标尺间的距离 $D$ 各一次；用游标卡尺测量光杠杆常数 $R$ 一次。

测量光杠杆常数方法：使光杠杆在白纸上压出三个点的痕迹，连接 $bb'$ 两点，从 $P$ 点做 $bb'$ 连线的垂线长度即为光杠杆常数 $R$。

⑥ 用螺旋测微器在金属丝的不同位置测量直径 $d$ 各两次，将数据填入表 2.14。

⑦ 观察望远镜叉丝水平线所对应的标尺读数与望远镜在标尺上的实际位置读数是否一致，若明显不同，可稍微改变平面镜 $M$ 的俯、仰角度，直至望远镜中的标尺读数恰为其实际位置读数为止。

⑧ 记录望远镜叉丝水平线对应的标尺读数 $x_1$，然后逐次加挂砝码，记录相应的读数 $x_i$，待所有砝码加完为止，将数据填入表2.15；逐次取下砝码，记录相应的数据到表2.15。

将 $D$、$L$、$R$ 数据记录于表2.16中。逐差法处理数据见表2.17。

**表2.14 金属丝直径**

$d_0 =$

| 测量部位 | 上部 | | 中部 | | 下部 | | 平均值 |
|---|---|---|---|---|---|---|---|
| 次数 | 1 | 2 | 1 | 2 | 1 | 2 | $\bar{d}$ /mm |
| $d$/mm | | | | | | | |

**表2.15 望远镜中标尺读数**

| 序号 | 1 | 2 | 3 | 4 | 5 | 6 |
|---|---|---|---|---|---|---|
| $m_i$/kg | 2.00 | 4.00 | 6.00 | 8.00 | 10.00 | 12.00 |
| $x_{i+}$/cm | | | | | | |
| $x_{i-}$/cm | | | | | | |
| $x_i$=（$x_{i+}$+$x_{i-}$）/2/cm | | | | | | |

**表2.16 $D$、$L$、$R$尺寸**

| | | |
|---|---|---|
| $D$= cm | $L$= cm | $R$= cm |
| $U_D$= cm | $U_L$= cm | $U_R$= cm |

**表2.17 逐差法处理数据**

| 序号 | 1 | 2 | 3 | 平均值 |
|---|---|---|---|---|
| $\Delta m_i = m_{i+3} - m_i$/kg | | | | |
| $X_i = x_{i+3} - x_i$/cm | | | | |

**【注意事项】**

① 光杠杆、望远镜和标尺应在测量前调节好，实验过程中不得移动，否则所测数据无效，实验应重新开始。

② 添加砝码时应小心，避免金属丝摆动使光杠杆移动，并应使砝码开口相互错开，以防金属丝倾斜而使砝码脱落。

③ 在测量 $x_i$ 过程中，一定要让挂钩上的砝码稳定后读数，否则误差较大。

**【数据处理】**

$L$、$D$、$R$ 的不确定度

$\Delta_L$=3mm，$\Delta_D$=5mm，$\Delta_d$=0.004mm，$\Delta_R$=0.02mm

（1）数值与不确定度计算

金属丝直径 $d$　　$d = \bar{d} \pm U_d =$

金属丝长度 $L$　　$L = \bar{L} \pm U_L =$

距离 $D$　　　　$D=\bar{D}\pm U_D=$

光杠杆常数 $R$　　$R=\bar{R}\pm U_R=$

$$S_{\bar{X}}=\sqrt{\frac{\sum_{i=1}^{3}(X_i-\bar{X})^2}{3\times(3-1)}}=\qquad U_X=\sqrt{S_{\bar{X}}^2+(\frac{\Delta_x}{\sqrt{3}})^2}=$$

$$U_d=\sqrt{S_{\bar{d}}^2+(\frac{\Delta_d}{\sqrt{3}})^2}=\qquad \bar{E}=\frac{8\bar{m}g\bar{L}\bar{D}}{\pi\bar{d}^2\bar{R}\bar{X}}=$$

$$U_E=\bar{E}\sqrt{\left(\frac{U_m}{m}\right)^2+\left(\frac{U_L}{L}\right)^2+\left(\frac{U_D}{D}\right)^2+\left(\frac{U_R}{R}\right)^2+\left(2\frac{U_d}{d}\right)^2+\left(\frac{U_X}{X}\right)^2}=$$

（2）测量结果表示

$$E=\bar{E}\pm U_E=$$

相对不确定度

$$E=\frac{U_E}{\bar{E}}\times100\%=$$

**【思考题】**

（1）将本实验中的金属丝换成另一根同种材料制成、直径为 $2d$ 的金属丝，则测量的杨氏模量为原来测量值的几倍？

（2）用光杠杆放大法测量长度的微小变化有何优点？怎样提高其灵敏度？

（3）若长度改变量 $\Delta L=0.2\text{mm}$，而标尺读数差 $X=0.60\text{cm}$，光杠杆常数 $R=8.000\text{cm}$，则镜、尺之间的距离 $D$ 至少应为多少？

（4）为什么用不同的测长仪器和方法测量金属丝的直径、长度与长度伸长量？测量结果中哪个量的误差最大？

（5）根据不确定度的计算结果，哪一个量测得最准？哪一个量引入的测量不确定度最大？实验是否达到等精度要求？

（6）在本实验中，分别用逐差法和作图法处理金属丝杨氏模量的测量数据，根据你的计算结果，哪一种方法测量结果更准确？

（7）实验的数据处理是否可以不用逐差法而用其他数据处理方法？根据你所掌握的实验知识与技能，是否有更理想的测量杨氏模量的方法？

## 2.7　转动惯量测量

转动惯量是刚体绕轴转动时惯性的量度。刚体转动惯量越大，其转动状态越不容易改变。例如，某些机械中常利用具有巨大转动惯量的飞轮来使运转平稳。

转动惯量在数值上等于组成刚体各质点的质量 $m_i$ 与它们到转轴的垂直距离 $r_i$ 的平方乘积的总和，即$\sum m_i r_i^2$。可见转动惯量不仅与整个物体的质量有关，而且与质量的分布以及转轴的位置有关。转动惯量的单位为 $\text{kg}\cdot\text{m}^2$。

若刚体形状规则且质量分布均匀，可直接计算其对某一定轴的转动惯量。对于形状复杂、不规则或质量分布不均匀的物体，需要通过实验测量其转动惯量。

转动惯量的测量在工业、农业、交通、科研和军事等部门具有重要意义。比如电动机运转时的工作性能就依赖于其转子转动惯性的合理设计，直升机的飞行稳定性则与飞轮的转动惯量有密切关系。

【实验目的】

① 学习用扭摆测定不同形状物体的转动惯量和弹簧的扭转常数。

② 验证转动惯量的平行轴定理。

【实验原理】

（1）扭摆的结构与测量原理

扭摆的构造如图2.16右方所示，在垂直轴上装有一根薄片状的螺旋弹簧，用以产生恢复力矩。在垂直轴上可以安装各种待测物体。垂直轴与支座间装有轴承，以降低摩擦力矩。水平仪用于调节系统水平。

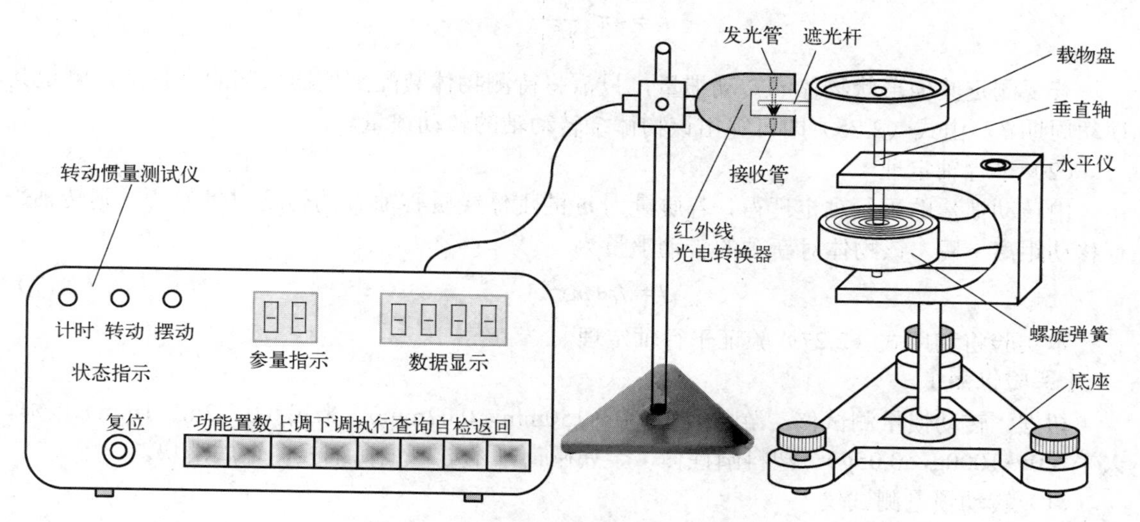


图2.16 扭摆测量转动惯量实验装置图

将物体在水平面内转过一定角度后，在弹簧的恢复力矩作用下物体绕垂直轴做往复扭转运动。根据胡克定律，弹簧因扭转而产生的恢复力矩 $M$ 与所转过的角度 $\theta$ 成正比，即

$$M=-k\theta \tag{2.21}$$

式中，$k$ 为弹簧的扭转常数。根据转动定律

$$M=J\alpha$$

式中，$J$ 为物体绕转轴的转动惯量；$\alpha$ 为角加速度。由式（2.21），得

$$\alpha=\frac{M}{J} \tag{2.22}$$

令 $\omega^2=k/J$，忽略轴承的摩擦阻力矩，由式（2.21）与式（2.22），有

$$\alpha=\frac{\mathrm{d}^2\theta}{\mathrm{d}t^2}=-\omega^2\theta \tag{2.23}$$

式（2.23）表示扭摆运动具有简谐振动特征，角加速度与角位移成正比，但方向相反。式（2.23）的一般解为

$$\theta=\theta_{\mathrm{m}}\cos(\omega t+\varphi) \tag{2.24}$$

式中，$\theta_{\mathrm{m}}$ 为振幅；$\varphi$ 为初相位；$\omega$ 为圆频率。其振动周期为

$$T=\frac{2\pi}{\omega}=2\pi\sqrt{\frac{J}{k}}$$

由此得

$$J=\frac{kT^2}{4\pi^2} \tag{2.25}$$

只要测得物体的摆动周期，并在 $J$ 和 $k$ 中任何一个量已知时即可算出另一个量。用一个几何形状规则的物体，根据其质量和几何尺寸，并由理论公式计算其转动惯量 $J'$，再通过实验测量数据 $T$，由式（2.25）计算出扭摆弹簧的扭转常数 $k$ 值，即

$$k=4\pi^2\frac{J'}{T^2} \tag{2.26}$$

若要测定其他形状物体的转动惯量，只需将待测物体装配到仪器顶部的夹具上，测定其摆动周期 $T$，由式（2.25）即可算出该物体绕转动轴的转动惯量。

（2）平行轴定理

由转动惯量的平行轴定理得，若质量为 $m$ 的刚体绕质心轴 $C$ 的转动惯量为 $J_C$，则转轴平行移动距离 $x$ 后，该物体对新轴的转动惯量为

$$J=J_C+mx^2 \tag{2.27}$$

本实验将利用式（2.27）验证平行轴定理。

**【实验仪器】**

扭摆，转动惯量测试仪，游标卡尺（0～150mm，0.02mm），米尺（0～2m，1mm），物理天平（0～1000g，0.05g），塑料圆柱体，金属圆筒，木球，金属细杆，金属滑块。

（1）转动惯量测试仪

转动惯量测试仪由主机和光电传感器两部分组成。

主机采用单片机作控制系统，可以测量物体的转动或摆动周期以及旋转体的转速，能自动记录、存储多组测量数据，并能精确计算多组测量数据的平均值。

光电传感器由红外发射管和红外接收管组成，将光信号转换为脉冲电信号，送入主机工作。因人眼无法直接观察仪器是否正常工作，可用遮光物体往复遮挡光电探头发射光束通路，检查计时器是否计数，为防止过强光线对光探头的影响，光电探头不可置于强光下，实验时应采用窗帘遮光，确保计时准确。

（2）仪器使用方法

① 调节光电传感器在固定支架上的高度，使被测物体上的挡光杆能自由往复地通过光电门，再将光电传感器的信号传输线插入主机输入端。

② 开启主机电源，摆动指示灯亮，参量指示为“P1”，数据显示为“_ _ _ _”。

③ 本机默认扭摆的周期数为10，若要更改，可以重新设定。更改后的周期数不具有记忆功能，一旦切断电源或按“复位”键，便恢复原来默认值。

④ 按“执行”键，数据显示为“000.0”，表示仪器已处于待测状态。若往复摆动的被测物上的挡光杆第一次通过光电门，由数据显示给出累计的时间，同时仪器自行计算周期 $T_1$ 并予以存储，以供查询和多次测量求平均值用。至此，第一次测量完毕。

⑤ 按“执行”键，“P1”变为“P2”，数据显示又回到“000.0”，仪器处于第二次待测状态，本机设定重复测量的最多次数为5，即P1，P2，…，P5。通过“查询”键可知各次测量

的周期值 $T_i$（$i$=1，2，…，5）以及它们的平均值 $T_{Ai}$。

**【实验内容】**

熟悉扭摆的构造、使用方法及转动惯量测试仪的使用方法。测定扭摆的仪器常数，即弹簧的扭转常数 $k$。

按实验内容要求，分别测出各物理量的数值，将数据记录到表 2.18 和表 2.19 中。

**表 2.18 物体的尺寸和摆动周期**

| 物体名称 | 质量 /kg | 几何尺寸 /$\times10^{-2}$m | | 周期 /s | | 转动惯量理论值 /$10^{-4}$kg・m$^2$ | 转动惯量实验值 /$10^{-4}$kg・m$^2$ |
|---|---|---|---|---|---|---|---|
| 金属载物盘 | — | — | | $T_0$ | | — | $J_0=\frac{J_1'\overline{T}_0^2}{\overline{T}_1^2-\overline{T}_0^2}$ |
| | | | | | | | |
| | | | | | | | |
| | | | | $\overline{T}_0$ | | | |
| 塑料圆柱 | | $D$ | | $T_1$ | | $J_1'=\frac{1}{8}m\overline{D}^2$ | $J_1=\frac{k\overline{T}_1^2}{4\pi^2}-J_0$ |
| | | | | | | | |
| | | | | | | | |
| | | $\overline{D}$ | | $\overline{T}_1$ | | | |
| 金属圆筒 | | $D_{外}$ | | $T_2$ | | $J_2'=\frac{1}{8}m(\overline{D}_{外}^2+\overline{D}_{内}^2)$ | $J_2=\frac{k\overline{T}_2^2}{4\pi^2}-J_0$ |
| | | | | | | | |
| | | | | | | | |
| | | $\overline{D}_{外}$ | | | | | |
| | | $D_{内}$ | | | | | |
| | | | | | | | |
| | | | | | | | |
| | | $\overline{D}_{内}$ | | $\overline{T}_2$ | | | |
| 木球 | | $D_{直}$ | | $T_3$ | | $J_3'=\frac{1}{10}m\overline{D}_{直}^2$ | $J_3=\frac{k}{4\pi^2}\overline{T}_3^2-J_{支座}$ |
| | | | | | | | |
| | | | | | | | |
| | | $\overline{D}_{直}$ | | $\overline{T}_3$ | | | |
| 金属细杆 | | $L$ | | $T_4$ | | $J_4'=\frac{1}{12}mL^2$ | $J_4=\frac{k}{4\pi^2}\overline{T}_4^2-J_{夹具}$ |
| | | | | | | | |
| | | | | | | | |
| | | $\overline{L}$ | | $\overline{T}_4$ | | | |

注：$k=4\pi^2\frac{J_1'}{\overline{T}_1^2-\overline{T}_0^2}$，Nm。

表 2.19　*x*-*T* 关系

| $x/\times10^{-2}$m | 5.00 | 10.00 | 15.00 | 20.00 | 25.00 |
| --- | --- | --- | --- | --- | --- |
| 摆动周期 $T$/s | | | | | |
| | | | | | |
| | | | | | |
| $\bar{T}$/s | | | | | |
| 转动惯量实验值$/10^{-4}$kg·m$^2$ $J=\frac{k}{4\pi^2}\bar{T}^2$ | | | | | |
| 转动惯量理论值$/10^{-4}$kg·m$^2$ $J'=J_4'+2m_sx^2+J_5'$ | | | | | |
| 百分差 | | | | | |

（1）测量转动惯量

① 测量塑料圆柱体的直径 $D$，金属圆筒的内径 $D_1$、外径 $D_2$，木球直径 $D_3$，金属细杆长度 $L$ 及各物体质量。

② 调节扭摆基座底脚螺钉，使水平仪的气泡位于中心。

③ 装上金属载物盘，调整光电探头位置，使载物盘上的挡光杆处于其缺口中央且能遮住发射、接收红外光线的小孔，测定摆动周期 $T_0$。

④ 将塑料圆柱体垂直放在载物盘上，测定摆动周期 $T_1$。

⑤ 用金属圆筒代替塑料圆柱体，测定摆动周期 $T_2$。

⑥ 取下载物盘，装上木球，测定摆动周期 $T_3$。

⑦ 取下木球，装上金属细杆，使其中心与转轴重合，测定摆动周期 $T_4$。

（2）验证平行轴定理

将滑块对称放置在细杆两边的凹槽内，此时滑块质心离转轴的距离分别为 5.00cm、10.00cm、15.00cm、20.00cm、25.00cm，依次测定其摆动周期 $T$。滑块参数记录于表 2.20 中。

表 2.20　滑块参数

| 测量对象 | 外径 $D_{s外}$/mm | | | 内径 $D_{s内}$/mm | | | 滑块 $m_s$/kg |
| --- | --- | --- | --- | --- | --- | --- | --- |
| 次数 | | | | | | | |
| 平均值 | | | | | | | |

**【注意事项】**

① 为了降低实验时由于摆动角度变化过大带来的系统误差，在测定各种物体的摆动周期时，摆角不宜过小，摆幅也不宜变化过大。

② 光电探头宜置于挡光杆平衡位置处，不能与挡光杆接触，以免增大摩擦力矩。

③ 为提高测量精度，应先让扭摆自由摆动，然后按“执行”键进行计时。

④ 若系统死机，按“复位”键或关闭电源重新启动，但以前数据将全部丢失。

⑤ 在称金属细杆与木球的质量时，必须将支架取下，否则会引起较大误差。

【数据处理】

计算被测物体转动惯量及其不确定度、相对不确定度。

细杆夹具转动惯量实验值

$$J_{夹具}=\frac{k}{4\pi^2}\overline{T}^2-J_0=\frac{3.567\times10^{-2}}{4\pi^2}\times0.741^2-4.929\times10^{-4}=0.321\times10^{-4}(\text{kg}\cdot\text{m}^2)$$

球支座转动惯量实验值

$$J_{支座}=\frac{k}{4\pi^2}\overline{T}^2-J_0=\frac{3.567\times10^{-2}}{4\pi^2}\times0.740^2-4.929\times10^{-4}=0.187\times10^{-5}(\text{kg}\cdot\text{m}^2)$$

$J_4'$ 为金属细杆转动惯量；$J_5'=2\left[\frac{1}{16}m_s(D_{s内}^2+D_{s外}^2)+\frac{1}{12}m_sL_s^2\right]$，$m_s$、$D_s$、$L_s$ 为滑块质量、内外直径和长度。

【思考题】

（1）一个物体的转动惯量与哪些因素有关？

（2）测量转动周期时，为何要连续测量多个周期？

（3）如何测量质量分布不均匀的物体的转动惯量？

（4）摆动角度的大小是否影响摆动周期？怎样确定摆角？

## 2.8 焦利秤实验

一个物理量在某一恒定值附近做往复变化的过程叫作振动。发生振动的是物体或物体的一部分，这种振动则为机械振动。

当振动物体经过某一确定的时间间隔之后继续重复前一时间间隔的运动过程，这种振动称为周期振动，往复一次所需的时间间隔 $T$ 称为周期。最简单的周期振动是简谐振动，可以用正弦或余弦函数加以描述。简谐振动一般可用 $A=A_0\cos[(2\pi t/T)+\varphi]=A_0\cos(2\pi ft+\varphi)=A_0\cos(\omega t+\varphi)$ 表示，式中，$A_0$ 为物理量 $A$ 可能达到的最大值，即 $A$ 的振幅；$T$ 是振动的周期；$t$ 表示时间；$f=1/T$ 表示频率；$2\pi/T$ 或 $2\pi f$ 为振动的角频率 $\omega$，也称圆频率，它是由振动系统性质决定的常数；$\varphi$ 为初相。

在简谐振动中，当经过的时间为周期的整数倍时，该物理量又恢复原值。例如悬挂在弹簧下端的物体的运动就是一种简谐振动，这时 $A$ 为物体离开平衡位置的位移，$A_0$ 则是其最大位移。任何复杂振动都可分解为许多不同频率和不同振幅的简谐振动，因此简谐振动是最简单的也是最基本的振动。

【实验目的】

① 了解集成霍尔开关的基本原理，学习其使用方法。

② 观测弹簧的线径与直径对弹簧劲度系数的影响。

③ 研究弹簧振子做简谐振动的特性，测量简谐振动的周期。

④ 计算弹簧的劲度系数，验证胡克定律。

【实验原理】

若弹簧在外力 $F$ 拉伸或压缩作用下，其长度改变量为 $\Delta y$，由胡克定律，有 $F=-k\Delta y$。其中，$k$ 为弹簧的劲度系数，它取决于弹簧的形状和材料。若 $F$ 由垂直悬挂于弹簧下端的、质量为 $m$ 的物体引起，则

$$F = mg = -k\Delta y \tag{2.28}$$

通过测量 $F$ 和 $\Delta y$ 可由式（2.28）推算出弹簧的劲度系数 $k$。

将质量为 $m$ 的物体垂直悬挂于固定支架上的弹簧下端，便构成一个弹簧振子。若下拉或上托物体，使其离开平衡位置少许，然后释放，则物体受重力和弹簧弹性力的作用在平衡位置附近做简谐振动，其周期为

$$T = 2\pi\sqrt{\frac{m + m_e}{k}} \tag{2.29}$$

式中，$m_e$ 为弹簧的有效质量。

$$m_e = \frac{kT^2}{4\pi^2} - m \tag{2.30}$$

若弹簧本身的质量为 $m_0$，则弹簧的有效质量 $m_e = pm_0$，$p$ 为待定系数，其值约为 1/3，可由实验测得。通过测量弹簧振子的振动周期 $T$，可由式（2.30）计算出弹簧的劲度系数 $k$。

**【实验仪器】**

计时计数毫秒仪，焦利秤，集成霍尔传感器，砝码组。

集成霍尔传感器是一种磁敏开关，如图 2.17（a）所示。“$V_+$”接电源正极，“$V_-$”接电源负极，“$V_o$”接周期测定仪。

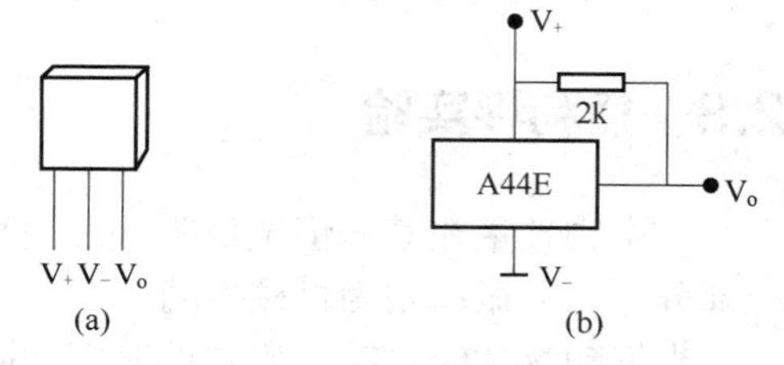


图 2.17　集成霍尔传感器

图 2.17（b）是磁敏开关的原理电路，当垂直于该传感器的磁感应强度大于 $B_{op}$ 时，该传感器处于导通状态，这时处于“$V_o$”脚与“$V_-$”脚之间输出电压极小，近似为零；当磁感应强度小于 $B_{rp}$（$B_{rp}<B_{op}$）时，输出电压等于“$V_+$”与“$V_-$”端所加的电源电压。利用集成霍尔开关这个特性，可将传感器的输出信号输入到周期测定仪，测量物体转动的周期或物体移动所经历的时间。

计时计数毫秒仪与焦利秤的结构如图 2.18 所示。

**【实验内容】**

（1）测定弹簧的劲度系数 $k$

① 调节底板的三个水平调节螺钉，使重锤尖端对准重锤基准尖端。

② 在主尺顶部安装弹簧，依次挂上吊钩、初始砝码，使小指针被夹在两个初始砝码中间，下方的初始砝码通过吊钩和金属丝连接砝码托盘。

③ 调节游标高度使其左侧基准线大致对准指针，锁紧固定游标的螺钉，然后调节视差，先让指针与镜中的虚像重合，再调节游标上的调节螺母，使游标上的基准线在观察者的视差已被调好的情况下被指针挡住，通过主尺和游标读出数值。

④ 先在砝码托盘中放入 0.5g 砝码，然后重复步骤③，读出此时指针所在的位置。先后放入 10 个 0.5g 砝码，通过主尺和游标依次读出每个砝码放入后指针的位置，再依次取下砝码，记下对应的位置，填入表 2.21。

（2）测量弹簧振子简谐振动的周期

① 取下弹簧下的砝码托盘、吊钩和校准砝码、指针，挂上 20g 的铁砝码。

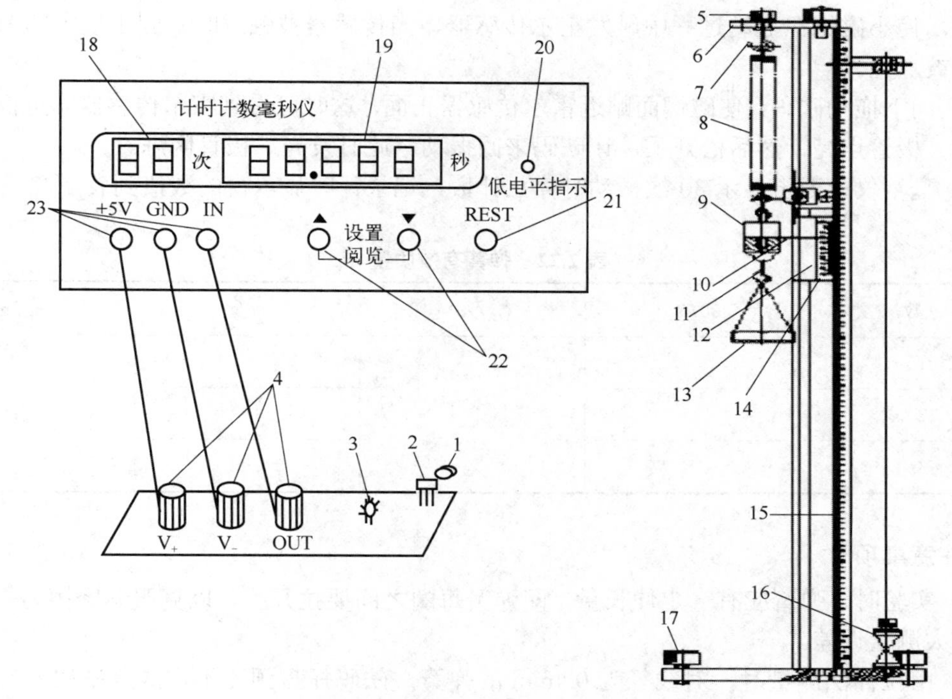


图 2.18　毫秒仪与焦利秤装置图

1—小磁钢；2—霍尔传感器；3—发光二极管；4—管脚接线柱；5—调节钮；6—横臂；7—吊钩；8—弹簧；9—初始砝码；10—指针；11—挂钩；12—小镜子；13—托盘；14—游标尺；15—主尺；16—重锤；17—水平调节钮；18—计数显示；19—计时显示；20—低电平指示；21—复位键；22—设置/阅览键；23—电源、信号接线柱

**表 2.21　拉伸法测量弹簧劲度系数**

| $m$/g | $y_+$/cm | $y_-$/cm | $\bar{y}$/cm |
|---|---|---|---|
| 0.500 | | | |
| 1.000 | | | |
| 1.500 | | | |
| 2.000 | | | |
| 2.500 | | | |
| 3.000 | | | |
| 3.500 | | | |
| 4.000 | | | |
| 4.500 | | | |
| 5.000 | | | |

② 将传感器附板夹入固定架中，固定架的另一端由一个锁紧螺钉将传感器附板固定在游标尺的侧面。

③ 分别将霍尔传感器固定板上的 $V_+$、$V_-$、OUT 与计时器的+5V、GND、IN 用导线连接起来，开启毫秒仪。

④ 调节霍尔传感器固定板的方位与横臂方位，使磁铁与霍尔传感器正面对准，并调节游

标高度，使小磁钢在振动过程中触发霍尔传感器，当传感器被触发时，固定板上的白色发光二极管被点亮。

⑤ 向下拖动砝码，使磁钢面贴近霍尔传感器正面，这时可看到霍尔传感器固定板中的白色发光二极管点亮，然后松开手，让砝码来回振动，此时发光二极管闪烁。

⑥ 毫秒仪计数窗显示 30 次振动时停止计数，记录计时显示窗的数值到表 2.22。

**表 2.22　弹簧有效质量 $m_e$**

| 次数 | $30T$/s | $\overline{T}$/s | $m_e$/g | $\overline{m_e}$/g |
|---|---|---|---|---|
| 1 | | | | |
| 2 | | | | |
| 3 | | | | |

**【注意事项】**

① 实验时，弹簧应有一定伸长量，即弹簧每圈之间要拉开些，以克服静摩擦力，否则会带来较大测量误差。

② 用拉伸法测量时，对线径为 0.4mm 的弹簧，砝码托盘预先不需放入砝码；对线径为 0.6mm 的弹簧，在砝码托盘中事先需放入 20g 砝码。

③ 用振动法测量时，对线径为 0.4mm 的弹簧，应挂上 20g 砝码；对线径为 0.6mm 的弹簧，应挂上 50g 砝码。

④ $y_+$是依次加入砝码后弹簧的位置，$y_-$是依次减去砝码后弹簧的位置。弹簧的质量为 $m_0$＝9.26g，其有效质量为 $m_e$＝3.09g。

⑤ 磁极需要正确配置，否则不能使霍尔开关导通。

**【数据处理】**

（1）拉伸法测量弹簧劲度系数

按表 2.21，绘制 $y$-$m$ 曲线，求其斜率 $k'$，由式（2.28）（重力加速度取 $g$＝9.800m/s$^2$）计算弹簧劲度系数为 $k=k'/g$。

（2）计算弹簧有效质量

由式（2.30）计算弹簧有效质量，填入表 2.22。

（3）振动法测量弹簧劲度系数

由 $k=(4\pi^2/T^2)(m+m_e)$ 计算弹簧劲度系数。

**【思考题】**

（1）弹簧的伸长量如何测得更准？

（2）测量周期时为何要测量多个周期？

（3）为什么弹簧的实际质量远大于其有效质量？

（4）实验中测量弹簧劲度系数的两种方法哪一种测量误差小？

## 2.9　液体黏度测量

流体（即气体和液体）内部阻碍其相对流动的特性称为黏滞性。量度流体黏滞性大小的物理量称为黏度。

若在流动的流体中平行于流动方向将流体分成流速不同的各层，则在任何相邻两层的接触面上存在着与层面平行而与流动方向相反的阻力，这种阻力称为黏滞力，或称为内摩擦力。如果相距 1cm 的两层速度相差 1cm/s，则作用在 $1cm^2$ 面积上黏滞力的数值为流体的黏度，表示流体黏滞性的强弱。黏度的单位为 Pa・s。黏度随温度的变化而改变，当温度升高时，液体的黏度减小，而气体的则增加。

黏度的测量具有重要意义。例如，石油在密封管道中输送时，其运输特性与黏滞性密切相关，因而在设计管道前，必须测量被输送石油的黏度。

**【实验目的】**

① 观察液体的内摩擦现象。

② 学习利用落针法测量液体的黏度和密度。

**【实验原理】**

落针在待测液体中沿垂直轴线下落，经过一段时间，当所受黏滞阻力、浮力以及落针上、下端面压力达到平衡时，便以匀速 $v_0$ 运动。$v_0$ 为收尾速度，可通过测量落针内两磁铁间距 $l$ 与其经过传感器的时间间隔 $t$ 求得，即 $v_0=l/t$。

对于牛顿液体，其动力黏度 $\eta$ 为

$$\eta=\frac{gR_2^2(\rho_s-\rho_1)}{2v_0}\left(\ln\frac{R_1}{R_2}-\frac{R_1^2-R_2^2}{R_1^2+R_2^2}\right) \tag{2.31}$$

式（2.31）只适用于无限长的落针和无限广延的条件，对于有限长度的落针，需要引入修正系数 $C$，于是式（2.31）式修正为

$$\eta=\frac{gR_2^2(\rho_s-\rho_1)}{2v_0}\left(\ln\frac{R_1}{R_2}-\frac{R_1^2-R_2^2}{R_1^2+R_2^2}\right)C$$

在实测中，$C$ 可近似地表示为 $C=1+[4R_2/3(L-2R_2)]$，将 $C$ 代入，得

$$\eta=\frac{gtR_2^2}{2l}(\rho_s-\rho_1)\left(1+\frac{4R_2}{3(L-2R_2)}\right)\left(\ln\frac{R_1}{R_2}-\frac{R_1^2-R_2^2}{R_1^2+R_2^2}\right) \tag{2.32}$$

式中，$R_1=18.5$mm，为容器内半径；$R_2=3.5$mm，为落针的外半径；$L=185$mm，为落针的长度；$l=170$mm，为两磁铁同名磁极间的距离；$t$ 为两磁铁经过传感器的时间间隔；$g$ 为重力加速度；$\rho_s$ 为落针的有效密度，共有两种针，一种为 $2260kg/m^3$，另一种为 $1412kg/m^3$；$\rho_1$ 为待测液体密度。

计算黏度 $\eta$ 的程序固化在微处理器中，由单片机计算并显示，实现了智能化。同时考虑到待测液体的密度随温度的变化而改变，当测量温度变化时应对 $\rho_1$ 进行修正，即

$$\rho_1=\frac{\rho_0}{1+\beta(T+T_0)} \tag{2.33}$$

式中，$\beta=0.93\times10^{-3}$，可由实验确定；$\rho_0$ 为 20℃时液体密度；$T_0=20$℃；$T$ 为实际温度。

如果将轻、重两个落针依次投入待测密度的液体中，由于待测液体的黏度对两个落针是相同的，都满足式（2.31），因此将两个落针方程中的黏度 $\eta$ 消去，由两个落针的有效密度 $\rho_{s1}$ 与 $\rho_{s2}$ 和相应的收尾速度 $v_{01}$ 与 $v_{02}$，便可求得待测液体的密度，即

$$\rho_1=\rho_{s1}\frac{1-(\rho_{s2}/\rho_{s1})(v_{01}/v_{02})}{1-(v_{01}/v_{02})} \quad 或 \quad \rho_1=\rho_{s1}\frac{1-(\rho_{s2}/\rho_{s1})(t_2/t_1)}{1-(t_2/t_1)} \tag{2.34}$$

式（2.34）为计算液体密度的实用公式。

【实验仪器】

智能落针液体黏滞系数实验仪，由仪器主体、落针、霍尔传感器和单片机计时器组成。

（1）仪器主体

如图 2.19 所示，盛装待测液体的圆桶容器竖直固定在机座上，机座有水平调节螺钉。机座支架上装有霍尔传感器、取针装置。容器顶盖配有发射架，包括导管和永磁铁拉杆。导管用于取针并使针沿容器中轴线下落。当取针装置将落针从容器底部提起时，落针沿导管到达盖顶，可被拉杆的永磁铁吸住，提起拉杆，落针将沿容器轴线自由下落。

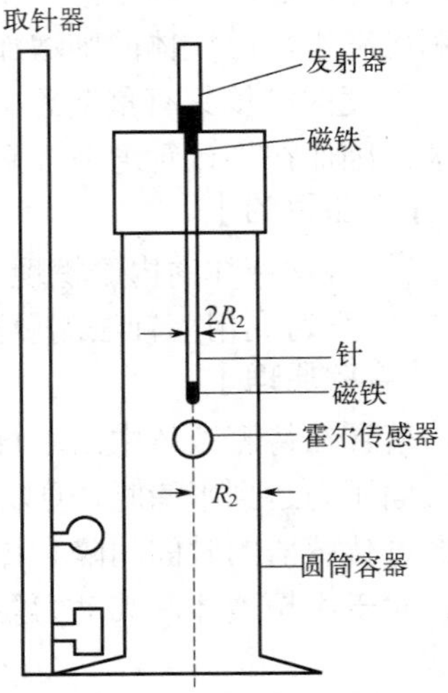

图 2.19　仪器主体

（2）落针

图 2.20 为落针结构，是由有机玻璃制成的中空细长圆柱体，其外半径为 $R_2$，平均密度为 $\rho_s$。落针前端部为半球状，其内部两端装有永久磁铁，异名磁铁相对。另有配重铅条，改变铅条的质量可以改变落针的平均密度。两端的同名磁铁间的距离为 $l$。

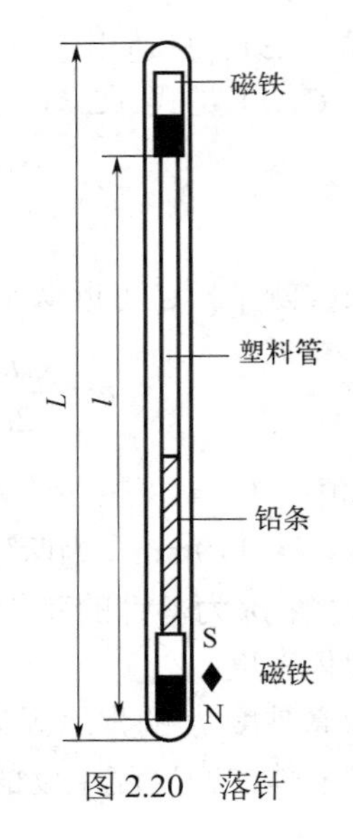

图 2.20　落针

（3）霍尔传感器

采用 SMT 技术制成灵敏度极高的开关型霍尔传感器，输出信号通过屏蔽电缆、航空插头接到单片机计时器上。传感器由 5V 直流电源供电。外壳用非磁性金属材料（铜）封装，当磁铁经过霍尔传感器附近时，传感器输出一个矩形脉冲，同时由 LED 发光二极管显示。使用这种磁传感器为测量非透明液体的黏度和密度带来方便。

（4）单片机计时器

以单片机为基础的 PH-Ⅱ型多功能毫秒计用于计时和处理数据，硬件采用 MCS-51 系列微处理器芯片，配有并行接口，驱动电路，输入由 4×4 键盘实现。显示为 6 个数码管，软件固化在微处理器中。它由 220V 交流电供电，经稳压电源变为 5V 直流电供给单片机及霍尔传感器，输入信号经航空插座输入。

【实验内容】

（1）测量准备

① 将待测液体注满容器，盖好容器后，调节底脚螺钉使本体平台水平。

② 将霍尔传感器安装在黏度计的竖直板上，使探头与圆筒垂直，并将传感器的输出电缆接到多功能毫秒计的航空插座上，单片机电源线接到交流 220V 电源上。

（2）测量液体黏度

① 接通 220V 交流电源，此时毫秒计显示“PH-2”，霍尔传感器上的LED 应闪亮后熄灭。

② 用游标卡尺测量落针直径 $2R_2$，用米尺测量落针长度 $L$，计算落针体积 $V$，用天平称衡落针质量 $m$，从而求出落针的有效密度 $\rho_1=m/V$。

③ 用比重计测量液体的密度，若无比重计，由实验室给出20℃时液体密度 $\rho_0$，再换算成其他温度下的密度值。

④ 取下容器盖，将落针放入液体中，盖好盖，启动温控装置，加热一段时间，从控温仪上读取实验室的温度 $T$。

⑤ 开机或按复位键后显示“PH-2”，毫秒计进入复位状态。

⑥ 在复位状态下按“启动”键，显示“H”或“L”后落针。毫秒计显示时间（单位为毫秒），第一次按“设置”键将提示修改待测液体密度 $\rho_s$，如待测液体密度为999kg/m$^3$，则直接按下“0、9、9、9”。第二次按“A”键将提示修改参数，落针密度 $\rho_1$ 同前，第三次按“A”键计算出液体黏滞系数。

⑦ 可在实验前复位后按“手动”键，启动毫秒计的电子秒表功能，粗测落针下落时间。

⑧ 温度高时用轻落针，温度低时用重落针；黏度大时用重落针，黏度小时用轻落针。

相关数据记录于表2.23中。

**表2.23 落针法测量黏度数据**

| 次数 | $L$/mm | $2R_2$/mm | $l$/mm | $2R_1$/mm | $m$/g | $t$/s |
|---|---|---|---|---|---|---|
| 1 | | | | | | |
| 2 | | | | | | |
| 3 | | | | | | |
| 4 | | | | | | |
| 5 | | | | | | |
| 平均值 | | | | | | |

（3）测量液体密度

按上述操作方法，分别将轻、重两个落针投入待测密度的液体中，测量它们下落的时间 $t_1$ 和 $t_2$，并由两个落针的有效密度 $\rho_{s1}$ 与 $\rho_{s2}$，根据式（2.34）计算液体的密度。相关数据记录于表2.24中。

**表2.24 液体密度测量数据**

| 物理量 | $T$/℃ | $\rho_l$/（g/m$^3$） | $g$/（m/s$^2$） | $\rho_{s1}$/（g/m$^3$） | $\rho_{s2}$/（g/m$^3$） | $t_1$/s | $t_2$/s |
|---|---|---|---|---|---|---|---|
| 测量值 | | | | | | | |

**【注意事项】**

① 应使落针沿圆筒中心轴线竖直下落。

② 用取针器将针拉起悬挂在容器上端，稍候一会儿，待其稳定后再投下。

③ 取针器将针拉起并悬挂后，应旋转取针器的磁铁，使其离开容器。

④ 使落针在下落过程中保持垂直状态：若针头偏向霍尔传感器，数据偏大；若针头偏离霍尔传感器，数据偏小。

【数据处理】

① 由表 2.23、表 2.24 数据计算待测液体的黏度与密度。

② 比较计算的 $\eta$ 值与单板机计算的 $\eta$ 值。

【思考题】

(1) 若有两个密度不同的针，试说明如何利用本实验装置测量液体的密度。

(2) 如何判断落针是否在做匀速运动？

(3) 测量落针匀速下落速度时，所测的时间间隔长好还是短好？

(4) 若下降的落针偏离中心轴线，将对测量产生什么影响？

(5) 用开关型霍尔传感器测量落针下落时间的方法测量液体黏度有何优点？

(6) 如果遇到待测液体 $\eta$ 值较小，应如何处理？

(7) 如果落针表面粗糙、有划伤或有尘埃等，将对结果产生什么影响？

## 2.10 空气摩尔热容比测定

在一定的热力学过程中，且没有化学反应与相变的条件下，物体的温度改变 1K 所吸收或放出的热量称为该物体在给定过程中的热容量，简称热容。热容量的单位为焦耳每开尔文，单位符号为 J/K。

1g 物质温度改变 1K 所需要的热量称为比热容，单位为焦耳每千克开尔文，单位符号为 J/（kg・K）。各物质的比热容不同。同一物质，比热容的大小与温度的高低、压强和体积的变化情况有关。例如，气体在体积恒定时和压强恒定时的比热容不同，分别称为定容比热容和定压比热容。但对液体和固体，则因二者差别很小，不再加以区别。此外，同一物质在不同物态下，比热容也不同。比如，水的比热容为 4186.8J/（kg・K），而冰的则约为 2093.4J/（kg・K）。

每摩尔物质温度改变 1K 所吸收或放出的热量称为摩尔热容，单位为焦耳每摩尔开尔文，单位符号为 J/（mol・K）。同一种气体在不同的热力学过程中有不同的热容。常用的是等体过程与等压过程中的热容。

气体的定体摩尔热容是指 1mol 气体在体积不变且无化学反应与相变的条件下，温度改变 1K 所吸收或放出的热量，用 $C_{V,\mathrm{m}}$ 表示。1mol 气体在压强不变且无化学反应与相变的条件下，温度改变 1K 所需要的热量叫作气体的定压摩尔热容，用 $C_{p,\mathrm{m}}$ 表示。$C_{V,\mathrm{m}}$ 与 $C_{p,\mathrm{m}}$ 的数值可由实验测定。气体的定压摩尔热容 $C_{p,\mathrm{m}}$ 与定体摩尔热容 $C_{V,\mathrm{m}}$ 之比，称作摩尔热容比或绝热指数，用 $\gamma$ 表示，它与分子的自由度相关，是热力学的一个重要参数。

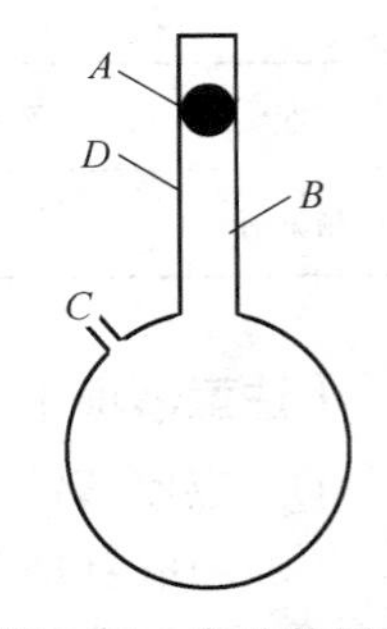

图 2.21 实验装置图

【实验目的】

① 观测绝热过程中空气状态变化的规律。

② 测定空气的摩尔热容比 $\gamma$。

【实验原理】

摩尔热容比 $\gamma$ 在热力学中具有重要意义，有多种测定方法。通过如图 2.21 所示的实验装置可以测定气体在特定容器中的振动周期，由此计算 $\gamma$ 值。振动钢珠的直径仅比精密玻璃管直径小约 0.01mm，它能在此玻璃管中上下运动。瓶壁上有一小孔，并插入一根细管，由此气体可以注入烧瓶中。

钢珠 $A$ 的质量为 $m$，半径为 $r$（直径为 $d$），当瓶内压强 $p$ 满足 $p=p_0+(mg/\pi r^2)$ 时，钢珠 $A$ 处于平衡状态。式中，$p_0$ 为大气压强。为了补偿由于空气阻尼引起的钢珠 $A$ 振幅的衰减，通过 $C$ 管注入低压空气，在精密玻璃管 $B$ 的中央有一个小孔 $D$。当钢珠 $A$ 处于小孔下方时，注入气体使容器内的压强增大，使钢珠 $A$ 向上移动；而当钢珠 $A$ 处于小孔上方时，容器内的气体将通过小孔流出，使钢珠下落。重复上述过程，只要适当控制注入气体的流量，钢珠 $A$ 便以小孔 $D$ 为平衡位置作简谐振动，振动周期可由光电计时装置测定。

若钢珠 $A$ 偏离平衡位置的距离为 $x$，容器内压强变化为 $\mathrm{d}p$，则其运动方程为

$$m\frac{\mathrm{d}^2x}{\mathrm{d}t^2}=\pi r^2\mathrm{d}p \tag{2.35}$$

因为钢珠振动过程相当快，故可被视作绝热过程，其绝热方程为

$$pV^\gamma=常数 \tag{2.36}$$

对式（2.36）求导，得

$$\mathrm{d}p=-\frac{p\gamma\mathrm{d}V}{V},\ \mathrm{d}V=\pi r^2x \tag{2.37}$$

将式（2.35）代入式（2.37），得

$$\frac{\mathrm{d}^2x}{\mathrm{d}t^2}+\frac{\pi^2r^4p\gamma}{mV}x=0$$

上式即为简谐振动方程，其解为

$$x=A\cos(\omega t+\varphi),\ \omega=\sqrt{\frac{\pi^2r^4p\gamma}{mV}}=\frac{2\pi}{T}$$

由此得

$$\gamma=\frac{4mV}{T^2pr^4}=\frac{64mV}{T^2pd^4} \tag{2.38}$$

式（2.38）中各量均可由实验测得，因而可算出 $\gamma$ 值。

由气体动理论，$\gamma$ 值与气体分子的自由度数目有关。单原子气体分子，有三个自由度；双原子气体分子，有 5 个自由度；多原子气体分子则有 6 个自由度。摩尔热容比 $\gamma$ 与自由度数目 $i$ 的关系为

$$\gamma=\frac{i+2}{i} \tag{2.39}$$

从理论上计算，单原子分子气体（如 Ar，He），$i=3$，$\gamma=1.67$；双原子气体分子（$N_2$，$H_2$，$O_2$），$i=5$，$\gamma=1.40$；多原子气体分子（$CO_2$，$CH_4$），$i=6$，$\gamma=1.33$。

本实验装置主要由玻璃制成，振动钢珠直径仅比玻璃管内径小 0.01mm 左右，因此钢珠表面不允许擦伤。平时钢珠停留在玻璃管下方，由弹簧托住。若要将其取出，可在其振动时用手指将玻璃管壁上的小孔 $D$ 堵住，稍微加大气流量，钢珠会上浮到管子上方开口处，便可取出，也可将钢珠倒出来。

钢珠振动的周期用可预置次数的数字计时仪测量，并可重复多次测量。钢珠直径用螺旋测微器测量，质量用物理天平称衡，烧瓶容积由实验室给出，大气压强由气压表读出。

【实验仪器】

气体摩尔热容比测定仪，气泵及连接管等。

【实验内容】

① 装配好测试架及玻璃仪器，连接好信号线及输气管，接上电源线。

② 开启气泵，调节橡皮管上的气阀和气泵上气体流量调节旋钮，使钢珠在玻璃管中以小孔 $D$ 为中心上下振动。注意，气流过大或过小会造成钢珠不以小孔 $D$ 为平衡位置振动，调节时需要用手挡住玻璃管上方，以免气流过大将钢珠冲出管外造成钢珠或容器损坏。

③ 开启仪器后面板电源，接上光电门。若不能计时或不能停止计时，可能是光电门位置不正确，造成钢珠上下振动时未挡光，或外界光线过强，此时须适当遮光。

④ 预置时间为 50 个周期，测量振动 $50T$ 的时间，重复 6 次。

⑤ 用千分尺和物理天平分别测量钢珠直径 $d$ 和质量 $m$，其中直径重复测量 6 次。

⑥ 表格设计与数据记录。

按实验内容要求设计表格并读取数据，完成表 2.25 和表 2.26。

**表 2.25　钢珠经过光电门的时间**

| 测量次数 | 1 | 2 | 3 | 4 | 5 | 6 |
|---|---|---|---|---|---|---|
| $t$=50$T$/s | | | | | | |
| $T$/s | | | | | | |

**表 2.26　钢珠直径**

初始读数 $d_0$=　　　mm

| 测量次数 | 1 | 2 | 3 | 4 | 5 | 6 |
|---|---|---|---|---|---|---|
| 末读数 $d_i$/mm | | | | | | |
| $d_i-d_0$/mm | | | | | | |

【注意事项】

① 开启电源，程序预置周期为 $t$=30$T$。先开启气泵电源，再开启仪器电源。反之，由于电磁干扰会使数显不正常，复位即可。

② 若要设置 50 个周期，先按“置数”开锁，再按上调（或下调）键，改变周期 $T$，当 $t$=50$T$ 时，再按“置数”锁定。此时，即可按“执行”键开始计时，信号灯不停闪烁，即为计时状态，当钢珠经过光电门的周期次数达到设定值时，将显示具体时间，单位为“秒”。

③ 需要重复执行“50”周期时，无须重新设置，只要按“返回”即可回到上次刚执行的周期数“50”，再按“执行”键，便可以第二次计时。当断电再开机时，程序从头预置 30 个周期，须重复上述设置步骤。

④ 本仪器计时周期 $T$ 的设置范围为 2～99。

⑤ 实验所用玻璃瓶的体积约为 1451cm$^3$；钢珠质量约为 4g；钢珠直径约为 10mm。

【数据处理】

（1）数值与不确定度计算

根据误差及数据处理理论计算不确定度和空气摩尔热容比。

$$\overline{T}=\frac{T_1+T_2+T_3+T_4+T_5+T_6}{6}= \qquad u_T=\sqrt{\frac{\sum(T_i-\overline{T})^2}{6\times5}+\frac{\Delta T_{仪}^2}{3}}=$$

$$\overline{d}=\frac{d_1+d_2+d_3+d_4+d_5+d_6}{6}= \qquad u_d=\sqrt{\frac{\sum(d_i-\overline{d})^2}{6\times5}+\frac{\Delta d_{仪}^2}{3}}=$$

$$\overline{\gamma}=\frac{64mV}{\overline{T}^2 p\overline{d}^4}=$$

实验室气压 $p_0$=__________，$p=p_0+4mg/\pi d^2$__________。在忽略容器体积、大气压强测量误差的情况下，空气摩尔热容比的不确定度为

$$\frac{u_\gamma}{\overline{\gamma}}=\sqrt{\left(\frac{u_m}{\overline{m}}\right)^2+4\left(\frac{u_T}{\overline{T}}\right)^2+16\left(\frac{u_d}{\overline{d}}\right)^2}= \qquad u_\gamma=\overline{\gamma}\left(\frac{u_\gamma}{\overline{\gamma}}\right)=$$

（2）测量结果表示

$$\gamma=\overline{\gamma}\pm u_\gamma= \qquad E=\frac{u_\gamma}{\overline{\gamma}}\times100\%=$$

【思考题】

（1）注入气体的多少对钢珠的运动有无影响？

（2）钢珠振动过程并不是理想的绝热过程，这时测定值比实际值大还是小？为什么？

（3）在测量过程中，温度的变化对测量值有什么影响？

（4）空气的摩尔热容比约为 1.4，实测值比它大还是小？有哪些因素影响测量准确度？

## 2.11 固体线胀系数测量

当温度改变时物体发生胀缩的现象称为热膨胀。大多数物质在温度升高时，体积（或长度、面积）增加。例如铁路上两钢轨连接处留有一定缝隙，以防因热膨胀而引起损坏。又如水银由于温度升高而膨胀，可用以制成温度计。

有少数物质在一定温度范围内温度上升时，体积反而缩小（如水在 0～4℃之间）。冬天 0℃的水浮于表面凝结成冰，而 4℃的水却沉于底部。又比如铸铁浇模，因铁凝固时体积膨胀，铸铁和模型密切吻合而条纹毕露。

表征物体受热时其长度或体积增大程度的物理量叫膨胀系数，通常分线胀系数和体胀系数两种。线胀系数是指固态物质当温度改变 1K（或 1℃）时，其长度的变化与它在 0℃时的长度的比值。各种物体的线胀系数不同，一般金属的线胀系数约为 $10^{-5}$/K 左右。物体温度改变 1K（或 1℃）时，其体积的变化和它在 0℃时体积的比值称作体胀系数。

固体、液体和气体中，气体的体胀系数最大，固体最小。各向同性固体的体胀系数，约为其线胀系数的 3 倍。当外界压强不变时，一切气体的体胀系数都近似相等，约为 $3.67\times10^{-3}$/K，即约等于（1/273）/K。

物质的胀缩性质在工程结构设计、机械和仪器制造、材料加工过程中都应予以考虑。否则，将影响结构的稳定性和仪器的精度。

【实验目的】

① 学习测量金属线胀系数的方法。

② 测量铜杆、铝杆的线胀系数。

③ 掌握使用千分表和温度控制仪的方法。

【实验原理】

物质的线胀系数是选用材料的一项重要指标。特别是研制新材料，更要对材料的线胀系数进行测定。在一定温度范围内，原长为 $l$ 的固体，受热后其伸长量 $\Delta l$ 与其温度的增量 $\Delta t$ 近似成正比，与原长 $l$ 亦成正比，即

$$\Delta l = \alpha l \Delta t \tag{2.40}$$

式中，$\alpha$ 为固体的线胀系数。实验表明，不同材料的线胀系数不同，塑料的线胀系数最大，金属次之，熔融石英的线胀系数最小。

同一材料在不同温度区域，其线胀系数不一定相同。某些合金，在金相组织发生变化的温度附近，同时会出现线胀系数的突变。另外，线胀系数与材料纯度有关，某些材料掺杂后，线胀系数变化很大。因此测定线胀系数也是了解材料特性的一种手段。不过，在温度变化不大的范围内，线胀系数仍可被视为常量。

为测量线胀系数，将材料加工成杆状。由式（2.40），测量出杆长 $l$、受热后温度从 $t_1$ 升高到 $t_2$ 时的伸长量 $\Delta l$，受热前后的温度变化量 $\Delta t=t_2-t_1$，则该材料在 $t_1$～$t_2$ 温度区域的线胀系数为

$$\alpha = \frac{\Delta l}{l\Delta t} \tag{2.41}$$

其物理意义为固体材料在 $t_1$～$t_2$ 温度区域内，温度每升高 1℃时材料的相对伸长量，其单位为℃$^{-1}$。

测量线胀系数的关键是测量伸长量 $\Delta l$。若 $l=300$mm，温度变化 $\Delta t=100$℃，金属 $\alpha$ 的数量级为 $10^{-5}$/℃，则 $\Delta l=0.3$mm。对于这样微小的长度，只能通过读数显微镜、光杠杆、光学干涉法、千分表等测量。本实验用分度值为 0.001mm 的千分表测量线膨胀量 $\Delta l$。

在实际测量中，测量的是材料在室温 $t_1$ 下的长度 $l_1$、在温度 $t_2$ 下的长度 $l_2$ 及其在温度 $t_1$ 至 $t_2$ 之间的伸长量 $\Delta l=l_2-l_1$，由此得到的线胀系数是平均线胀系数，即

$$\overline{\alpha} \approx \frac{l_2 - l_1}{l_1(t_2 - t_1)} = \frac{\Delta l}{l_1(t_2 - t_1)} \tag{2.42}$$

需要直接测量的物理量为 $\Delta l$、$l_1$、$t_1$ 和 $t_2$。

为了更准确测量 $\overline{\alpha}$，不仅要准确测量 $\Delta l$、$l_1$、$t_1$ 和 $t_2$，还要测量一系列 $\Delta l_i$ 和相应的 $t_i$。将式（2.42）改写为

$$\delta l_i = \overline{\alpha}\, l_1 (t_i - t_1),\quad i = 1,2,3,\cdots \tag{2.43}$$

可以等间隔地改变加热温度，如改变量为 5℃，从而测量对应的一系列 $\Delta l_i$。将所得数据用最小二乘法进行直线拟合处理，从直线的斜率可得一定温度范围内的平均线胀系数 $\overline{\alpha}$。

【实验仪器】

固体线胀系数测量仪，铜质样品杆，铝杆，铁杆等。

（1）仪器结构

固体线胀系数测量仪如图 2.22 所示，它由恒温炉、恒温控制器、千分表等组成。

（2）仪器使用方法

恒温控制仪面板结构如图 2.23 所示。

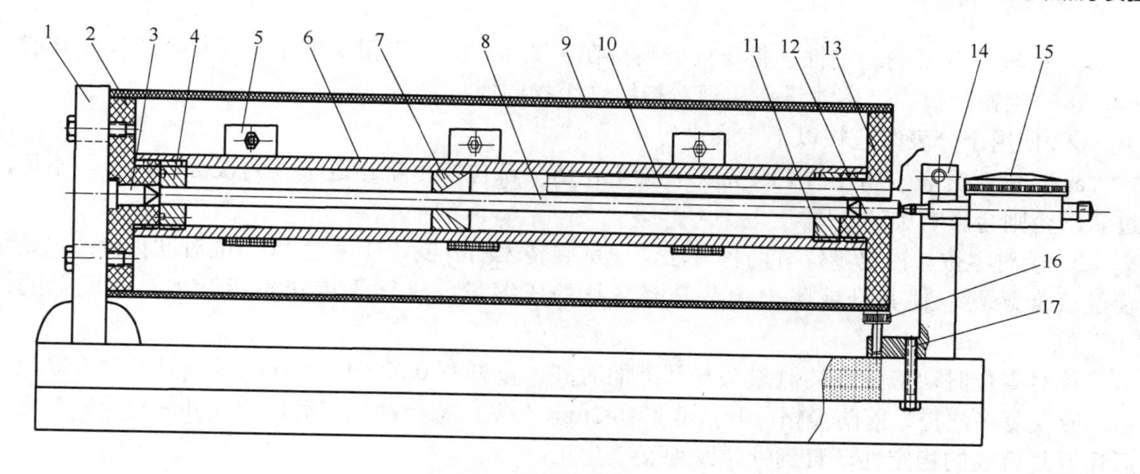


图 2.22　仪器结构

1—托架；2, 13—隔热盘；3—隔热顶尖；4, 11—导热衬托；5—加热器；6—导热均匀管；7—导向块；8—被测材料；9—隔热罩；10—温度传感器；12—隔热杆；14—固定架；15—千分表；16—支撑螺钉；17—紧固螺钉

① 当开启面板电源键时，显示“A××.×”，表示当时传感器温度，显示“b= =.=”表示等待设定温度。

② 按升温键，数字即由零逐渐增大至设定值，最高可选 80℃。

③ 若数字显示值高于所需温度，可按降温键，直至所需的设定值。

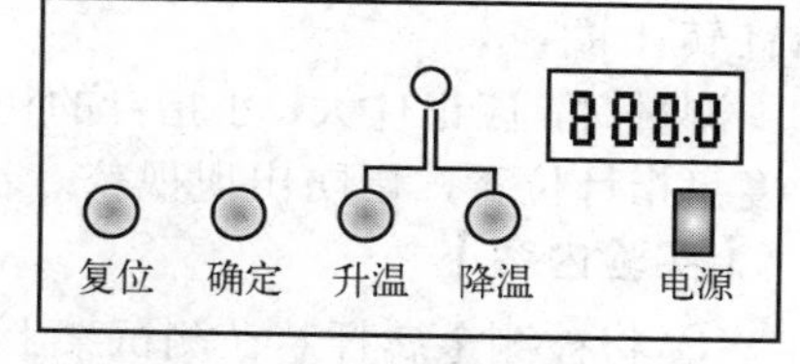


图 2.23　恒温控制仪面板结构

④ 当设定值达到所需温度时，可按确定键，开始对样品加热，同时指示灯亮，闪烁频率与加热速率成正比。

⑤ 确定键的另一用途是可作选择键，可选择观察当时的温度和先前设定值。

⑥ 复位键可以改变设定值，根据需要重新设置。

（3）千分表使用说明

千分表是一种通过机械系统将量杆的直线位移转变为指针角位移的精密测长量具，可用于绝对测量、形位公差测量和检测设备的读数头等，其主要技术参数如表 2.27 所示。

**表 2.27　千分表主要技术参数**

<table>
<tr><th>测量范围</th><th>精度等级</th><th>分度值</th><th>示值误差</th><th>下轴套直径</th></tr>
<tr><td rowspan="2">0～1mm</td><td>合格品</td><td rowspan="2">0.001mm</td><td>±4μm</td><td rowspan="3">$\phi$8mm</td></tr>
<tr><td rowspan="2">一等品</td><td>±2μm</td></tr>
<tr><td>0～0.04mm</td><td>0.0001mm</td><td>±0.00025mm</td></tr>
</table>

① 使用千分表前应做如下准备工作：

a. 检验千分表的灵敏度，左手托住表的后部，度盘向前用眼观看，右手拇指轻推表的测量头，检验量杆移动是否灵活。

b. 检验千分表的稳定性，将千分表夹持在表架上，并使测量头处于工作状态，反复几次提、落防尘帽，自由下落测量头，观看指针是否指向原位。

② 使用千分表时应按以下步骤进行：

a. 装配千分表。将千分表夹持在表架上，所夹部位应尽量靠近下轴套根部，夹牢，不可过紧，否则会影响旋动表圈。

b. 校对零位。校对零位有两种方法。一是旋转表的外圈，使度盘“0”位对准指针；二是轻敲表架悬臂，使其升或降来调节升降量杆的压缩量，这等于旋转表指针去对准度盘的“0”位。

校对零位时，应使表的测量头与基准面对齐，量杆有0.02～0.2mm的压缩量。对好零位后，应反复多次提、落防尘帽，升落0.1～0.2mm左右，待指针稳定后，旋动外圈对零。对零后还要复查表的稳定性，直到针位既稳又准为止。

c. 测量。测量平面时，应使千分表的量杆轴线与待测物表面垂直，避免出现倾斜现象；测量圆柱体时，量杆轴线应通过工件中心并与母线垂直。

测量过程中，大、小指针都在转动。若分度值为0.001mm，大指针每转1格为0.001mm；如果分度值为0.0001mm，大指针每转1格为0.0001mm；小指针转1格，大指针转1圈。

测量时，应记住大、小指针的初始值，测量后的数值减去初始值；读数时，应使视线垂直于度盘指针位置，以防出现视差；若指针位置停在刻线之间，可估读到下一位。

**【实验内容】**

① 将被测金属杆装在测试架上，用米尺测量其有效长度3次，记录数据到表2.28中。

**表2.28　金属杆有效长度**

| 测量次数 | 1 | 2 | 3 | 平均值 |
|---|---|---|---|---|
| $l_{Cu}$/mm | | | | |
| $l_{Al}$/mm | | | | |

② 连接电加热器与温控仪输入输出接口和温度传感器的插头。

③ 旋松千分表螺栓，转动固定架，使被测金属杆能插入厚壁紫铜管内，再插入不良导热体，用力压紧后转动固定架，装表架时应使被测杆与千分表测量头处于同一直线上。

④ 将千分表安装在固定架上，拧紧螺栓，不使千分表转动，再向前移动固定架，使千分表读数值在0.2～0.3mm处，旋紧固定架。然后稍用力压一下千分表，使它能与绝热体有良好的接触，再转动千分表圆盘，使其读数为零。

⑤ 开启温控仪电源，设定温度值，一般可分别增加温度为20℃、30℃、40℃、50℃，按确定键开始加热。

⑥ 当显示值上升到大于设定值，电脑自动控制到设定值，一般在±0.30℃左右波动，记录$\Delta t$和$\Delta l$，将数据填入表2.29。

⑦ 更换金属杆，分别测量$\Delta t$和$\Delta l$，将数据记录到表2.29中。

表 2.29 *t-l* 关系

| $t$/℃ | 35 | 40 | 45 | 50 | 55 | 60 | 65 | 70 |
|---|---|---|---|---|---|---|---|---|
| $l_{Cu}/\times10^{-6}$m | | | | | | | | |
| $l_{Al}/\times10^{-6}$m | | | | | | | | |

【注意事项】

① 不能用千分表测量表面粗糙的毛坯工件或凹凸变化量很大的工件，以防损坏。

② 使用中应避免量杆过多地做无效运动，以避免传动件的磨损。

③ 测量时，量杆移动量不宜过大，更不能超过其量程终端，绝不可敲打表的任何部位，以防损坏表的零件。

④ 不许将千分表浸入液体内使用。

⑤ 千分表使用后，应擦净装盒，不能任意涂擦油类，以防粘上灰尘影响灵活性。

【数据处理】

① 计算铜杆与铝杆有效长度平均值，填入表 2.28。

② 根据表 2.29 绘制曲线，分别求铜杆和铝杆的直线斜率。

③ 用逐差法处理数据，计算$\alpha_{Cu}$和$\alpha_{Al}$。

【思考题】

(1) 除了用千分表测量 $\Delta l$ 外，还可用什么方法？试举例说明。

(2) 实验误差来源主要有哪些？

(3) 如何利用逐差法处理数据？

(4) 使用千分表读数时应注意哪些问题？如何减小误差？

# 第3章

# 电磁学实验

## 3.1 电表的使用

电表是利用电流的磁效应或热效应对表内部件产生推力从而带动指针偏转来测量各种电量的仪表。常用的电流表（安培计）、电压表（伏特计）、万用表、功率表（瓦特计）等都是磁电式电表。

电流表是测量电流强度的仪表，使用时必须串联在电路中。因其内阻常比电路电阻小得多，所以在不太精密的测量中，可以近似地认为电路中原有电流并未因此而变化。电流表有磁电式、电磁式、热电式等多种类型。测量小电流时，有毫安表和微安表等。

电压表是测量电压的仪表，使用时必须并联在待测电压的两端。因其内阻较大，故在不十分精密的测量中，可近似地认为待测电压并未因此发生显著变化。电压表有磁电式、电磁式等多种类型。测量小电压时，有毫伏表；测量高电压时，有千伏表。

万用表是测量电阻，交流、直流电流和电压等电量的多量程电表。万用表由直流灵敏电流表、分流电阻器、倍率电阻器、晶体管、可变电阻器、干电池以及转换开关等组成，是电路及电气元件的常用测试工具。

数字电表在测量原理、仪器结构和操作方法上都与上述传统电表不同。数字电表具有准确度高、灵敏度高、测量速度快等优点，并可与计算机配合使用。随着数字化测量技术的发展，数字电表的应用越来越广泛。

**【实验目的】**

① 学会使用电流表、电压表和万用表。

② 学习消除电表读数视差的方法。

③ 学习用电表测量常见电学元件基本电参量的方法。

**【实验原理】**

常用的直流电压表、电流表和万用表等绝大部分是磁电式电表。

（1）表头

测量直流电流时常用的一种电流表是磁电式表头，其工作原理为：当处于固定磁体磁场中的线圈通过电流时，因磁场和电流间相互作用力和固定在线圈轴上游丝的回复力矩的作用，线圈发生一定的偏转，当电磁力矩与游丝反向力矩平衡时，线圈偏转一定角度，该角度的大小与通过线圈的电流强度成正比，固定在线圈上的指针就在标尺上指出待测电流的大小。通过表头的电流方向不同，指针偏转的方向也不同。

（2）电流表

电流表是在磁电式表头线圈的两极并联一个低阻值的电阻器而构成，低阻值电阻器的作用是分流，使线路中的电流大部分通过它，而只有少量电流通过表头线圈，如图3.1所示。

电流表内阻是指表头内阻与并联的分流电阻器的总电阻，一般电流表的内阻为1Ω以下，毫安表的内阻约为几欧姆到几十欧姆。

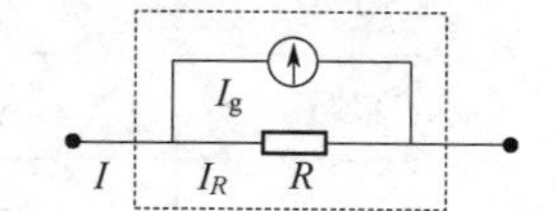

图3.1　电流表构造

（3）电压表

电压表是将磁电式表头与一个高阻值电阻器串联构成，高阻值电阻起分压作用，大部分电压降在高阻值电阻上，如图3.2所示。

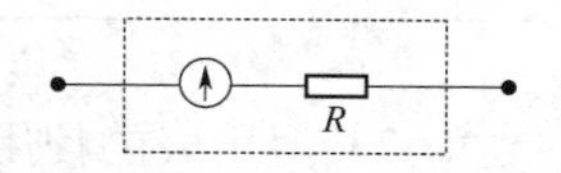

图3.2　电压表构造

量程不同的电压表，其内阻不同。比如0～2.5V～10V～25V电压表，三个量程内阻分别为2500Ω、10000Ω、25000Ω。因为各量程每伏特欧姆数都是1000Ω/V，所以电压表内阻一般用Ω/V表示，电压表量程的内阻可以用下式计算

$$内阻=量程\times每伏特欧姆数 \tag{3.1}$$

（4）欧姆表

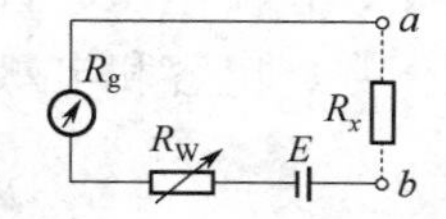

图3.3　欧姆表电路

能够测量电阻的电表称为欧姆表，其测量原理如图3.3所示。图中$E$为电源电动势（内阻忽略不计），$R_W$为可变电阻器，$a$、$b$两端接被测电阻器$R_x$。当接入$R_x$后，电路中的电流为

$$I=\frac{E}{R_g+R_W+R_x} \tag{3.2}$$

由式（3.2）可知，若$E$、$R_g$、$R_W$不变，$I$与$R_x$为非线性的一一对应关系。因此欧姆表的刻度标尺是不均匀的，且与电流表、电压表的刻度反向。当$R_x\to\infty$，表针不动。当$R_x=0$时，表针偏转最大。故可将$a$、$b$端短路，调节$R_W$使表针满偏，这就是欧姆表的零点调节。

（5）消视差调节

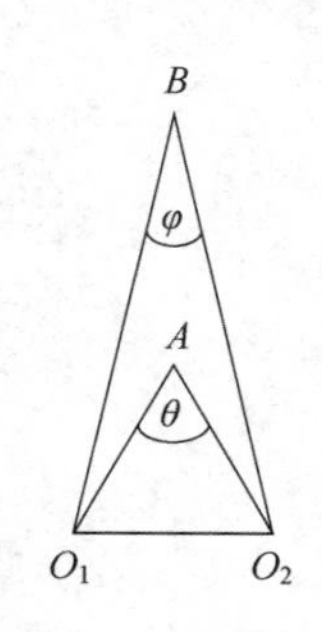

图3.4　视差

在物理学中，视差是指在不同位置观察远近两个物体时，它们之间发生相对位置变化的现象。如图3.4所示，在$O_1$处观察时，$A$物体似乎在$B$物体右方。观察者从$O_1$向$O_2$移动时，由于$A$物体距他较近，在视野内转过的角度$\theta$要比$B$物体转过的角度$\varphi$大。因此在$O_2$处看，$A$物体就在$B$物体的左方。用望远镜瞄准，或在实验中利用指针对远处标尺读数时，都必须设法防止由视差引起的误差。消视差调节一般有两种方法：

① 使视线垂直标尺平面读数。如1.0级以上电表的表盘均附有平面反射镜，当观察到指针与其像重合时读出指针所指刻度值即为正确读数。

② 使标尺平面与被测物处于同一平面。如游标卡尺的游标被做成斜面，以便使游标尺的

刻线端与主尺处于同一平面上，减少视差。使用光学仪器均须做消视差调节。

（6）常见电表标识

进行电学实验时，常常要根据电路图布置电表和元件。比如在电学元件伏安特性研究中，要将电源、开关、电压表、电流表、滑动变阻器和待测元件等连接起来。这就要求识别电路图中各个电表和元件的符号以及电表上的标识。表 3.1 列出了常见电表标识，建议读者经常将本表与电路图上的符号对比学习。

**表 3.1　常见电表标识**

| 名　称 | 符　号 | 名　称 | 符　号 | 名　称 | 符　号 |
|---|---|---|---|---|---|
| 水平放置 | ⊓ | 检流计 | G | 伏特表 | V |
| 竖直放置 | ⊥ | 安培表 | A | 毫伏表 | mV |
| 直流 | — | 毫安表 | mA | 欧姆表 | Ω |
| 交直流 | ≃ | 微安表 | μA | 接地 | ⏚ |

（7）万用表的使用

万用表是集测量电流、电压、电阻等多功能于一体的常用电学仪表。一般的万用表可测量交、直流电压，直流电流和电阻等电学参量，有些万用表还可测量交流电流、晶体管的放大倍数、电容和电感等特性参数。图 3.5 所示为万用表。

(a)

(b)

图 3.5　传统万用表与数字万用表

万用表的种类繁多，面板布局也各有差异，因此在使用之前应仔细了解和熟悉各部件的作用与特点，并分清表盘上不同标尺所对应的测量量。

① 插孔与转换开关。要根据测量项目选择插孔或转换开关的位置。由于测量不同的量可能交替进行，因而不要忘记换挡或转换表笔插孔。切勿用电流挡或欧姆挡测量电压，否则会烧毁万用表。

② 测试表笔的使用。若万用表红、黑两只表笔的位置接反、接错，将会使测试错误或烧

坏表头。一般万用表的红表笔为“+”，黑表笔为“-”或“*”。表笔插入插孔时必须严格按颜色与极性插入。测量直流电压或直流电流时，一定要注意正负极性。测量电流时，表笔与电路串联；测量电压时，表笔与电路并联，不能接错。

③ 读取数值。使用万用表前应检查其指针是否在零位上。若不指零，可调节机械调零螺钉。测量电压和电流时，所选择的量程应使指针位于满刻度的1/3以上。测量电阻时，应使指针指向中心阻值附近。读数时要认准所选量程对应的标尺，并避免读数视差。

④ 直流电压的测量。红表笔接“+”插孔，黑表笔接“-”或“*”插孔，将转换开关置于合适的直流电压挡。测量时将万用表与被测电路并联连接，红表笔触及电路的高电位端，黑表笔触及低电位端。若不知道被测电压极性，可将一支表笔触及一个极，再将另一支表笔迅速触及另一极后移开，观察指针摆向。如果指针摆向正方向，则红表笔触及的为正极；否则为负极。

⑤ 交流电压的测量。将转换开关置于合适的交流电压挡，其余操作与直流电压的测量相同，只是无需区分表笔的正负极性。

⑥ 直流电流的测量。将转换开关置于直流电流挡。若不知道被测电流大小，可先选择最大量程试测，再根据指针偏转幅度确定合适的量程。不允许在测量过程中带电切换挡位！测量时将万用表串联接入被测电路，红表笔触及电路的高电位端，黑表笔触及低电位端，否则反偏。切记：千万不能将万用表与被测电路并联，否则会损坏表头。

⑦ 电阻的测量。将表笔插入“欧姆”专用插孔内，然后选择合适的挡位。将两表笔短接，同时调节欧姆调零旋钮，使指针指在欧姆标尺的零点。每次换挡后必须重新进行欧姆调零！若欧姆调零无法实现，表明电池电压太低，应更换新电池。在欧姆调零后，将表笔分别接触被测电阻器的两个金属电极，由所选挡位读出电阻值。注意两手不能同时触及电阻器的两个电极。

⑧ 电容的测量。对于电容量在0.1μF以上的无极性电容器，可用$R\times1\text{k}\Omega$欧姆挡测量其两极。若表针微微向右摆动后，迅速回摆到“∞”，表明该电容器是好的。如果出现以下情况，说明该电容器质量有问题。

a. 测量时表针摆到“0”后不再回摆，表明电容器已被击穿短路；

b. 表针微微向右摆动后不回摆到“∞”，表明电容器漏电；

c. 表针不摆动，表明电容器已经断路。

对于电容量在0.1μF以下的无极性电容器，可用$R\times10\text{k}\Omega$欧姆挡测量其两极，其质量优劣的判别方法同上。

对于电解电容器的测量，一般用万用表的$R\times1\text{k}\Omega$欧姆挡，红表笔接电容器正极，黑表笔接负极，并即时观察表针摆动情况。表针先向右摆，然后缓慢向左回摆，并稳定在某一阻值上，如果该阻值为几百千欧以上，表明被测电容器是好的。若出现下列情况，说明该电解电容器的质量有问题。

a. 表针不摆动，表明电解液已经失效，电容器不能使用了；

b. 测量时表针向右摆到很小的阻值，且不再回摆，表明电容器已被击穿而短路；

c. 表针右摆后，缓慢向左回摆，稳定后的阻值为几百千欧以下，表明电容器漏电。

⑨ 半导体二极管的测量。半导体二极管也称晶体二极管，简称二极管，是由一个p-n结构成的半导体器件，具有单向导电性，可用于检波、整流、稳压等场合。按制作材料的不同可分为硅二极管和锗二极管两大类。常见的有普通二极管、整流二极管、稳压二极管、发光二极管、光电二极管。鉴别二极管的好坏、极性和类型的方法如下：

a. 二极管好坏的鉴别。将万用表置于 $R\times 1\text{k}\Omega$ 或 $R\times 100\Omega$ 挡，分别测量二极管的正、反向电阻值。若正向电阻值为几百欧或几千欧，反向电阻值为几十千欧或几百千欧以上，表明二极管是好的；若正、反向电阻值均为无限大，表明二极管断路；若正、反向电阻值均为零，表明 p-n 结击穿或短路；若正、反向电阻值相等并有一定数值，表明二极管已经损坏。

b. 二极管极性的判断。将万用表置于 $R\times 1\text{k}\Omega$ 或 $R\times 100\Omega$ 挡，测量二极管的正、反向电阻值。如果正向电阻值为几百欧或几千欧，则红表笔接触的电极为负，黑表笔接触的电极为正；若测得的反向电阻值为几十千欧或几百千欧以上，则红表笔接触的电极为正极，黑表笔接触的电极为负极。

c. 硅二极管与锗二极管的判断。将万用表置于 $R\times 100\Omega$ 挡，测量二极管的正向电阻值。若测得的电阻值在几百欧左右，则该二极管为锗管；如果测得的电阻值在几千欧左右，则该二极管为硅管。

使用万用表应注意以下事项：

① 根据测量目的和要求，选择合适的挡位；

② 使用直流挡时要区分电表的正负极；

③ 使用欧姆挡时要先调零点，不允许测量通电电阻器的阻值；

④ 测量结束，应将功能转换旋钮置于“OFF”挡或“交流电压最大值”挡。

【实验仪器】

干电池，叠层电池，单刀开关，电压表，电流表，万用表，小灯泡，电阻器，电容器，二极管，导线等。

【实验内容】

① 将电压表量程选择在合适的挡位，分别测量干电池电压 $U_b$ 和叠层电池电压 $U_s$。

② 参照图 3.6，将电流表量程选择在合适的挡位上，测量小灯泡电路的电流 $I_b$。

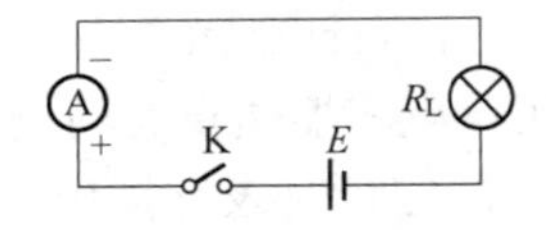

图 3.6　小灯泡测量电路

③ 用万用表测量电压、电流和电阻。

a. 分别用直流电压的合适挡位测量干电池电压 $U_b$ 和叠层电池电压 $U_s$；

b. 用交流电压挡测量市网电压 $U_g$，手不要触及表笔笔头，勿使表笔将电源短路；

c. 用合适的直流电流挡测量小灯泡电路的电流，参见图 3.6；

d. 选择合适的欧姆挡，测量电阻器 $R_1$ 和 $R_2$ 的阻值，以及它们串联与并联的阻值。

④ 用万用表测量晶体二极管。

a. 鉴别二极管的好坏与极性。

b. 硅二极管与锗二极管的判断。

以上测量数据记录于表 3.2～表 3.4。

⑤ 用万用表测量电容器（选作）。

**表 3.2　电压表与电流表测量值**

| 干电池电压 $U_b$/V | 叠层电池电压 $U_s$/V | 小灯泡电路电流 $I_b$/mA |
|---|---|---|
| | | |

**表 3.3 万用表测量电压、电流与电阻值**

| $U_b$/V | $U_s$/V | $U_g$/V | $I_b$/mA | $R_1$/Ω | $R_2$/Ω | ($R_1+R_2$) /Ω | ($R_2//R_2$) /Ω |
|---|---|---|---|---|---|---|---|
| | | | | | | | |

**表 3.4 万用表测量二极管的正、反向电阻值**

<table>
<tr><td rowspan="2">二极管 1</td><td>欧姆表挡位</td><td>正向电阻 $R_p$/Ω</td><td>反向电阻 $R_n$/Ω</td><td>类型</td><td rowspan="2">二极管 2</td><td>欧姆表挡位</td><td>正向电阻 $R_p$/Ω</td><td>反向电阻 $R_n$/Ω</td><td>类型</td></tr>
<tr><td></td><td></td><td></td><td></td><td></td><td></td><td></td><td></td></tr>
</table>

【数据处理】

求 $R_1$、$R_2$ 相对误差。

$$E_{R_1}=\frac{\left|R_{1理}-R_{1测}\right|}{R_{1理}}\times 100\%=$$

$$E_{R_2}=\frac{\left|R_{2理}-R_{2测}\right|}{R_{2理}}\times 100\%=$$

【思考题】

（1）使用电源应注意什么？

（2）准确度等级为 1.0、量程为 15mA 的电流表最大基本误差是多少？如果测量 2mA 电流，其相对误差是多少？若测量值为 10mA，其相对误差为多少？

（3）如何根据待测电流确定电流表的量程？使用时应注意什么？

（4）怎样使用万用表？如何消除读数误差？

（5）使用万用表应该注意哪些事项？

（6）用万用表的欧姆挡测量电阻时，一般要求所选量程使表针指向其刻度标尺的中值位置，为什么？

## 3.2 数字万用表的使用

万用表分为指针式（模拟）万用表和数字式万用表。模拟万用表的基本工作原理是：利用一只灵敏的磁电式直流电流表（微安表）作表头，当微小电流通过表头时，就会有电流指示。但表头不能通过大电流，所以必须在表头上并联与串联一些电阻进行分流或降压，从而测出电路中的电流、电压和电阻。数字万用表亦称数字多用表。它是采用数字化测量技术，把连续的模拟量转化成不连续、离散的数字形式并加以显示的仪器。数字万用表内部采用了多种振荡、放大、分频、保护等电路，所以功能较多，如可以测量频率（在一个较低的范围）、电容、三极管的放大倍数（如 $\beta$ ）和管脚顺序、温度，或作信号发生器等。传统的指针式万用表功能单一、精度低，不能满足数字化时代的要求。采用单片机的数字万用表，精度高、抗干扰能力强、可扩展性强、集成方便。目前，由各种单片机芯片构成的数字万用表，已被广泛用于电子及电工测量、工业自动化仪表、自动测试系统等智能化测试领域。数字万用表有用于基本故障诊断的便携式装置，也有放置在工作台的装置，后一种的分辨率可以达到七八位。

与指针式万用表相比较，数字万用表有如下优良特性：①高准确度和高分辨率；②测量电压时具有高的输入阻抗；③测量速度快；④自动判别极性；⑤全部测量实现数字直读；⑥自动调零；⑦抗过载能力强。当然，数字万用表也有一些弱点，如：①测量时不像指针式仪表那样，能清楚直观地观察到指针偏转的过程，在观察充放电等过程时不够方便；②数字万用表的量程转换开关通常与电路板是一体的，触点容量小，耐压不很高，有的机械强度不够高，寿命不够长，导致用久以后换挡不可靠。

**【实验目的】**

① 学习数字万用表的使用方法。

② 熟练测量各电学元件。

③ 熟练测量电压电流等基本物理量。

④ 学会简单的电路连接。

**【实验原理】**

数字万用表（图 3.7）是一种多用途的电子测量仪器，在电子线路等实际操作中有着重要的作用。它不仅可以测量电阻还可以测量电流、电压、电容以及二极管、三极管等电子元件和电路。

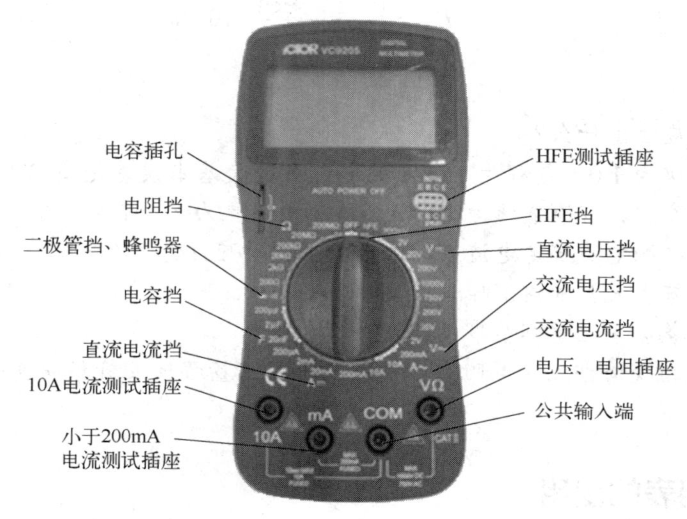


图 3.7 数字万用表

（1）使用方法

① 将 ON/OFF 开关置于 ON 位置，检查 9V 电池，如果电池电压不足，“⊟”将显示在显示器上，这时则需更换电池。如果显示器没有显示“⊟”，则按以下步骤操作。

② 测试笔插孔旁边的“⚠”符号，表示输入电压或电流不应超过指示值，这是为了保护内部线路免受损伤。

③ 测试之前，功能开关应置于所需要的量程。

（2）注意事项

① 测量完毕，应将量程开关拨到最高电压挡，并关闭电源。

② 满量程时，仪表仅在最高位显示数字“1”，其他位均消失，这时应选择更高的量程。

③ 测量电压时，应将数字万用表与被测电路并联。测电流时应与被测电路串联，测直流

量时不必考虑正、负极性。

④ 禁止在测量高电压（220V 以上）或大电流（0.5A 以上）时换量程，以防止产生电弧，烧毁开关触点。

（3）电阻的测量

① 测量步骤。首先红表笔插入“VΩ”孔，黑表笔插入“COM”孔，量程旋钮打到“Ω”量程挡适当位置，分别用红黑表笔接到电阻两端金属部分，读出显示屏上显示的数据。

② 注意。量程的选择和转换。量程选小了显示屏上会显示“1.”此时应换用较之大的量程；反之，量程选大了的话，显示屏上会显示一个接近于“0”的数，此时应换用较之小量程。

③ 读数。显示屏上显示的数字再加上挡位选择的单位就是它的读数。要提醒的是在“200”挡时单位是“Ω”，在“2k～200k”挡时单位是“kΩ”，在“2M～2000M”挡时单位是“MΩ”。

如果被测电阻值超出所选择量程的最大值，将显示过量程“1”，应选择更高的量程，对于大于 1MΩ 或更高的电阻，要几秒钟后读数才能稳定，这是正常的。

当没有连接好时，例如开路情况，仪表显示为“1”。

当检查被测线路的阻抗时，要保证移开被测线路中的所有电源，所有电容放电。被测线路中，如有电源和储能元件，会影响线路阻抗测试正确性。

万用表的 200MΩ 挡位，短路时有 10 个字，测量一个电阻时，应从测量读数中减去这 10 个字（表在每个挡位的基本误差都是不一样的，所以测量时要先将表笔短接，查看表在这个挡位的基本误差）。如测一个电阻时，显示为 101.0，应从 101.0 中减去 10 个字。被测元件的实际阻值为 100.0 即 100MΩ。

（4）电压的测量

① 直流电压的测量。

a. 测量步骤。红表笔插入 VΩ 孔，黑表笔插入 COM 孔，量程旋钮打到 V– 适当位置，读出显示屏上显示的数据。

b. 注意。

把旋钮旋到比估计值大的量程挡（注意：直流挡是 V–，交流挡是 V～），接着把表笔接电源或电池两端；保持接触稳定。数值可以直接从显示屏上读取。

若显示为“1.”，则表明量程太小，那么就要加大量程后再测量。

若在数值左边出现“－”，则表明表笔极性与实际电源极性相反，此时红表笔接的是负极。

② 交流电压的测量。

a. 测量步骤。红表笔插入 VΩ 孔，黑表笔插入 COM 孔，量程旋钮打到 V～适当位置，读出显示屏上显示的数据。

b. 注意。

表笔插孔与直流电压的测量一样，不过应该将旋钮打到交流挡“V～”处所需的量程。

交流电压无正负之分，测量方法跟前面相同。

无论测交流还是直流电压，都要注意人身安全，不要随便用手触摸表笔金属部分。

（5）电流的测量

① 直流电流的测量。

a. 测量步骤。

断开电路，黑表笔插入 COM 端口，红表笔插入 mA 或者 20A 端口，量程旋钮开关打至 A–，并选择合适的量程。

断开被测线路，将数字万用表串联入被测线路中，被测线路中电流从红表笔一端流入，经万用表黑表笔流出，再流入被测线路中。

接通电路，读出 LCD 显示屏数字。

b. 注意。

估计电路中电流的大小。若测量大于 200mA 的电流，则要将红表笔插入“10A”插孔并将旋钮打到直流“10A”挡；若测量小于 200mA 的电流，则将红表笔插入“200mA”插孔，将旋钮打到直流 200mA 以内的合适量程。

将万用表串进电路中，保持稳定，即可读数。若显示为“1.”，那么就要加大量程；如果在数值左边出现“－”，则表明电流从黑表笔流进万用表。

② 交流电流的测量。

a. 测量步骤。

断开电路，黑表笔插入 COM 端口，红表笔插入 mA 或者 10A 端口，功能旋转开关打至“A～”，并选择合适的量程。

断开被测线路，将数字万用表串联入被测线路中，被测线路中电流从红表笔一端流入，经万用表黑表笔流出，再流入被测线路中。

接通电路，读出 LCD 显示屏数字。

b. 注意。

测量方法与直流相同，不过挡位应该打到交流挡位。

电流测量完毕后应将红表笔插回“VΩ”孔，若忘记这一步而直接测电压，万用表电源会报废。

如果使用前不知道被测电流范围，将功能开关置于最大量程并逐渐下降。

如果显示器只显示“1.”，表示过量程，功能开关应置于更高量程。

最大输入电流为 200mA，过量的电流将烧坏保险丝，应再更换，10A 量程无保险丝保护，测量时不能超过 15s。

（6）电容的测量

① 测量步骤。将电容两端短接，对电容进行放电，确保数字万用表的安全。将功能旋转开关打至电容“F”测量挡，并选择合适的量程。将电容插入万用表 Cx 插孔。读出 LCD 显示屏上数字。

② 注意。

a. 测量前电容需要放电，否则容易损坏万用表。

b. 测量后也要放电，避免埋下安全隐患。

c. 仪器本身已对电容挡设置了保护，故在电容测试过程中不用考虑极性及电容充放电等情况。

d. 测量电容时，将电容插入专用的电容测试座中（不要插入表笔插孔 COM、V/Ω）。

e. 测量大电容时稳定读数需要一定的时间。

f. 电容的单位换算：$1\mu F=10^6 pF$，$1\mu F=10^3 nF$。

（7）二极管的测量

① 测量步骤。红表笔插入 VΩ 孔，黑表笔插入 COM 孔，量程旋钮打在二极管挡。

② 注意。二极管正负好坏判断。红表笔插入 VΩ 孔，黑表笔插入 COM 孔，量程旋钮打在二极管挡然后颠倒表笔再测一次。

测量结果如下：如果两次测量的结果是一次显示“1”字样，另一次显示零点几的数字，那么此二极管就是一个正常的二极管；假如两次显示都相同的话，那么此二极管已经损坏，LCD 上显示的数字即是二极管的正向压降：硅材料（1N4000,1N5400 系列）为 0.7V 左右；锗材料为 0.2V 左右，发光二极管为 1.8～2.3V。根据二极管的特性，可以判断此时红表笔接的是二极管的正极，而黑表笔接的是二极管的负极。

（8）三极管的测量

晶体三极管具有电流放大作用，其实质是三极管能以基极电流微小的变化量来控制集电极电流较大的变化量。这是三极管最基本和最重要的特性。我们将 $\Delta I_c/\Delta I_b$ 的值称为晶体三极管的电流放大倍数，用符号“$\beta$”表示。电流放大倍数对于某一只三极管来说是一个定值，但随着三极管工作时基极电流的变化也会有一定的改变。

测量三极管的放大倍数、管脚顺序和判断三极管的类型（PNP 或者 NPN），量程旋钮应打在 hFE 挡。

假设三极管是 PNP 型，三极管的针脚插入 PNP 插座的 4 个插孔中，每连续 3 个为一组，总共可以插 4 次，根据显示数据确定三极管放大倍数 $\beta$、类型（PNP 或 NPN）和管脚顺序。

**【实验仪器】**

数字万用表，电阻，电容，二极管，三极管，干电池，面包板，导线。

**【实验内容】**

① 熟悉数字万用表的使用方法，熟悉万用表各挡位及测量的注意事项。

② 主要元器件测试。

a. 电阻测试，数据填入表 3.5。

**表 3.5 电阻测试数据**

| 功能 | 测量值 $R$ | 不确定度 $\Delta R$ | $R=\bar{R}\pm\Delta R$ | $E_R=\frac{\Delta R}{\bar{R}}\times 100\%$ |
|---|---|---|---|---|
| 电阻 $R_1$ | | | | |
| 电阻 $R_2$ | | | | |

b. 直流电压测试，数据填入表 3.6。

**表 3.6 直流电压测试数据**

| 功能 | 测量值 $U$ | 不确定度 $\Delta U$ | $U=\bar{U}\pm\Delta U$ | $E_U=\frac{\Delta U}{\bar{U}}\times 100\%$ |
|---|---|---|---|---|
| 电池 1 | | | | |
| 电池 2 | | | | |

c. 交流电压测试，数据填入表 3.7。

**表 3.7 交流电压测试数据**

| 功能 | 测量值 $u$ | 不确定度 $\Delta u$ | $u=\bar{u}\pm\Delta u$ | $E_u=\frac{\Delta u}{\bar{u}}\times 100\%$ |
|---|---|---|---|---|
| 市网电压 | | | | |

d. 直流电流测试。自行设计电路，数据填入表 3.8。

**表 3.8　直流电流测试数据**

| 功能 | 测量值 $I$ | 不确定度 $\Delta I$ | $I=\bar{I}\pm\Delta I$ | $E_I=\frac{\Delta I}{\bar{I}}\times100\%$ |
|---|---|---|---|---|
| 直流电流 | | | | |

e. 电容测试。使用万用表测试电解电容和陶瓷电容，数据填入表 3.9。

**表 3.9　电解电容和陶瓷电容静态测试数据**

| 功能 | 测量值 $C$ | 不确定度 $\Delta C$ | $C=\bar{C}\pm\Delta C$ | $E_C=\frac{\Delta C}{\bar{C}}\times100\%$ |
|---|---|---|---|---|
| 电解电容 $C_1$ | | | | |
| 陶瓷电容 $C_2$ | | | | |

f. 整流二极管、稳压二极管和发光二极管测试，数据填入表 3.10。

**表 3.10　整流二极管、稳压二极管和发光二极管测试数据**

| 整流二极管 | | | | 稳压二极管 | | | | 发光二极管 | | |
|---|---|---|---|---|---|---|---|---|---|---|
| 正向压降 | 管子材料 | 正向电阻 | 反向电阻 | 正向压降 | 管子材料 | 正向电阻 | 反向电阻 | 正向压降 | 正向电阻 | 反向电阻 |
| | | | | | | | | | | |

g. 三极管测试，数据填入表 3.11。

**表 3.11　三极管测试数据**

| 三极管（型号 S9013） | | | 三极管（型号 A1015） | | |
|---|---|---|---|---|---|
| 类型 | 管脚顺序 | 放大倍数 | 类型 | 管脚顺序 | 放大倍数 |
| | | | | | |

**【注意事项】**

① 注意用电安全，切勿用肢体碰触市电输入端，以免触电，造成生命危险。

② 连接电路时要断开电源，检查无误再接通电源。

**【附：技术指标】**

VC9205 型万用表的技术指标见表 3.12～表 3.18。

万用表各挡位测量精度一般描述：±（$a$%读数+字数）。

注意：括号内的第 2 部分，为精确度的修正值，应放在该挡位的最后一位数字上。例如：一个电子元件在 200 挡位的读数为 100.0，该挡位精确度标示为±（5%+2），该挡位在 LCD 中有一位小数，则这个电子元件的实际数据 $A$，满足以下不等式。

$$100-(5\%\times100.0+0.2)\leqslant A\leqslant100+(5\%\times100.0+0.2)$$

即 $94.8\leqslant A\leqslant105.2$。

表 3.12　直流电压

| 量程 | 分辨率 | 准确度 |
|---|---|---|
| 200mV | 100μV | ±（0.5%+4） |
| 2V | 1mV | |
| 20V | 10mV | |
| 200V | 100mV | |
| 1000V | 1V | ±（0.8%+15） |

测量电压时，万用表如同一个电阻。所有量程的输入阻抗为 10MΩ。对于 200mV 量程挡，能够承受的最大直流电压为 250V；能够承受的最大交流电压为 250V。其他量程挡位，能够承受的最大直流电压为 250V；能够承受的最大交流电压有效值为 700V。

表 3.13　交流电压

| 量程 | 分辨率 | 准确度 |
|---|---|---|
| 2V | 1mV | ±（0.8%+8） |
| 20V | 10mV | |
| 200V | 100mV | |
| 750V | 1V | ±（1.2%+15） |

注：频率范围 40～400Hz，市电为 50Hz，显示为交流电的有效值。

表 3.14　直流电流

| 量程 | 分辨率 | 准确度 |
|---|---|---|
| 2mA | 10μA | ±（1.5%+10） |
| 20mA | 100μA | |
| 200mA | 10mA | |
| 10A | 10mA | ±（2.5%+15） |

注：10A 量程无保险丝，因此，测量时不能超过 15s；其他量程有最大 0.2A/250V 保险丝。

测量直流电流时，万用表好似一个电阻，因此，会在万用表上产生电压降。如果被测电流的读数达到或接近满量程，则在万用表上产生的电压降为 200mV。

表 3.15　交流电流

| 量程 | 分辨率 | 准确度 |
|---|---|---|
| 200mA | 100μA | ±（2.0%+15） |
| 10A | 10mA | ±（3.5%+15） |

表 3.16 电阻

| 量程 | 分辨率 | 准确度 |
| --- | --- | --- |
| 200Ω | 0.1Ω | ±（0.8%+5） |
| 2kΩ | 1Ω | ±（0.8%+3） |
| 20kΩ | 10Ω | |
| 200kΩ | 100Ω | |
| 20MΩ | 1kΩ | ±（1.0%+25） |
| 200MΩ | 100kΩ | ±（5.0%+30） |

测量电阻时，万用表提供的开路电压为700mV，200MΩ 挡位提供的开路电压为3V。

表 3.17 电容

| 量程 | 分辨率 | 准确度 |
| --- | --- | --- |
| 20nF | 10pF | ±（2.5%+20） |
| 2μF | 1nF | |
| 200μF | 100nF | ±（5.0%+10） |

表 3.18 （交流）频率（DT9205 表没有频率挡）

| 量程 | 分辨率 | 准确度 |
| --- | --- | --- |
| 2kHz | 1Hz | ±（3.0%+18） |
| 200kHz | 100Hz | |

测频率时，万用表能承受的来自交流电源的最大电压为220V。

## 3.3 电路的连接与控制

组成电流路径的各种装置和电源的总体构成电路。一个电路通常包括电源（电池或发电机）、用电装置（电灯、电动机或电子计算机等）以及连接导线或传输线。

电路可按不同方式分为直流电路和交流电路。直流电路只沿一个方向运载电流；交流电路中电流随时间来回流动。电阻、电感和电容等电路参数不随电流或电压的大小及方向改变而变化时，称线性电路，否则称为非线性电路。

串联电路中的电流要流经路径中的每一个元件；并联电路则由若干支路组成，电流分成若干支流，每一支路只有一部分电流通过。并联电路中，每一支路的电压或电势差相等而电流却不同。例如，在住宅电路中每一盏灯（或家用电器）所加载的电压都相同，可是每个支路上的电流却不同，电流依赖于这些负载的功率。将若干个同类电池并联起来就能提供比单个电池大的电流，不过电压却与单个电池相等。复杂电路可由多个串、并联支路组成。

无线电接收机中由晶体管、电阻器、电容器、变压器、连接导线以及其他电子元件组成的网络也是电路。由电感性与电容性元件组成的导电通路称为调谐电路。在微电子领域，将有源半导体元件（晶体二极管和三极管）与无源元件（电容器和电阻器）以及它们的互连线都制作在一块衬底（最常用的衬底材料是硅）的小芯片上，成为一个单元，组成一个整体结构，叫作集成电路。因一个集成电路的尺寸很小，故也称集成电路为微型电路。

简单的直流电路一般包括串联电路、并联电路以及平衡的桥式电路和补偿电路等。实际遇到的直流电路绝大部分可以归结为这类简单电路或它们的组合。

**【实验目的】**

① 学习电阻箱与滑动变阻器的使用方法。

② 学会电路按回路接线的基本方法。

③ 学习限流电路和分压电路的调节特性。

④ 进一步学习电压表和电流表的正确使用方法。

**【实验原理】**

一张电路图可以分解为若干个单元回路。接线时，沿着单元回路，由高电位点，依次首尾相连，最后回到起始点，这种接线方法称为回路接线法。按照回路接线法连接线路，并沿着接线顺序检查线路，可以确保电路连接正确无误。

一个实验电路一般分为电源、控制电路和测量电路三部分。

测量电路通常由实验方法确定，例如，用比较法校准某一安培表，应先选好一块标准安培表，使其与待校安培表串联，即是测量电路。测量电路可被抽象为一个电阻器 $R_L$，称为负载。根据负载电压 $U$ 和电流 $I$ 来选定电源，一般选择电源电动势 $E$ 略大于 $U$，电源的额定电流大于工作电流 $I$ 即可。负载和电源确定后，可设置控制电路，以满足负载所需的电压与电流。控制电路中的电压与电流的变化，可由滑动变阻器或电阻箱来实现。一般控制电路有限流与分压两种基本形式，其特点可由调节范围、控制电路特性、细调程度来表征。

（1）滑动变阻器

滑动变阻器是将电阻丝均匀密绕在瓷管上制成的，它有两个固定接线端 $A$ 与 $B$ 和一个可在电阻线圈上移动的滑动端 $C$，如图 3.8 所示。滑动变阻器的主要规格是电阻最大值和额定电流。

在实验室中，滑动变阻器主要用于限流电路和分压电路，通过调节滑动端的位置来改变电路中的电流或电压。

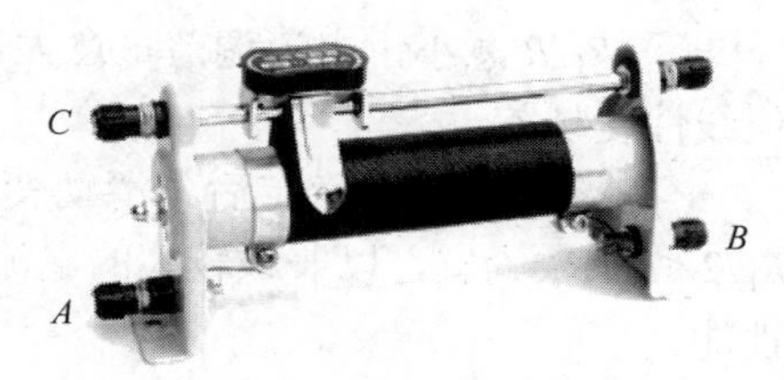


图 3.8 滑动变阻器

（2）电阻箱

电阻箱是由一组电阻值不同的电阻线圈装配而成的箱式电阻器，在电学测量中用作精密电阻元件。电阻线圈一般用电阻温度系数较小的锰铜丝或康铜丝绕成。电阻箱有旋钮式和插栓式两种，其中旋钮式电阻箱应用比较广泛。

旋钮式电阻箱的外形与结构如图 3.9 所示，使用时将电阻箱的两个接线柱连接到电路中即可。调节电阻箱上的旋钮，可以不连续地改变电阻值的大小，并可直接读出其数值。电阻箱的主要规格包括最大电阻、额定功率、零电阻和准确度等级。

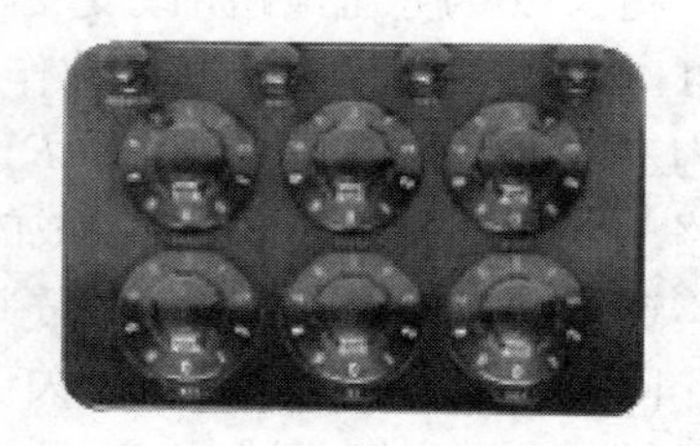

图 3.9 旋钮式电阻箱

（3）限流电路

限流电路由电源、滑动变阻器、电流表和负载等连接而成，如图 3.10 所示。改变变阻器滑动端 $C$ 的位置可以控制回路中的电流，故称作限流电路或制流电路。按回路接线法连接线路，即由电源正极→开关一端→开关另一端→滑动变阻器一个固定接线端 $A$→滑动变阻器滑动端 $C$→电流表正极→电流表负极→负载一端→负载另一端→电源负极。由图 3.10，根据欧姆定律，通过负载 $R_L$ 的电流 $I$ 为

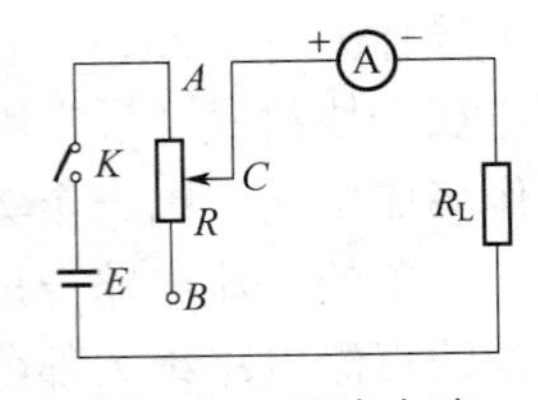

图 3.10　限流电路

$$I=\frac{U_0}{R_{AC}+R_L} \tag{3.3}$$

式中，$U_0$ 为电源电压；$R_{AC}$ 为变阻器接入电路部分的电阻。当 $R_{AC}=0$，$I=I_0$，即

$$I_0=\frac{U_0}{R_L} \tag{3.4}$$

由式（3.3）和式（3.4）得

$$I/I_0=\frac{R_L}{R_{AC}+R_L}=\frac{R_L/R}{(R_{AC}/R)+(R_L/R)} \tag{3.5}$$

式中，$R$ 为滑动变阻器总电阻。以 $R_{AC}/R$ 为横坐标、$I/I_0$ 为纵坐标所绘制的曲线图，即为限流特性曲线（图 3.11）。由限流特性曲线可以看出：

① 当变阻器滑动端 $C$ 移至 $A$ 端时，$R_{AC}=0$，负载 $R_L$ 上的电压最大，电路中的电流也最大，即 $U_{max}=U_0$，$I_0=U_0/R_L$；当 $C$ 移至 $B$ 端时，电路中的电流最小，$I_{min}=U_0/(R+R_L)$。由此可知，限流电路的电流不可能为零，电流调节范围是 $I_{min}\sim I_0$。

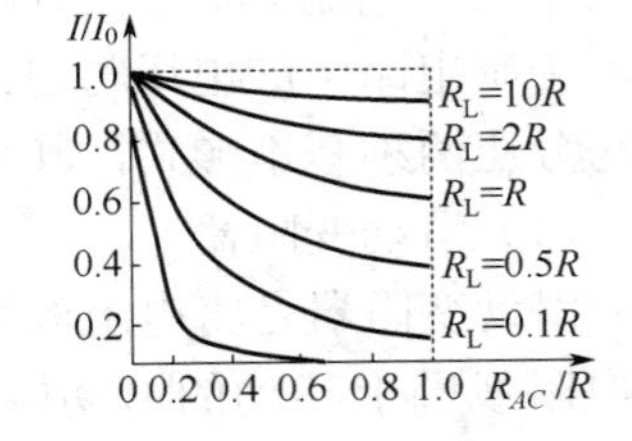

图 3.11　限流特性曲线

② $R_L/R$ 愈大，电流调节范围愈小，调节性能越好——$I$ 随 $R_{AC}$ 的线性度愈好。

③ $R_L/R$ 愈小，电流调节量愈大，电流的调节范围越大，但线性度越差。

一般在负载 $R_L$ 确定后，滑动变阻器的阻值选择范围取 $R_L/2<R<R_L$ 为宜，以兼顾较大的电流调节范围和较好的调节性能。

（4）分压电路

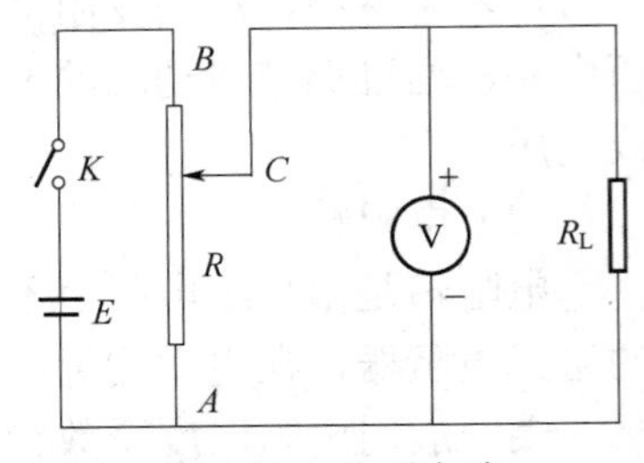

图 3.12　分压电路

图 3.12 为分压电路，改变变阻器滑动端 $C$ 的位置可以改变 $A$、$C$ 两端的输出电压，故称作分压电路。可将分压电路分解为三个单元电路，即由电源 $E$、开关 $K$ 和变阻器 $R$ 组成的回路 1；变阻器 $R$ 和电压表组成的回路 2；电压表和负载 $R_L$ 组成的回路 3。

连接线路时，应按如下顺序进行：

回路 1——电源正极→开关一端→开关另一端→滑动变阻器一个固定接线端 $B$→滑动变阻器另一个固定接线端 $A$→电源负极；

回路 2——滑动变阻器滑动端 $C$→电压表正极→电压表负极→滑动变阻器固定端 $A$。

回路3——电压表正极→负载电阻一端→负载电阻另一端→电压表负极。

由图3.12，变阻器$AC$两端输出的可变电压$U$为

$$U=\frac{R_{AC}R_{\mathrm{L}}}{R_{AC}R_{BC}+RR_{\mathrm{L}}}U_0 \tag{3.6}$$

将式（3.6）除以$U_0$，并将等式右侧分子、分母同除以$R$，得

$$U/U_0=\frac{(R_{AC}/R)\ R_{\mathrm{L}}}{(R_{AC}/R)\ R_{BC}+R_{\mathrm{L}}} \tag{3.7}$$

以$R_{AC}/R$为横坐标、$U/U_0$为纵坐标绘制曲线图即为分压特性曲线，见图3.13。由式（3.7）和图3.13可知：

① $R_{AC}=0$时，$U_{AC}=0$；$R_{AC}=R$时，$U_{AC}=U_0\approx E$，电压调节范围为0～$E$。

② $R_{\mathrm{L}}/R$越大，电压调节线性度越好。

通常在负载$R_{\mathrm{L}}$确定后，变阻器宜取值为$R\leqslant R_{\mathrm{L}}/2$，但$R$不可取值过小，以免超过其额定电流而将滑动变阻器烧坏。

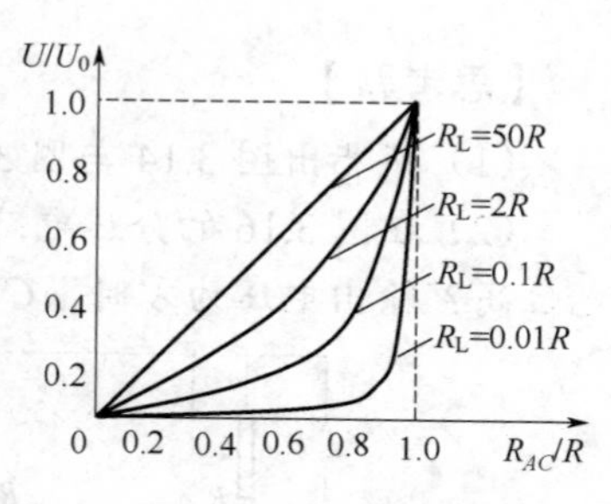

图3.13 分压特性曲线

【实验仪器】

干电池，单刀开关，滑动变阻器，电阻箱，电压表，电流表，导线等。

【实验内容】

（1）回路接线法练习

根据回路接线法的要求与顺序，分别完成图3.10和图3.12的线路连接；设置滑动变阻器的安全位置；定性观察限流电路与分压电路的调节特性与控制性能。

（2）准定量研究限流特性

按图3.10连接线路，以电阻箱为负载$R_{\mathrm{L}}$，分别取$R_{\mathrm{L}}/R$为10、2和0.1，观察电路中的电流随变阻器滑动端位置而变化的情况，并记录数据到表3.19。

表3.19 限流特性曲线数据

| 电流 $I$/mA | | $L_i/L$（$L$为变阻器线圈有效长度，$L_i$为滑动端在线圈的位置，$L_2$对应$0.2L$，$L_3$对应$0.4L$，…） | | | | | |
|---|---|---|---|---|---|---|---|
| | | 0 | 0.2 | 0.4 | 0.6 | 0.8 | 1.0 |
| $R_{\mathrm{L}}/R$ | 10 | | | | | | |
| | 2 | | | | | | |
| | 0.1 | | | | | | |

（3）准定量研究分压特性

按图3.12连接线路，以电阻箱为负载$R_{\mathrm{L}}$。分别取$R_{\mathrm{L}}/R$为50、0.1和0.01，观察输出电压随变阻器滑动端位置而变化的情况，将数据记录到表3.20。

【数据处理】

① 准定量限流特性研究根据表3.19做曲线。

② 准定量分压特性研究根据表3.20做曲线。

表 3.20 分压特性曲线数据

| 电压 U/V | | 滑动端相对位置 $L_i/L$ | | | | | |
|---|---|---|---|---|---|---|---|
| | | 0 | 0.2 | 0.4 | 0.6 | 0.8 | 1.0 |
| $R_L/R$ | 50 | | | | | | |
| | 0.1 | | | | | | |
| | 0.01 | | | | | | |

【思考题】

（1）试指出图 3.14 与图 3.15 的不同之处，它们的作用有何不同？

（2）在图 3.16 的分压电路中，取滑动端 $C$ 和固定端 $A$ 作为分压输出端连接到负载，哪端电位高？输出电压为零时，$C$ 端应在何位置？

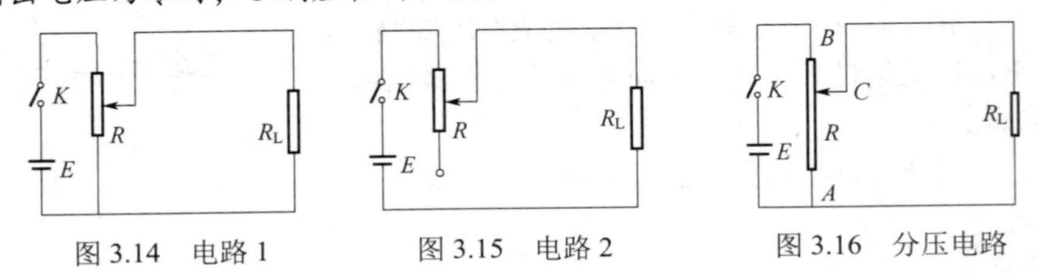


图 3.14 电路 1　　图 3.15 电路 2　　图 3.16 分压电路

（3）若已经确定使用分压电路，那么，选择变阻器的阻值时应考虑的主要因素是什么？若选择限流电路，又该如何考虑？

（4）假设实际电路需要电压调节范围在 0～3V，电流调节范围在 0～100μA，则应如何连接电路并选择相关元器件？试画出电路图。

## 3.4 伏安法测电阻

在电路中两点的电压决定电流强度的物理量叫作电阻，通俗理解为物质阻碍电流通过的性质。不同材料的电阻差别很大。金属的电阻最小，但随温度的升高而增大。绝缘体的电阻最大。半导体电阻的大小介于导体和绝缘体之间，并随温度的升高而显著减小。导线的电阻还决定于它的长度、截面积和材料的性质。电阻的基本单位是欧姆，符号为Ω。

用电阻材料制成的、有一定结构形式、在电路中具有阻碍电流通过的二端电学元件称为电阻器。阻值不能改变的称为固定电阻器。阻值可变的称为电位器或变阻器，通常实验室用的滑动变阻器、电阻箱也是可变电阻器。理想的电阻器是线性的，即通过电阻器的电流与电阻器两端的电压成正比。表征电阻器的主要参数有标称阻值与允许偏差、额定功率、最高工作电压、电阻温度系数等。常用的有碳膜电阻器、金属膜电阻器等。

电阻器在电路中主要用来调节和稳定电流与电压，可作为分流器和分压器，也可用作电路匹配负载。根据电路的不同要求，还可用于放大电路的负反馈与正反馈、电压-电流转换、输入过载时的电压或电流保护元件，又可组成 $RC$ 电路作为振荡、滤波、旁路、微分、积分和时间常数元件等。

在有稳恒电流通过的电路中，电流和电压（或电动势）与电阻间的依存关系，称为欧姆定律。由德国物理学家乔治·欧姆（Georg Simon Ohm）于1827年发现。欧姆定律可表示为两种形式，即部分电路欧姆定律和全电路欧姆定律。前者可表述为$I=U/R$，式中，$I$为通过部分电路的电流；$U$为该部分电路两端的电压；$R$为该部分电路的电阻。后者可表述为：通过闭合电路的电流$I$，等于电路中电源的电动势$E$，除以电路中的总电阻（外电阻$R$和电源的内电阻$r$之和），即$I=E/(R+r)$。

将部分电路欧姆定律变形为$R=U/I$。只要用电压表测出电阻器两端的电压，并用电流表测出通过电阻器的电流，由欧姆定律的变形公式即可求得电阻器的阻值。这种测量电阻的方法称为伏安法。伏安法测电阻具有原理简洁、仪器简单、测量方便等优点。

用伏安法测电阻通常采用电路的两种基本连接方法——内接法和外接法。不过，由于所用电压表和电流表都不是理想电表，即电压表内阻并非无限大，电流表内阻也不为零。因此实验测出的电阻值与真实值不同，存在接入误差。为了减小用伏安法测电阻过程中引入的定值系统误差，测量时应比较待测电阻与电压表内阻或电流表内阻的大小，以便采用合适的电路，并对测量值进行修正。

**【实验目的】**

① 学习伏安法测电阻的原理与方法，进一步理解电阻的概念。

② 学习一种系统误差的分析与修正方法。

③ 掌握电流表和电压表的使用方法。

④ 掌握回路接线法与分压电路的调节方法。

**【实验原理】**

（1）电学元件的伏安特性

在电学元件两端加载电压，便有电流通过元件，电流随电压的变化关系称为电学元件的伏-安特性，该特性用图形来表示即为伏安特性曲线。有些电学元件如金属膜电阻器等，其伏安特性曲线为直线；而像晶体二极管等电学元件，其伏安特性曲线为曲线，如图3.17所示。前者称为线性元件，后者称为非线性元件。

图3.18为伏安法测电阻的电路。若同时测得负载$R_L$两端的电压$U$和流过的电流$I$，由欧姆定律，有$U=IR_L$。由于电流表和电压表均存在内阻，不论开关$K_2$接通位置1，还是接通位置2，都不能严格遵循欧姆定律，将给测量带来系统误差。这种系统误差称为接入误差或方法误差，属于定值系统误差，可予以修正。

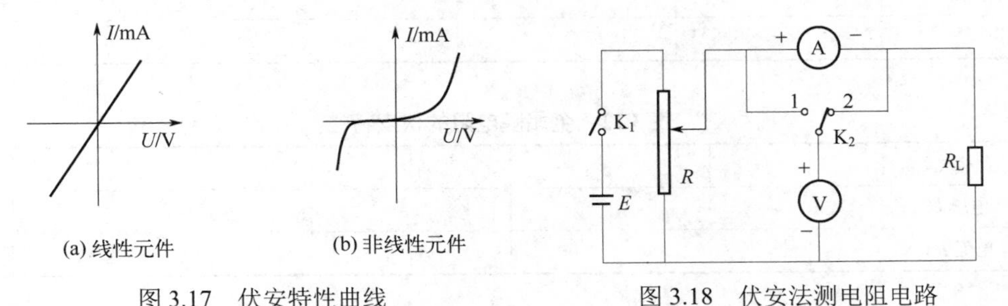


图3.17 伏安特性曲线　　图3.18 伏安法测电阻电路

（2）电流表的内接与误差修正

按照图3.18连接好电路，将开关$K_2$置于位置1，使线路成为电流表的内接电路。调节滑动变阻器，测出电压$U$与电流$I$，则$R_A+R_L=U/I$。其中，$R_A$为电流表内阻。由此得

$$R_L = \frac{U}{I} - R_A = R_L' - R_A \tag{3.8}$$

将 $R_L'$ 经过电流表内阻 $R_A$ 修正后得到测量结果 $R_L$。由式（3.8）看出，$R_A \ll R_L$ 时，测量误差可以忽略，即应采用电流表的内接方式。

（3）电流表的外接与误差修正

将开关 $K_2$ 置于位置 2，使线路成为电流表的外接电路。调节滑动变阻器，测出电压 $U$ 与电流 $I$，设 $R_V$ 为电压表内阻，则 $R_V R_L/(R_V+R_L) = R_L' = U/I$，即

$$R_L = R_L' \frac{R_V}{R_V - R_L'} \tag{3.9}$$

式（3.9）就是电流表外接时对 $R_L$ 的修正式。由式（3.9）可知，$R_V \gg R_L$ 时，测量误差的影响很小，宜采用电流表的外接方式。

**【实验仪器】**

直流稳压电源，单刀开关，单刀双掷开关，滑动变阻器，电压表，电流表，电阻器，导线等。

**【实验内容】**

（1）电流表内接与外接方式的比较

① 将开关 $K_2$ 置于位置 1，使线路成为电流表的内接电路。调节滑动变阻器，使电流表与电压表指示值接近满刻度值，然后读数，将数据填入表 3.21。

② 将开关 $K_2$ 置于位置 2，使线路成为电流表的外接形式。调节滑动变阻器，使电压表与电流表示值接近满刻度，然后读数，将数据填入表 3.21。

（2）测定线性电阻的伏安特性

根据待测电阻器的阻值确定电流表的连接方式，使测量的系统误差最小。按照图 3.18 连接线路，并将仪器设置为安全状态。调节滑动变阻器，在电压表与电流表量程内测量一组 9 个点均匀分布的电压与电流值，将数据填入表 3.22。

**表 3.21　内接法与外接法测量电阻比较**

| 连接方式 | 电压 $U$/V | 电流 $I$/mA | $R_L'$（$R_L'=U/I$）/Ω | 修正后 $R_L$/Ω |
|---|---|---|---|---|
| 内接法 | | | | |
| 外接法 | | | | |

**表 3.22　金属膜电阻的伏安特性**

| 测量次数/$n$ | | | | | | | | | |
|---|---|---|---|---|---|---|---|---|---|
| 电压 $U$/V | | | | | | | | | |
| 电流 $I$/mA | | | | | | | | | |

**【注意事项】**

① 电压表和电流表在连接及测量过程中必须平放在实验台上。

② 正确选取电压表和电流表的量程。

③ 记录数据时表的指针必须在量程的三分之一到满偏之间。

④ 不能表指针指几就读几，因为不同量程共用一个表头。

⑤ 根据选择的量程和表头进行估读。

【数据处理】

待测金属膜电阻器 $R_L$ 的标称值为________Ω；实验室的给出值 $R_{LG}$ 为________Ω。

按表3.22数据绘制伏安特性曲线，可用MS Excel绘制；用图解法求 $R'_L$，对其做误差修正，确定 $R_L$，并计算 $R_L$ 对 $R'_L$ 的相对误差。

【思考题】

（1）满足什么条件时采用内接法，满足什么条件时采用外接法，以减小接入误差？

（2）根据本实验所提供的仪器，若要求 $R_L$ 的测量准确度高于5%，即 $\Delta R_L/R_L \leqslant 5\%$。如果不考虑接入误差，电压与电流的下限测量值 $U_{min}$ 与 $I_{min}$ 应分别取何值？

（3）在伏安法测电阻实验中，电源电压为6V，电阻 $R_L$ 约为100Ω，电压表量程用0～3V，电流表量程用0～3A，两表量程选择是否得当？应如何选择量程？

（4）用伏安法测量标称值为59Ω的电阻器，直流稳压电源的最大输出电压为10V，滑动变阻器的规格为50Ω、2A，电压表有3V和15V两个量程，电流表有0.6A和3A两个量程。

① 滑动变阻器是否能用？

② 电源输出电压应取几伏合适？

③ 电表量程应如何选择？

【备注】

在对电流表、电压表进行估读时，要注意选择电流表、电压表的不同量程。最小分度值不同，其读数规则也相应不同。

① 最小分度值为“1”的仪表，测量误差出现在下一位，下一位按十分之一估读。

② 最小分度值为“2”或“5”的仪表，测量误差出现在同一位上，估读时在同一位上估读，同一位按二分之一或五分之一估读。最小分度值为“2”的仪表估读时，不足半格的舍去，超过半格的按一格估读。

这两条也适用于刻度尺、弹簧秤的读数。

## 3.5 模拟法测绘静电场

在科学实验中，有时受客观条件限制，不能对某些自然现象进行直接研究。比如，地球上时过境迁的生命进化过程；大气环流的范围广大，因素复杂；水库、电力系统等工程为了安全，不允许直接实验；一些工程的设计方案的合理性判定等。在上述情况下，可以采用间接实验方法，即先设计与该自然现象或过程（原型）相似的模型，然后通过模型来间接地研究原型的规律，这种实验方法叫作模拟法。原型可以是自然界存在的事物，也可以是人们预期的事物。前者如用高电压装置模拟自然界的雷击；后者如用船舶模型模拟计划中要建造的船舶。

根据模型与原型之间的相似关系，可以将模拟分为物理模拟和数学模拟两种。

物理模拟是以模型与原型之间的物理相似或几何相似为基础的一种模拟方法。物理相似要求相关的所有同名物理量之间相似，即所有矢量（力、位移、加速度等）在方向上相应地一致，在数值上相应地成比例；所有标量（质量、密度、温度等）在对应的空间位置和时间点上都相应地成比例。这样，模型与原型之间只有大小比例上的不同，其物理过程都是相同的，模型只是原型合理放大或缩小。例如，在修建大型水库时，先按一定比例建造一个小型水库模型，在相似的物理条件下进行实验研究。

数学模拟是以模型与原型之间在数学形式上的相似为基础的一种模拟方法。任何两种不同的物理过程，只要描述它们的数学方程具有相同形式，就可用数学模拟进行研究。如在流体力学中，水头 $h$ 的方程 $(\partial^2 h/\partial x^2)+(\partial^2 h/\partial y^2)=0$ 与电学中电势 $u$ 的方程 $(\partial^2 u/\partial x^2)+(\partial^2 u/\partial y^2)=0$ 具有相似的数学形式。因此可用数学模拟将所要研究的渗流场用一个与之相似的电流场代替，用一套相应的电路装置模拟地下水的运动，该电路装置就是地下水的数学模型。

随着科学技术的快速发展，模拟法在各种科技领域中得到了广泛应用，特别是电子计算机等先进技术的应用与推广，模拟法的应用范围越来越宽，已成为提出新的科学设想、探索未知世界不可或缺的主要研究方法之一，如工程模拟、战术模拟训练、模拟式经济管理等。

模拟法有许多优点，因而被广泛采用，具有重要作用。首先，模拟法可以对已经时过境迁或尚未出现的自然现象进行实验研究。其次，运用模拟法可将自然现象放大或缩小，或使其在短时间内重复出现。再者，用模拟法训练各种复杂操作技术，可使人员摆脱危险，避免事故，既安全又经济。

**【实验目的】**

① 学习用恒定电流场模拟静电场。

② 学会用比较法描绘等位线，并由等位线描绘静电场的分布曲线。

**【实验原理】**

在静止带电体的周围空间存在着静电场。一般用电场强度和电势来描述静电场在空间各点的分布。为了直观地描述二维静电场的分布，常采用等位线和电力线。等位线是电场中电位相同点构成的线，电力线是沿着电场方向顺次连成的曲线，电力线与等位线处处正交。因此，有了等位线就可以描绘出电力线。

对静电场进行直接测量是困难的。因为静电场中无电流，不能用一般的磁电式仪表去测量。还由于所用的探测装置总是导体或电介质，当其置入静电场中便会产生感应电荷，使原电场发生畸变，影响测量的准确性。为了克服这一困难，一般模拟一个与静电场相似的电流场，通过对电流场的分布进行测量，间接地确定被模拟静电场的分布。

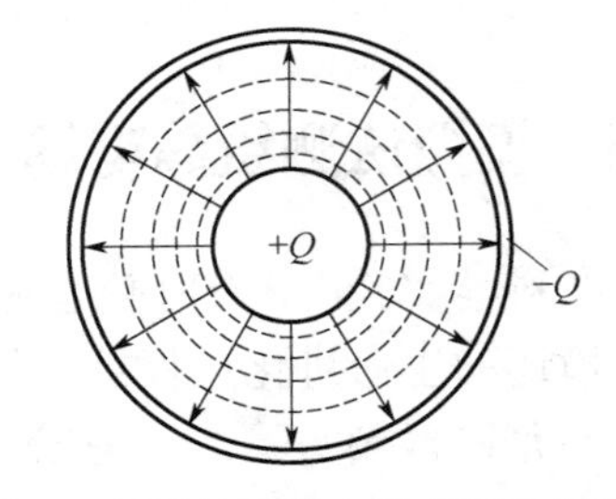


图 3.19　同轴圆筒电极截面电场分布

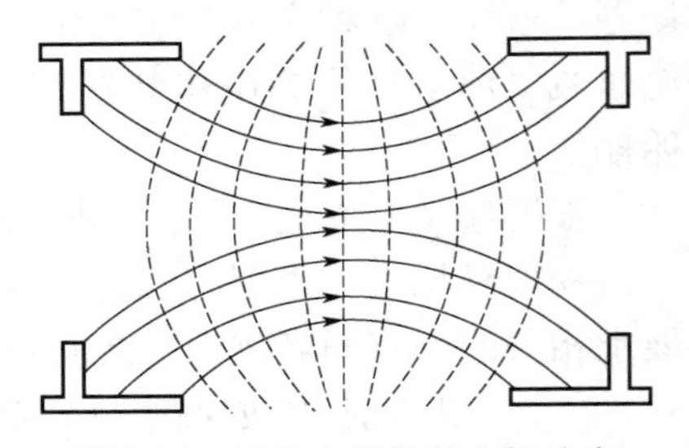

图 3.20　聚焦电极及其电场分布

采用恒定电流场模拟静电场，属于数学模拟。通常用电阻率很小的导体作电极，用电阻率远大于电极电阻率的介质填充电极周围的空间，在电极上加载一定直流电压，则在介质中产生恒定电流。当有电流通过均匀分布的介质时，单位时间内流入任意宏观体积元的电荷与流出该体积元的电荷相等，使得体积元中的净电荷仍为零，这就使得介质中的电流场和真空中的静电场一样，是由电极上的电荷产生的，不同的只是真空中的电极上的电荷没有客观的运动，而在介质中形成电流时，电极上的电荷一边流出，一边由电源补充，使得电极上的电荷数保持不变。若两极间的电位恒定，介质的电阻率均匀分布，则该电流场与静电场是完全相似的。图 3.19 为同轴圆筒电极截面电场分布，图 3.20 是聚焦电极及其电场分布。

本实验是测量无限长带等量异号电荷的同轴圆筒电极的电场分布，如图3.19所示，设内圆柱半径为$R_1$，电势为$U_1$，外圆环半径为$R_2$，电势为$U_2$，则电场中距离轴心为$r$处的电势$U_r$为

$$U_r = U_1 - \int_{R_1}^{r} \vec{E} \cdot d\vec{r} \tag{3.10}$$

由高斯定理可求得电场强度为

$$E = \frac{\lambda}{2\pi\varepsilon r},\ R_1 < r < R_2 \tag{3.11}$$

式中，$\lambda$为圆柱线电荷密度；$\varepsilon$为介质的介电常数。

将式（3.11）代入式（3.10），得

$$U_r = U_1 - \int_{R_1}^{r} \frac{\lambda}{2\pi\varepsilon}\frac{dr}{r} = U_1 - \frac{\lambda}{2\pi\varepsilon}\ln\frac{r}{R_1} \tag{3.12}$$

在$r=R_2$处，有

$$U_2 = U_1 - \frac{\lambda}{2\pi\varepsilon}\ln\frac{R_2}{R_1}$$

由此得

$$\frac{\lambda}{2\pi\varepsilon} = \frac{U_1 - U_2}{\ln\frac{R_2}{R_1}} \tag{3.13}$$

若取$U_2$为参考电势，并令$U_2=0$，则两同轴圆筒间的电势差$U_0=U_1-U_2=U_1$，将式（3.13）代入式（3.12），得

$$U_r = U_0\frac{\ln\frac{R_2}{r}}{\ln\frac{R_2}{R_1}} \tag{3.14}$$

若以$U_1$为参考电势，令$U_1=0$，则两同轴圆筒之间的电势差$U_0=U_2-U_1=U_2$，将式（3.14）代入式（3.12），得

$$U_r = U_0\frac{\ln\frac{r}{R_1}}{\ln\frac{R_2}{R_1}} \tag{3.15}$$

式（3.14）和式（3.15）为两同轴圆筒之间任意一点$P$的电势差$U$的理论值，表明当电极组态和相对电势一定时，$U$由$r$决定，其等位线仅是坐标的函数，它的位置和形状与加在电极上的电压大小无关。

在实验中可以测得$U_0$、$U_1$、$U_2$和$r$值，根据式(3.14)或式（3.15）计算出两电极间任意一点处的$U_r$值。比较$U_r$与相应点的测量值$U_m$，作$U_m$-ln（$r/R_1$）曲线，该曲线为一条直线，如图3.21所示。

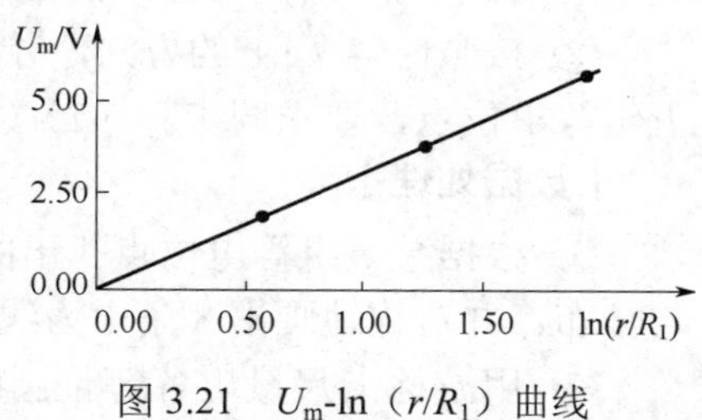


图3.21 $U_m$-ln（$r/R_1$）曲线

【实验仪器】

静电场描绘仪（包括水槽、电极、测量探针、记录探针），电压表，直流稳压电源等。

【实验内容】

图 3.22 所示为水槽式静电场描绘仪。仪器分上下两层，上层放置记录纸，下层为水槽与电极。电极由内圆柱和外圆环固定在绝缘板上构成。同步探针由安装在探针座上的两根同样长短的弹簧片和两根细而圆滑的钢针组成。同步探针可以在水槽中自由地水平移动，用于探测水的电流场。上下探针处于同一垂直线上，当下探针测出等电位点时，按压上探针，即可在记录纸上留下相应的等电位点压痕。

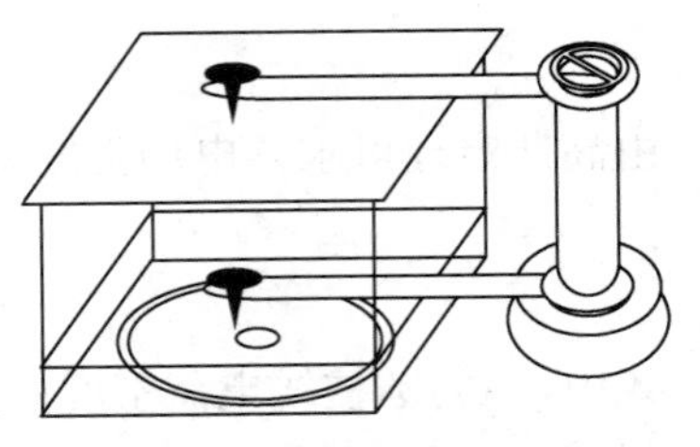

图 3.22　水槽式静电场描绘仪

（1）测绘同轴圆筒电极间的电场分布

① 按图 3.23（a）或图 3.23（b）连接电路，将高阻电压表正极接在探针上，负极接在参考电极上。调节稳压电源输出旋钮，使电压 $U_0$ 为 9.0～13.0V。

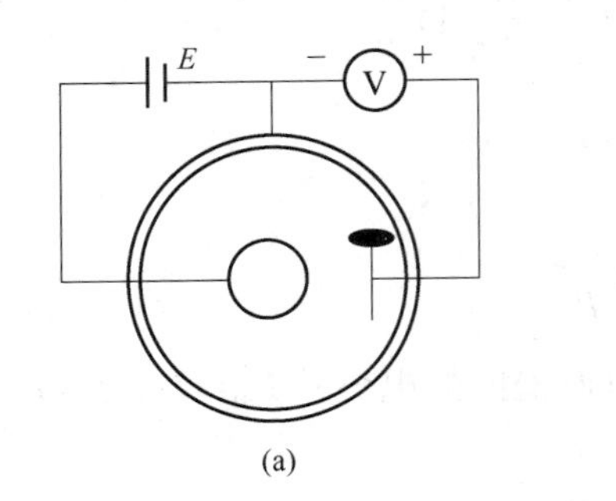


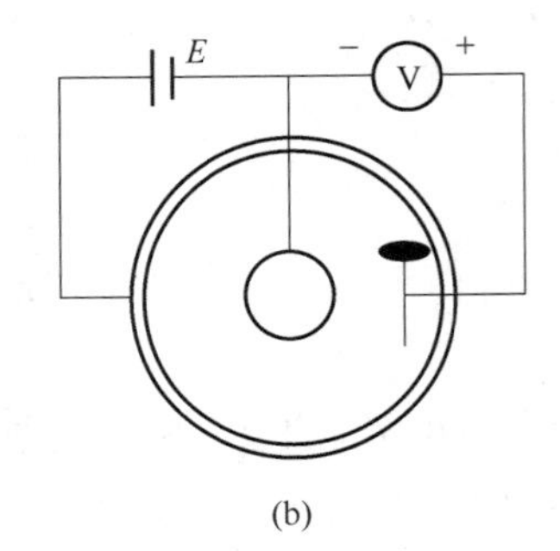


图 3.23　电路连接图

② 将记录纸铺平夹在描绘仪上层板上，将注入适量水的水槽置于描绘仪支架内。

③ 缓慢移动探针，在记录纸上压出电压表示值为 1.0V 的电位点。

④ 重复步骤③，在记录纸上压出电压表示值为 1.0V 的其他电位点，等电位点应有 12～16 个测试点，并保证各点分布均匀，以便绘图（下同）。

⑤ 按步骤③与④，分别在记录纸上按压出电压表示值为 1.0V、2.0V、3.0V、4.0V、5.0V、6.0V 的六组等电位点。

⑥ 用游标卡尺测出内圆柱的外半径 $R_1$ 和外圆环的内半径 $R_2$。

（2）测绘静电聚焦电极的电场分布

① 拆下同轴圆筒电极，换上聚焦电极，两极间电压仍保持 12.0V。

② 按照内容（1）的方法，分别在记录纸上压出电压表示值为 1V、3V、5V、7V、9V 的五组等电位点，要求同步骤（1）④。

【数据处理】

① 根据某一组等电位点找出圆心，依次绘出各条等位线，各等电位点应在等位圆内外均匀分布，并对称地画出 8 条电力线。

② 用游标卡尺量出各等位圆的半径，将测出的内圆柱和外圆环的半径及两极间的电压 $U_0$ 代入式（3.14）或式（3.15）中计算 $U_r$ 值，填入表 3.23。

表 3.23 同轴圆筒电极电场

$R_1=$ mm，$R_2=$ mm，$U_0=$ V

| $U_m$/V | 1.0 | 2.0 | 3.0 | 4.0 | 5.0 | 6.0 |
|---|---|---|---|---|---|---|
| $r$/cm | | | | | | |
| $\ln(R_2/r)$ 或 $\ln(r/R_1)$ | | | | | | |
| $U_r$/V | | | | | | |
| $\lvert U_m-U_r\rvert/U_r$（%） | | | | | | |

③ 描绘聚焦电极电场的等位线，并对称地画出 8 条电力线。

【思考题】

（1）为什么可以用恒定电流场来模拟静电场？

（2）如何由等位线画出电力线？

（3）如果两电极间电压增加一倍，等位线与电力线的形状是否变化？

（4）试分析产生误差的可能原因。

## 3.6 电桥法测电阻

电桥是用比较法测量各种电参量的仪表。由英国数学家塞缪尔·克里斯蒂（Samuel Hunter Christie）发明，1843 年经惠斯通（Charles Wheatstone）推广，将通过电桥的一个支路的电流与通过另一支路的已知电流进行比较来测定电阻。除电阻外，电桥还能测量其他电参量，视各桥臂中使用何种电学元件而定。将桥臂上的电感器和电容器适当地排列组合，可测量电感、电容和频率等。

常用的电桥有惠斯通电桥和开尔文电桥。前者也称单臂电桥，为适用于测量 $0.1\sim10^6\Omega$ 电阻的直流电桥，由被测电阻器和三个可变电阻器组成，可达到较高的准确度。惠斯通电桥有 4 个臂，它们一般是电阻性的。后者亦称双臂电桥，为测量低电阻（小于 $0.1\Omega$）用的直流电桥，它与惠斯通电桥的不同之处为：在构造上有六个支路，其可减小接线和接触电阻所产生的误差。

惠斯通电桥是由称为臂的四个支路组成的电路，四个臂中有一个电阻是未知量。在支路连接端的一条对角线中接入直流电源，在另一条对角线中接入检流计，称为桥支路。调节一个或几个支路的电阻，可使桥支路中无电流通过，此时称为电桥平衡。

交流电桥是在交流电源下工作的电桥，可以测量各种电磁量，一般在音频范围内使用。与直流单臂电桥不同之处是由电阻器、电容器和电感器组成各个桥臂，用以测量电感、品质因数、电容、介质损耗角正切、铁耗、频率等参数。

【实验目的】

① 了解惠斯通电桥的结构与工作原理。

② 学会用电桥测量电阻。

③ 学习一种消除系统误差的方法——交换测量法。

【实验原理】

惠斯通电桥又称直流单臂电桥，具有结构简单、测量方便、数据准确等优点，用它可以测量阻值在 $0.1\sim10^6\Omega$ 的电阻。电桥电路如图 3.24 所示。$R_1$ 和 $R_x$ 串联后与 $R_2$ 和 $R$ 串联后都接

入端电压为 $U$ 的电源 $E$ 上，一般情况下 $U_{CD}\neq 0$，检流计中有电流 $I_g$ 通过，称电桥处于非平衡状态。若 $C$、$D$ 两点电位相等，即 $U_{CD}=0$，$I_g=0$，此时电桥平衡，有 $U_C=U_D$、$I_1=I_x$、$I_2=I$，则 $R_1$ 与 $R_2$ 两端的电压分别为

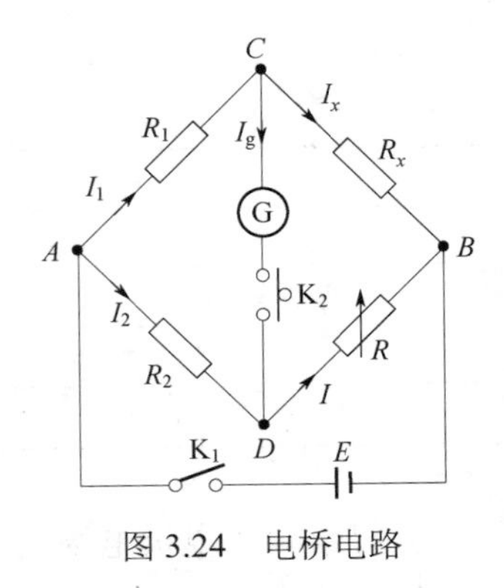

图 3.24　电桥电路

$$U_{AC}=R_1U/(R_1+R_x),\quad U_{AD}=R_2U/(R_2+R)$$

由此可求出 $C$、$D$ 两端的电压为 $U_{CD}=U_{AD}-U_{AC}$。

$$U_{CD}=\left(\frac{R_1}{R_1+R_x}-\frac{R_2}{R_2+R}\right)U$$

令 $U_{CD}=0$，可得

$$R_x=\frac{R_1}{R_2}R \tag{3.16}$$

式（3.16）为电桥的平衡条件。通过调节电阻 $R_1$、$R_2$ 和 $R$ 可使电桥平衡，当电桥平衡时，若 $R_1$、$R_2$、$R$ 或 $R_1/R_2$ 与 $R$ 均已知，即可求出待测电阻 $R_x$。电桥的四个臂，$R_x$ 叫作待测臂，$R$ 为比较臂，$R_1$、$R_2$ 称为比例臂，$R_1/R_2$ 称为比率（或倍率），用 $M$ 表示。

由式（3.16），当比率 $R_1/R_2$ 确定后，$R_x$ 由比较臂电阻 $R$ 决定。因此，用电桥测量电阻是将待测电阻与已知电阻进行比较，而由检流计指示平衡来完成的。由于可选择高灵敏度检流计，并使用标准电阻，所以惠斯通电桥测量电阻的准确度很高。

不过电桥的平衡是依据检流计指针是否指零来判断的。实际上检流计的灵敏度不可能无限提高，检流计电流 $I_g$ 小到难以使指针偏转或使人难以察觉时，便认为电桥达到平衡，这样会产生测量误差。这个误差取决于电桥灵敏度。

对于平衡电桥，若比较臂电阻 $R$ 的改变量为 $\Delta R$，检流计指针偏离平衡位置 $\Delta d$ 格，则电桥灵敏度定义为

$$\Gamma=\frac{\Delta d}{\Delta R} \tag{3.17}$$

式（3.17）反映了比较臂电阻 $R$ 改变单位阻值时引起检流计偏离零点的格数。显然，$\Gamma$ 值越大，检流计指针偏移零点越大，对电桥平衡的判断越容易，测量结果越准确。电桥灵敏度 $\Gamma$ 还可以表示为

$$\Gamma=\frac{\Delta d}{\Delta R}=\frac{\Delta d}{\Delta I_g}\times\frac{\Delta I_g}{\Delta R}=\Gamma_i\Gamma_L \tag{3.18}$$

式中，$\Gamma_i$ 为检流计的灵敏度；$\Gamma_L$ 为电桥电路的灵敏度。因此，若要提高电桥灵敏度，既要提高检流计灵敏度，又要提高电桥电路灵敏度，而电桥电路灵敏度与四个臂及电源电压 $U$ 有如下关系

$$\Gamma_L=\frac{R_1U}{R_g(R_1+R_x)(R_2+R)+\delta}$$

式中，$\delta=R_1R_2R+R_1RR_x+R_2RR_x+R_1R_2R_x$，于是电桥灵敏度为

$$\Gamma=\frac{\Gamma_iR_1U}{R_g(R_1+R_x)(R_2+R)+\delta} \tag{3.19}$$

因此，选用低内阻 $R_g$、高电流灵敏度 $\Gamma_i$ 的检流计，适当增加电桥工作电压 $U$，减小比较臂电阻 $R$，均有利于提高电桥灵敏度。

由式（3.16），若保持比率 $R_1/R_2$ 不变，交换 $R_x$ 和 $R$，则电桥平衡时，有

$$R' = \frac{R_1}{R_2} R_x$$

于是

$$R_x = \sqrt{RR'} \tag{3.20}$$

由于式（3.20）中没有 $R_1$ 和 $R_2$，消除了由于 $R_1$ 和 $R_2$ 数值不准引起的系统误差。这种将测量中的某些条件相互交换，使产生系统误差的原因对测量结果起相反作用，从而抵消或减小系统误差的方法叫作交换测量法，简称交换法，它是处理系统误差的基本方法之一。

**【实验仪器】**

箱式电桥，自制简易电桥，电阻箱，检流计，直流稳压电源，待测电阻器等。

（1）简易电桥

图 3.25 为简易电桥电路，在一块长方形绝缘板上装有接线柱，用于连接桥臂电阻器。为减小接触电阻和导线电阻的影响，各接头之间用铜片连接，$R_x$ 为待测电阻器。$R_1$、$R_2$ 和 $R$ 都用旋转式电阻箱。各接线柱的作用已在图板上标出，电源 $E$ 由直流稳压电源供给。

（2）箱式电桥

本实验所用箱式电桥为 QJ47 型直流单双臂两用电桥，它既可作单臂电桥使用，测量 0.1～$10^6\Omega$ 的电阻，又可作双臂电桥使用，测量 $10^{-5}$～$0.1\Omega$ 的低电阻，其面板结构见图 3.26。

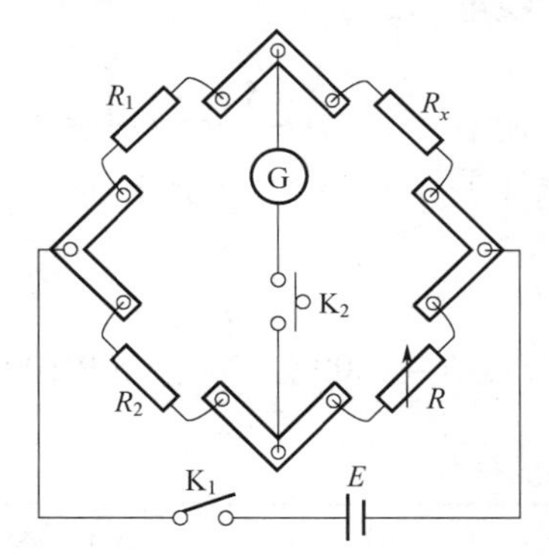


图 3.25　简易电桥电路

图 3.26　箱式电桥面板结构

（3）单臂电桥使用方法

首先接通电源，其次打开电桥后面的开关，面板上电源指示灯亮起。

① 将 K 置于“内接”，按下 BO 按钮，将“灵敏度”旋钮逆时针旋转，使检流计灵敏度降至最低。

② 调节“调零”旋钮，使检流计指零，并预热 5～15 分钟。

③ 将待测电阻器连接到 $R_x$ 两端。

④ 将 S 置于“单”，由表 3.24，选择合适的比率 $\Gamma$ 和 $R$ 的估计值。

⑤ 接通 GO，调节 $R$ 的 5 个度盘，使检流计指零；然后顺时针调节“灵敏度”旋钮，提高灵敏度，接着调节度盘末位旋钮（×0.01），使检流计再次指零。

⑥ 测量电桥灵敏度：电桥平衡后，调节 $R$ 末位度盘，使 $R$ 改变 $\Delta R$，读出检流计指针偏离的格数，由式（3.18）计算电桥灵敏度。

⑦ 关闭 GO，再关闭 BO，最后将 K 置于“外接”。

⑧ 被测电阻值为 $R_x$＝M$R$（Ω）。

**表 3.24　$R_x$、S、M、$R$ 和准确度等级的关系**

<table>
<tr><th>$R_x$/Ω</th><th>S</th><th>M</th><th>$R$/Ω</th><th>准确度等级</th></tr>
<tr><td>1～10</td><td rowspan="6">单</td><td>$10^{-1}$</td><td rowspan="6">10～$10^3$</td><td rowspan="5">0.05</td></tr>
<tr><td>10～$10^2$</td><td>100/100</td></tr>
<tr><td>$10^2$～$10^3$</td><td>1000/1000</td></tr>
<tr><td>$10^3$～$10^4$</td><td>10</td></tr>
<tr><td>$10^4$～$10^5$</td><td>100</td></tr>
<tr><td>$10^5$～$10^6$</td><td>1000</td><td>0.2</td></tr>
</table>

（4）双臂电桥使用方法

① 测量低值电阻时，将 S 置于≤0.1 挡，且应使用外接 2V 电源或 1.5V 电池。

② 按“单臂电桥使用方法”之（3）①～③调节和操作。

③ 据待测电阻大小，选择表 3.25 中合适的 S 和 $R$ 的估计值。M 仅能置于 100/100 或 1000/1000 挡。

④ 按图 3.27 连接待测电阻 $R_x$，C1、P1、P2 和 C2 各导线电阻应不大于 0.01 Ω。

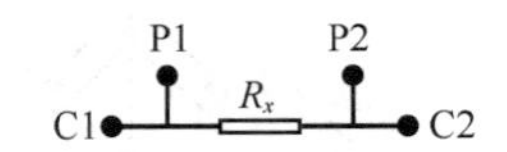

图 3.27　待测电阻接线端

⑤ 接通 BO，调节 $R$ 的 5 个度盘，使检流计指零；然后调节“灵敏度”旋钮，提高灵敏度，接着调节 $R$ 末位旋钮，使检流计再次指零。

⑥ 先关闭 GO，再关闭 BO，最后将 K 置于“外接”。

⑦ 被测电阻 $R_x$＝S$R$(Ω)，式中，$R$＝100 Ω（M＝100/100）或 $R$＝1000 Ω（M＝1000/1000）。

**表 3.25　$R_x$、S、M、$R$ 和准确度等级的关系**

<table>
<tr><th>$R_x$/Ω</th><th>S</th><th>M</th><th>$R$/Ω</th><th>准确度等级</th></tr>
<tr><td>$10^2$</td><td>10</td><td rowspan="5">100/100</td><td>$10^3$</td><td rowspan="5">0.05</td></tr>
<tr><td>10</td><td>10</td><td rowspan="4">$10^2$～$10^3$</td></tr>
<tr><td>1</td><td>1</td></tr>
<tr><td>$10^{-1}$</td><td>$10^{-1}$</td></tr>
<tr><td>$10^{-2}$</td><td>$10^{-2}$</td></tr>
<tr><td>$10^{-3}$</td><td>$10^{-2}$</td><td>1000/1000</td><td>$10^2$</td><td>0.2</td></tr>
</table>

**【实验内容】**

（1）用箱式电桥测量电阻

测量两个电阻器阻值和串、并联等效电阻值。注意选择合适的比率，保持测量值有较多的有效数字。将测量结果填入表 3.26 中。

（2）测量箱式电桥灵敏度

在测量上述电阻时，电桥达到平衡后，使 $R$ 变化 $\Delta R$，读出检流计指针偏离的格数 $\Delta d$，记录比较臂电阻变化量 $\Delta R$ 和 $\Delta d$，由式（3.18）计算电桥灵敏度。

（3）用自组简易电桥测量电阻

① 按图 3.24 连接线路，$R_1$、$R_2$、$R$ 均为电阻箱。

② 校准检流计零点，调节电源输出电压为 6V，正确选择比例臂电阻 $R_1$、$R_2$，以保证测量值有足够多的有效数字。

③ 接通 $K_1$，再接通 $K_2$，调节电桥平衡，记录电阻箱 $R$ 的示值到表 3.26 中。

④ 交换 $R$ 和 $R_x$ 位置，调节 $R$ 使电桥平衡，$R$ 记为 $R'$，将数值填入表 3.27 中。由式（3.20）计算 $R_x$ 值。

⑤ 测量电桥灵敏度。在上述步骤③或④，当电桥平衡后，使 $R$ 变化 $\Delta R$，读出检流计指针偏离格数 $\Delta d$ 和 $\Delta R$，由式（3.18）计算自组电桥灵敏度。

**表 3.26 $R_{x1}$、$R_{x2}$、$R_s$、$R_{th}$ 测量值**

| $R_x/\Omega$ | 比率 | $R/\Omega$ | $\Delta R/\Omega$ | $\Delta d$/格 | $\Gamma$ /（格/Ω） |
|---|---|---|---|---|---|
| $R_{x1}$ | | | | | |
| $R_{x2}$ | | | | | |
| $R_s$ | | | | | |
| $R_{th}$ | | | | | |

**表 3.27 $R_{x1}$、$R_{x2}$ 测量值**

| $R_x/\Omega$ | 比率 | $R/\Omega$ | $R'/\Omega$ | $\Delta R/\Omega$ | $\Delta d$/格 | $\Gamma$ /（格/Ω） |
|---|---|---|---|---|---|---|
| $R_{x1}$ | | | | | | |
| $R_{x2}$ | | | | | | |

**【注意事项】**

① 使用电桥时，应先接通 BO，再接通 GO；关闭电桥时，应先关闭 GO，后关闭 BO。

② 调节调零旋钮时，如发现检流计指针偏转缓慢，应更换新电池（9V 叠层电池一节）。

③ 当电桥平衡时，若改变比较臂电阻 $R$ 的 0.05%，检流计指针应偏转一格，否则应考虑所用电源电压是否合适。

**【数据处理】**

① 计算电阻值与误差，并写出测量结果表达式。

用箱式电桥测量电阻，其误差可以表示为 $\Delta R_x = R_x \times a\%$，式中 $a$ 为电桥准确度等级，QJ47 型电桥 $a=0.05$。

用自组电桥测电阻时的误差近似为 $\Delta R_x / R_x = a\%$，$a$ 为电阻箱准确度等级，对于 ZX-21、ZX-36 电阻箱，$a$ 均为 0.1。

② 根据式（3.18）计算电桥灵敏度，分别填入表 3.26 和表 3.27。

【思考题】

(1) 惠斯通电桥是一种用________法测量电阻的仪器，当桥支路电流 $I_g$ 为____时，电桥达到平衡，其平衡条件是__________。按__________大小选择________，选择比例臂的原则是________________________。调节________使电桥平衡，由 $R_x$=______计算被测电阻。

(2) 使用惠斯通电桥测量电阻时，线路连接无误，合上开关，调节比较臂电阻 $R$。

① 无论怎样调节，检流计指针都不动，线路中什么地方可能有故障？

② 无论如何调节，检流计指针始终向一边偏转，线路中什么地方有故障？

(3) 在图 3.24 中，若 $R_1$=90.9 Ω，$R_2$=909 Ω，$R_x$=410 Ω，$R$=405 Ω，$U$=4.5V，一只内阻 $R_g$=50 Ω、电流灵敏度为 0.4mm/μA 的指针式检流计接在 $C$、$D$ 两端。

① $C$、$D$ 之间的等效电压是多少？

② 因电桥不平衡引起检流计的偏转有多大？

(4) 如果不知道被测电阻的大小，试分析如何通过 M 和 R 的设置，测出被测电阻的大小。

## 3.7 示波器的使用

示波器是显示某些随时间变化的物理量（如电压、电流等）波形的仪器。示波器可分为模拟示波器、数字示波器与混合示波器三种。

示波器可以精确地再现时间和电压幅度的函数波形，可以即时地观察电压幅度相对时间的变化情况，从而获得波形的信息，如幅度和频率、不同波形时间和相位的关系等。

在概念上，模拟示波器和数字示波器的测量目标是相同的，而实际结构上它们的内部采用的技术不同。

【实验目的】

① 了解示波器的基本结构和工作原理。

② 学习示波器与信号发生器的使用方法。

③ 学会用示波器观察各种信号的波形。

④ 学习测量正弦交流信号电压与频率的方法。

【实验原理】

模拟示波器（图 3.28）内部会产生周期性的锯齿波信号来控制荧光屏电子枪的水平偏转，被测的电压信号经过放大后控制荧光屏电子枪的垂直偏转。这样一来，光斑或者亮线就清楚地显示在荧光屏上了，即波形。

数字示波器（图 3.29）波形首先要通过探头，经由前端的放大器进行放大，之后由模数转换单元进行转换，进而存储到采集内存中，然后显示到显示器上。在这一整个过程中，波形并不是实时呈现在屏幕上的，而是经过采集内存之后又呈现出来的。

示波器的使用：

(1) 连接电源

(2) 开机检查

当示波器处于通电状态时，按示波器上方的电源键即可启动示波器。开机过程中示波器执行一系列自检，您可以听到继电器切换的声音。自检结束后出现开机画面。

(3) 连接探头

① 将探头的 BNC 端连接到前面板的通道 BNC 连接器。

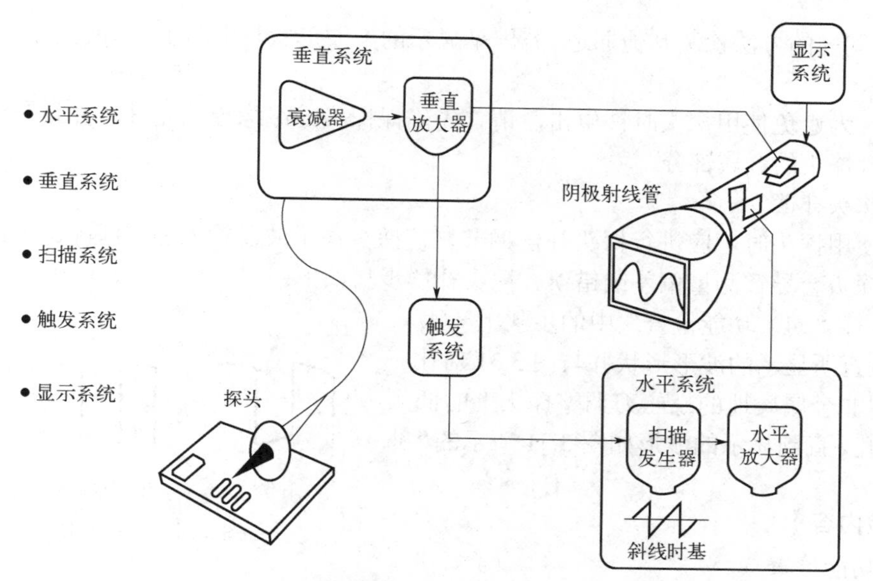


图 3.28　模拟示波器组成

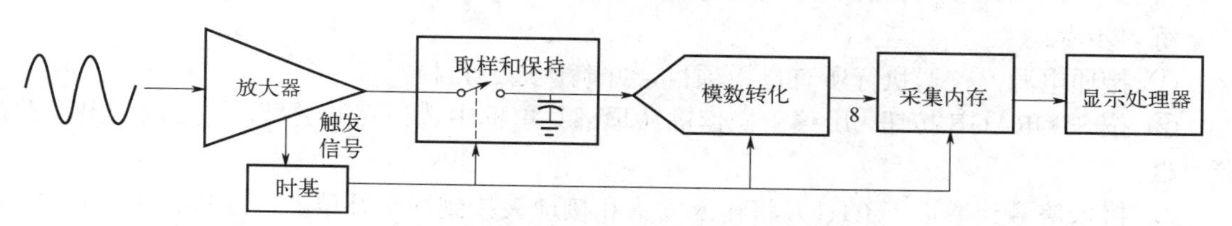


图 3.29　数字示波器的组成

② 将探针连接至待测电路测试点中，并将探头接地鳄鱼夹连接至电路接地端。

（4）功能检查

① 按 Default Setup 将示波器恢复为默认设置。

② 将探头的接地鳄鱼夹与探头补偿信号输出端下面的“接地端”相连。

③ 使用探头连接示波器的通道输入端，探头另一端连接探头元件。

④ 按“AUTO”键。

⑤ 观察示波器显示屏上的波形，正常情况下应显示图 3.30 所示波形。

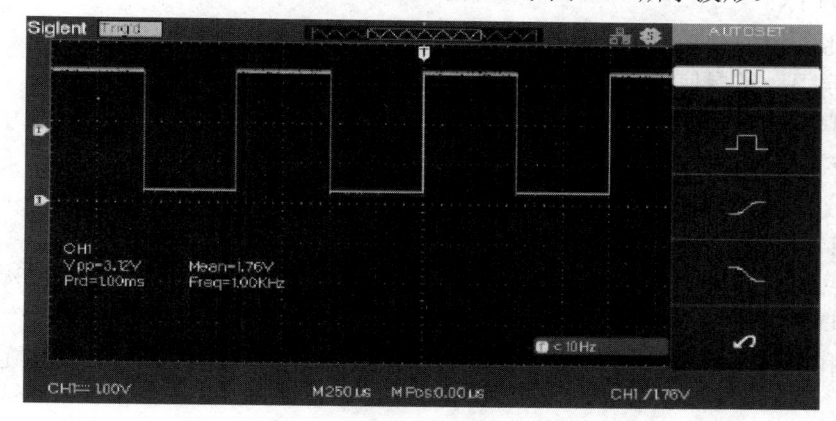


图 3.30　波形

⑥ 用同样的方法检测其他通道。若屏幕显示的方波形状与上图不符，请执行以下内容“探头补偿”。

注意：为避免使用探头时被电击，请首先确保探头的绝缘导线完好，并且在连接高压源时不要接触探头的金属部分。

（5）探头补偿

首次使用探头时，应进行探头补偿调节，使探头与示波器输入通道匹配。未经补偿或补偿偏差的探头会导致测量偏差或错误。探头补偿步骤如下：

① 执行“（4）功能检查”中的步骤①～④。

② 检查所显示的波形形状并与图 3.31 对比。

③ 用非金属质地的螺丝刀调整探头上的低频补偿调节孔，直到显示的波形如图 3.31 所示的“补偿适当”。

图 3.31 探头补偿显示波形

**【实验内容】**

（1）功能检查

目的：做一次快速功能检查，以核实本仪器运行是否正常。

练习步骤：

① 接通电源，仪器执行所有自检项目，并确认通过自检；

② 按 STORAGE 按钮，用菜单操作键从顶部菜单框中选择存储类型，然后调出出厂设置菜单框；

③ 接入信号到通道 1(CH1)，将输入探头和接地夹接到探头补偿器的连接器上，按 AUTO（自动设置）按钮，几秒钟内，可见到方波显示（1kHz，约 3V，峰峰值）；

④ 设置示波器探头衰减系数，此衰减系数改变仪器的垂直挡位比例，从而使得测量结果正确反映被测信号的电平（默认的探头菜单系数设定值为 10X），设置方法如下：按 CH1 功能键显示通道 1 的操作菜单，应用与“探头”项目平行的 3 号菜单操作键，选择与使用的探头同比例的衰减系数；

⑤ 以同样的方法检查通道 2（CH2）。按 OFF 功能按钮以关闭 CH1，按 CH2 功能按钮以打开通道 2，重复步骤③和④。

提示：示波器一开机，调出出厂设置，可以恢复正常运行，实验室使用开路电缆，探头衰减系数应设为 1X。

（2）波形显示的自动设置

目的：学习、掌握使用自动设置的方法。

练习步骤：

① 将被测信号（自身校正信号）连接到信号输入通道；

② 按下 AUTO 按钮；

③ 示波器将自动设置垂直、水平和触发控制。

提示：应用自动设置要求被测信号的频率大于或等于 50Hz，占空比大于 1%。

（3）垂直系统的练习

目的：利用示波器自带校正信号，了解垂直控制区（VERTICAL）的按键旋钮对信号的作用。

练习步骤：

① 将CH1或CH2的输入连线接到探头补偿器的连接器上；

② 按下AUTO按钮，波形清晰显示于屏幕上；

③ 转动垂直POSITION旋钮，只是通道的标识跟随波形而上下移动；

④ 转动垂直SCALE旋钮，改变“Volt/div”垂直挡位，可以发现状态栏对应通道的挡位显示发生了相应的变化，按下垂直SCALE旋钮，可设置输入通道的粗调/细调状态；

⑤ 按CH1、CH2、MATH、REF，屏幕显示对应通道的操作菜单、标志、波形和挡位状态信息，按OFF按键，关闭当前选择的通道。

提示：OFF按键具备关闭菜单的功能，当菜单未隐藏时，按OFF按键可快速关闭菜单，如果在按CH1或CH2后立即按OFF，则同时关闭菜单和相应的通道。

（4）CH1、CH2通道设置

目的：学习、掌握示波器的通道设置方法，搞清通道耦合对信号显示的影响。

练习步骤：

① 在CH1接入一含有直流偏置的正弦信号，关闭CH2通道；

② 按CH1功能键，系统显示CH1通道的操作菜单；

③ 按耦合→交流，设置为交流耦合方式，被测信号含有的直流分量被阻隔，波形显示在屏幕中央，波形以零线标记上下对称，屏幕左下方出现交流耦合状态标志“CH1～”；

④ 按耦合→直流，设置为直流耦合方式，被测信号含有的直流分量和交流分量都可以通过，波形显示偏离屏幕中央，波形不以零线为标记上下对称，屏幕左下方出现直流耦合状态标志“CH1—”；

⑤ 按耦合→接地，设置为接地方式，被测信号都被阻隔，波形显示为一零直线，左下方出现接地耦合状态标志“CH1”。

提示：每次按AUTO按钮，系统默认交流耦合方式，CH2的设置同样如此。交流耦合方式方便您用更高的灵敏度显示信号的交流分量，常用于观测模电的信号。直流耦合方式可以通过观察波形与信号地之间的差距来快速测量信号的直流分量，常用于观察数电波形。

（5）带宽限制设置

目的：学习、掌握通道带宽限制的设置方法。

练习步骤：

① 在CH1接入正弦信号，$f$=1kHz，幅度为几毫伏；

② 按CH1→带宽限制→关闭，设置带宽限制为关闭状态，被测信号含有的高频干扰信号可以通过，波形显示不清晰，比较粗；

③ 按CH1→带宽限制→打开，设置带宽限制为打开状态，被测信号含有的大于20MHz的高频信号被阻隔，波形显示变得相对清晰，屏幕左下方出现带宽限制标记“B”。

提示：带宽限制打开相当于输入通道接入一个20MHz的低通滤波器，对高频干扰起到阻隔作用，在观察小信号或含有高频振荡的信号时常用到。

（6）探头衰减系数设置

目的：学习、掌握探头衰减系数的设置。

练习步骤：

① 在CH1通道接入校正信号；

② 按探头改变探头衰减系数分别为1×、10×，观察波形幅度的变化。

提示：探头衰减系数的变化，带来屏幕左下方垂直挡位的变化，10X表示观察的信号扩大了 10 倍。这一项设置应该与输入电缆探头的衰减比例实际设定一致，如探头衰减比例为 10∶1，则这里应设成 10×，以避免显示的挡位信息和测量的数据发生错误，示波器用开路电缆接入信号，则设为 1×。

（7）确定垂直挡位

目的：学习、掌握挡位调节的设置方法。

练习步骤：

① 在 CH1 接入校正信号；

② 改变挡位调节为粗调；

③ 调节垂直 SCALE 旋钮，观察波形变化情况，粗调是以 1—2—5 方式步进确定垂直挡位灵敏度；

④ 改变挡位调节为细调；

⑤ 调节垂直 SCALE 旋钮，观察波形变化情况。细调是指在当前垂直挡位范围内进一步调整。如果输入的波形幅度在当前挡位略大于满刻度，而下一挡位波形显示幅度又稍低，可以应用细调改善波形显示幅度，以利于信号细节的观察。

提示：切换细调/粗调，不但可以通过此菜单操作，更可以通过按下垂直 SCALE 旋钮作为设置输入通道的粗调/细调状态的快捷键。

（8）波形反相的设置

目的：学习、掌握波形反相的设置方法。

练习步骤：

① CH1、CH2 通道都接入校正信号，并稳定显示于屏幕中；

② 按 CH1、CH2 反相→关闭（默认值），比较两波形，应为同相；

③ 按 CH1 或 CH2 中的一个，反相→打开，比较两波形，相位应相差 180°。

提示：波形反相是指显示的信号相对地电位翻转 180°，其实质未变，在观察两个信号的相位关系时，要注意这个设置，两通道应选择一致。

（9）水平系统的练习

目的：学习、掌握水平控制区（HORIZIONTAL）按键、旋钮的使用方法。

练习步骤：

① 在 CH1 接入校正信号；

② 旋转水平 SCALE 旋钮，改变挡位设置，观察屏幕右下方“Time——”的信息变化；

③ 使用水平 POSITION 旋钮调整信号在波形窗口的水平位置；

④ 按 MENU 按钮，显示 TIME 菜单，在此菜单下，可以开启/关闭延迟扫描或切换 Y—T、X—T 显示模式，还可以设置水平 POSITION 旋钮的触发位移或触发释抑模式。

提示：转动水平 SCALE 旋钮，改变“s/div”水平挡位，可以发现状态栏对应通道的挡位显示发生了相应的变化，水平扫描速度以 1—2—5 的形式步进。

水平 POSITION 旋钮控制信号的触发位移，转动水平 POSITION 旋钮时，可以观察到波形随旋钮而水平移动，实际上水平移动了触发点。

触发释抑：指重新启动触发电路的时间间隔。转动水平 POSITION 旋钮，可以设置触发释抑时间。

（10）触发系统的练习

目的：学习、掌握触发控制区一个旋钮、三个按键的功能。

练习步骤：

① 在CH1接入校正信号；

② 使用LEVEL旋钮改变触发电平设置；

使用LEVEL旋钮，屏幕上出现一条黑色的触发线以及触发标志，随旋钮转动而上下移动，停止转动旋钮，此触发线和触发标志会在几秒后消失，在移动触发线的同时可观察到屏幕上触发电平的数值或百分比显示发生了变化，要波形稳定显示一定要使触发线在信号波形范围内；

③ 使用MENU跳出触发操作菜单，改变触发的设置，一般使用如下设置："触发类型"为边沿触发，"信源选择"为CH1，"边沿类型"为上升沿，"触发方式"为自动，"耦合"为直流；

④ 按FORCE按钮，强制产生一触发信号，主要应用于触发方式中的"普通"和"单次模式"；

⑤ 按50%按钮，设定触发电平在触发信号幅值的垂直中点。

提示：改变"触发类型""信源选择""边沿类型"的设置，会导致屏幕右上角状态栏的变化。触发可从多种信源得到：输入通道（CH1、CH2）、外部触发[EXT、EXT/5、EXT（50）]、ACline（市电）。最常用的触发信源是输入通道，当CH1、CH2都有信号输入时，被选中作为触发信源的通道无论其输入是否被显示都能正常工作。但当只有一路输入时，则要选择有信号输入的那一路，否则波形难以稳定。

外部触发可用于在两个通道上采集数据的同时，在EXT TRIG通道上外接触发信号。

ACline可用于显示信号与动力电之间的关系，示波器采用交流电源（50Hz）作为触发源，触发电平设定为0V，不可调节。

（11）触发方式的三种功能

目的：学习触发菜单中"触发方式"的三种功能。

练习步骤：

① 在通道1接入校正信号；

② 按"触发方式"为自动。这种触发方式使得示波器即使在没有检测到触发条件的情况下也能采集波形，示波器强制触发显示有波形，但可能不稳定；

③ 按"触发方式"为普通。在普通触发方式下，只有触发条件满足时，才能采集到波形，在没有触发时，示波器将显示原有波形而等待触发；

④ 按"触发方式"为单次。在单次触发方式下，按一次RUN/STOP按钮，示波器等待触发，当示波器检测到一次触发时，采样并显示一个波形，采样停止，但随后的信号变化就不能实时反映。

提示：在自动触发，当强制进行无效触发时，示波器虽然显示波形，但不能使波形同步，显示的波形将不稳定，当有效触发发生时，显示器上的波形才稳定。

（12）采样系统的设置

目的：学习和掌握采样系统的正确使用。

练习步骤：

① 在通道1接入几毫伏的正弦信号；

② 在MENU控制区，按采样设置钮ACQUIRE；

③ 在弹出的菜单中，选"获取方式"为普通，则观察到的波形显示含噪声；

④ 选"获取方式"为平均，并加大平均次数，若为64次平均，则波形去除噪声影响，明

显清晰；

⑤ 选“获取方式”为模拟，则波形显示接近模拟示波器的效果。

选“获取方式”为峰值检测，则采集采样间隔信号的最大值和最小值，获取此信号好的包络或可能丢失的窄脉冲，包络之间的密集信号用斜线表示。

提示：观察单次信号选用实时采样方式，观察高频周期信号选用等效采样方式，希望观察信号的包络选用峰值检测方式，期望减少所显示信号的随机噪声，选用平均采样方式，观察低频信号，选择滚动模式，希望避免波形混淆，打开混淆抑制。

（13）显示系统的设置

目的：学习、掌握数字示波器显示系统的设置方法。

练习步骤：

① 在 MENU 控制区，按显示系统设置钮 DISPLAY；

② 通过菜单控制调整显示方式；

③ 显示类型为矢量，则采样点之间通过连线的方式显示，一般都采用这种方式；

④ 显示类型为点，则直接显示采样点；

⑤ 屏幕网格的选择改变屏幕背景的显示；

⑥ 屏幕对比度的调节改变显示的清晰度。

（14）辅助系统功能的设置

目的：学习、掌握数字示波器辅助功能的设置方法。

练习步骤：

① 在 MENU 控制区，按辅助系统设置钮 UTILITY；

② 通过菜单控制调整接口设置、声音、语言等；

③ 进行自校正、自测试、波形录制等。

（15）迅速显示一未知信号

目的：学习、掌握数字示波器的基本操作。

练习步骤：

① 将探头菜单衰减系数设定为 10×；

② 将 CH1 的探头连接到电路被测点；

③ 按下 AUTO（自动设置）按钮；

④ 按 CH2—OFF，MATH—OFF，REF—OFF；

⑤ 示波器将自动设置，使波形显示达到最佳。

在此基础上，可以进一步调节垂直、水平挡位，直至波形显示符合要求。

提示：被测信号连接到某一路进行显示，其他应关闭，否则，有一些不相关的信号出现。

（16）观察幅度较小的正弦信号

目的：学习、掌握数字示波器观察小信号的方法。

练习步骤：

① 将探头菜单衰减系数设定为 10×；

② 将 CH1 的探头连接到正弦信号发生器（峰-峰值为几毫伏，频率为几千赫兹）；

③ 按下 AUTO（自动设置）按钮；

④ 按 CH2—OFF，MATH—OFF，REF—OFF；

⑤ 按下信源选择选相应的信源 CH1；

⑥ 打开带宽限制为 20M；

⑦ 采样选平均采样；

⑧ 触发菜单中的耦合选高频抑制。

在此基础上，可以进一步调节垂直、水平挡位，直至波形显示符合要求。

提示：观察小信号时，带宽限制为 20M、高频抑制都是减小高频干扰；平均采样取的是多次采样的平均值，次数越多越清楚，但实时性较差。

（17）自动测量信号的电压参数

目的：学习、掌握信号的电压参数的测量方法。

练习步骤：

① 在通道 1 接入校正信号；

② 按下 MEASURE 按钮，以显示自动测量菜单；

③ 按下信源选择选相应的信源 CH1；

④ 按下电压测量选择测量类型。

在电压测量类型下，可以进行峰峰值、最大值、最小值、平均值、幅度、顶端值、底端值、均方根值、过冲值、预冲值的自动测量。

提示：电压测量分三页，屏幕下方最多可同时显示三个数据，当显示已满时，新的测量结果会导致原显示左移，从而将原屏幕最左的数据挤出屏幕之外。

按下相应的测量参数，在屏幕的下方就会有显示。

信源选择指设置被测信号的输入通道。

（18）自动测量信号的时间参数

目的：学习、掌握示波器的时间参数测量方法。

练习步骤：

① 在通道 1 接入校正信号；

② 按下 MEASURE 按钮，以显示自动测量菜单；

③ 按下信源选择选相应的信源 CH1；

④ 按下时间测量选择测量类型。

在时间测量类型下，可以进行频率、时间、上升时间、下降时间、正脉宽、负脉宽、正占空比、负占空比、延迟 1—2 上升沿、延迟 1—2 下降沿的测量。

提示：时间测量分三页，按下相应的测量参数，在屏幕的下方就会有该显示。延迟 1—2 上升沿是指测量信号在上升沿处的延迟时间，同样，延迟 1—2 下降沿是指测量信号在下降沿处的延迟时间。若显示的数据为“*****”，表明在当前的设置下此参数不可测，或显示的信号超出屏幕之外，需手动调整垂直或水平挡位，直到波形显示符合要求。

（19）观察两不同频率信号

目的：学习、掌握示波器双踪显示的方法。

练习步骤：

① 设置探头和示波器通道的探头衰减系数相同；

② 将示波器通道 CH1、CH2 分别与两信号相连；

③ 按下 AUTO 按钮；

④ 调整水平、垂直挡位直至波形显示满足测试要求；

⑤ 按 CH1 按钮，选通道 1，旋转垂直（VERTICAL）区域的垂直 POSITION 旋钮，调整

通道 1 波形的垂直位置；

⑥ 按 CH2 按钮，选通道 2，调整通道 2 波形的垂直位置，使通道 1、2 的波形既不重叠在一起，又利于观察比较。

提示：双踪显示时，可采用单次触发，得到稳定的波形，触发源选择长周期信号，或幅度稍大、信号稳定的那一路。

（20）调试李萨如图形

目的：学习、掌握相互垂直的两个信号的叠加。

练习步骤：

① 设置探头和示波器通道的探头衰减系数相同；

② 将示波器通道 CH1、CH2 分别与表格中给定的信号相连；

③ 按下 DISPLAY 按钮，在 MENU 里选择 XY；

④ 调出稳定的李萨如图形，填表。

**【数据处理】**

（1）电压测量

输入正弦波，相关数据记录于表 3.28。

**表 3.28　电压测量**

| 输入 Vpp | 2.0V | 4.0V | 5.0V |
|---|---|---|---|
| Volts/Div | | | |
| Vpp | | | |
| Vp | | | |

注意：探头衰减和示波器通道倍数一致。例：$\text{Vpp} = 500\text{mV}/\text{Div} \times 4.0\text{Div} = 2.0\text{V}$，$\text{Vp} = 0.5 \times \text{Vpp} = 1.0\text{V}$。

（2）周期和频率测量

相关数据记录于表 3.29。

**表 3.29　周期和频率测量**

| 输入频率 | 500Hz | 800Hz | 1000Hz |
|---|---|---|---|
| Time/Div | | | |
| Div | | | |
| Period | | | |
| Frequency | | | |

例：$\text{Period} = 500\mu\text{s}/\text{Div} \times 4.0\text{Div} = 2.0\text{ms}$，$\text{Frequency} = 1/\text{Period} = 1/2.0\text{ms} = 500\text{Hz}$。

（3）绘制李萨如图形

两个沿着互相垂直方向的正弦振动的，如果两个方向上的频率成简单整数比，就能合成规则的、稳定的闭合曲线，见表 3.30。李萨如图形与振动频率之间有如下关系：

$$\frac{f_y}{f_x} = \frac{n_x}{n_y}$$

表 3.30 李萨如图形

| $f_x : f_y$ | 1∶1 | 1∶2 | 1∶4 | | 2∶3 | | 3∶2 | |
|---|---|---|---|---|---|---|---|---|
| 李萨如图形 |  |  |  | 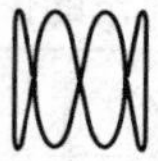 | 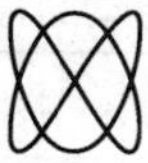 | 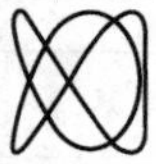 | 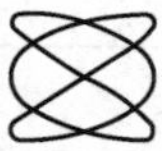 |  |

其中 $n_x$ 为平行于 $x$ 轴方向的切线与图形的切点个数；$n_y$ 为平行于 $y$ 轴方向的切线与图形的切点个数。在电工、无线电技术中，常利用示波器来观察李萨如图形，并用以测定两个信号的频率比与相位差，见表 3.31。

表 3.31 李萨如图形记录表

| 项目 | 0° | 45° | 90° | 135° | 180° |
|---|---|---|---|---|---|
| 1∶1 | | | | | |
| 2∶1 | | | | | |
| 3∶1 | | | | | |
| 3∶2 | | | | | |
| 3∶4 | | | | | |
| 2∶3 | | | | | |

（4）自动测量（MEASURE）

用两端均为 BNC 端口的导线连接函数信号发生器的 CH1 和数字示波器 CH1。将函数信号发生器的 CH1 的输出设为：脉冲信号、频率 200Hz、Vpp 为 5V、占空比 10%。

① 电压测量：

按下示波器 AUTO 按钮，使信号在屏幕上稳定显示。

按下 MEASURE 进入自动测量功能菜单。

按下全部测量，进入全部测量菜单。

在信源菜单选择信号输入通道（本实验选择 CH1）。

在电压测试菜单选择开启，此时如表 3.32 所列的电压参数值会同时显示在屏幕上，请在表中记录结果。

表 3.32 电压测试

| 名称 | 测量结果 | 物理意义 | 名称 | 测量结果 | 物理意义 |
|---|---|---|---|---|---|
| Vpp | | 峰峰值 | Vamp | | 幅值 |
| Vmin | | 最小值 | Vmax | | 最大值 |
| Vbase | | 底端值 | Vmea | | 周期平均值 |
| Vrms | | 均方根 | Crms | | 周期均方根 |
| Mean | | 平均值 | Vtop | | 顶端值 |

② 时间测量：类似上述操作，在时间测试菜单选择开启，此时所有的时间参数值会同时

显示在屏幕上，请在表 3.33 中记录结果。

**表 3.33　自动测量所显示的信号的时间特性相关参数**

| 名称 | 测量结果 | 物理意义 | 名称 | 测量结果 | 物理意义 |
|---|---|---|---|---|---|
| Prd | | 周期 | Freq | | 频率 |
| +Wid | | 正脉宽 | −Wid | | 负脉宽 |
| Rise | | 上升时间 | Fall | | 下降时间 |
| BWid | | 脉宽 | +Dut | | 正占空比 |
| −Dut | | 负占空比 | | | |

（5）光标测量（CURSORS）

① 手动光标测量方式。

仪器接线如内容（4），函数信号发生器输出设为 500Hz、5V 的三角波信号。

按下 AUTO，信号在屏幕上稳定显示；

按下 CURSORS 按钮，显示光标菜单；

按下光标模式选择手动；

按下信源选择待测通道（本实验选择 CH1）；

按下类型选择电压或时间。

选择 CurA，旋转万能旋钮调节光标 A 的位置；选择 CurB，旋转万能旋钮调节光标 B 的位置。

相关数据记录于表 3.34。

**表 3.34　光标测量的数据记录表**

| 待测量 | 名称 | 测量结果 | 物理意义 |
|---|---|---|---|
| 峰峰值 | CurA | | 光标 A 的值 |
| | CurB | | 光标 B 的值 |
| | $\Delta V$ | | 光标 A 和光标 B 间的电压增量 |
| 周期 | CurA | | 光标 A 的值 |
| | CurB | | 光标 B 的值 |
| | $\Delta T$ | | 光标 A 和光标 B 间的时间增量 |
| | $1/\Delta T$ | | 光标 A 和光标 B 间的时间增量的倒数 |

② 光标追踪测量方式（相位差测量）。用两条 BNC 同轴电缆将函数信号发生器的两电压输出端分别与示波器的信号输入端 CH1 和 CH2 连接起来。信号发生器的两路正弦输出信号分别设为：50Hz、10V、相位 0°；50Hz、10V、相位 60°。

【思考题】

（1）首次使用探头前为什么要进行补偿？

（2）待测信号输入示波器后，图形杂乱或不稳定，应如何调节才能使图形清晰稳定？

（3）测量信号的所有参数的步骤是什么？

（4）观察李萨如图形时，相互垂直的两个正弦信号频率相同，屏幕上的图形还在不停转动，如何调节才能使图形稳定？

## 3.8 电位差计的使用

电位差计亦称补偿器。它是根据被测电压和已知电压相互补偿的原理而制成的高精度测量仪器。已知电压一般是标准电池的电动势，补偿即是平衡，用高灵敏检流计指示。当电路处于补偿状态时，被测对象支路中的电流不受影响，因而测量数值准确可靠。

电位差计分为传统电位差计和数字电位差计。前者又分为直流电位差计与交流电位差计两种。直流电位差计配以检流计、标准电池、标准电阻等仪器，用以测量电动势、电压、电流和电阻等电学量。交流电位差计用于测量工频到音频的正弦信号的电压。两个同频率正弦信号电压相等时，要求其幅值和相位均相等，因此交流电位差计的线路复杂一些，而且至少有两个可调量。交流电位差计还可用于磁性测量。

数字电位差计采用数字化、智能化技术同传统工艺相结合，在使用功能上完全覆盖了原直流电位差计，可对热电偶、传感器、变送器等输出的毫伏信号进行精密检测，也可作为标准毫伏信号源直接校验多种变送器及仪表。

电位差计用途广泛，除了可以准确测量电动势、电流和电阻等电学量外，还可与各种换能器配合，用于温度、位移等非电量的测量与控制。

【实验目的】

① 了解补偿法测量电动势的原理。

② 学习使用电位差计测量电动势的方法。

③ 学会用电位差计校准电流表的方法。

【实验原理】

电位差计是根据补偿原理将被测电动势与已知标准电动势相比较而工作的。

（1）补偿原理

测量电源电动势，如果直接用伏特计接在电源的两极，测出来的将不是电动势，而是路端电压，因为电路中有电流通过。根据欧姆定律，有 $U=E_x-rI$，式中，$r$ 为电源内阻；$U$ 是伏特计指示值。

显然，只有在待测电路中无电流的条件下，测得的电源两极之间的路端电压才是电源电动势的准确值。

利用补偿法可以满足这种要求，其原理如图3.32。图中 $E_x$ 为被测电源电动势，$E_s$ 为电动势大小可以调节的标准电源的电动势。两个电源通过检流计G对接。调节电动势 $E_s$ 的大小，使回路中检流计指示为零，此时，回路电流为零，则 $E_x$ 与 $E_s$ 的电动势大小相等，于是，$E_x$=$E_s$，此时电路达到补偿。知道补偿状态下的 $E_s$，就可以确定被测电动势 $E_x$ 的值，这种测定

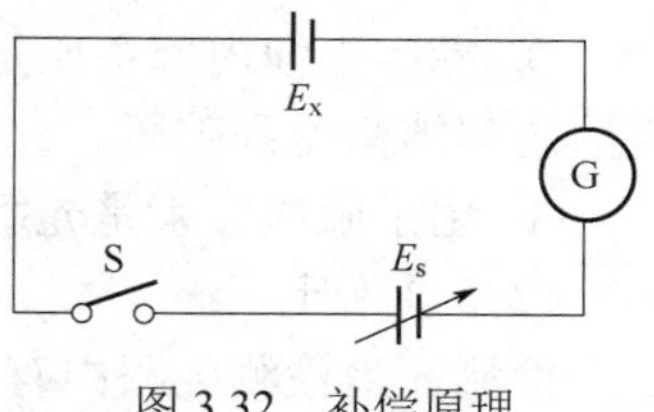

图3.32 补偿原理

电源电动势的方法叫作补偿法。

（2）电位差计原理

电位差计原理如图 3.33。其中 $E_s$ 为标准电池，$E_x$ 为被测电源，$E$ 是工作电源，G 是检流计。由 $E$、$R$、$R_s$ 与 $R_n$ 串联组成的电路称为辅助回路（$S-R-R_s-R_n-E$）；将开关 $S_1$ 置于“1”位置，则由 $E_s$、$S_1$、G、$R_s$ 形成补偿回路（$E_s-S_1-G-R_s$）；将开关 $S_1$ 置于“2”，$E_x$、$R_x$、G 与 $S_1$ 构成测量回路（$E_x-R_x-G-S_1$）。

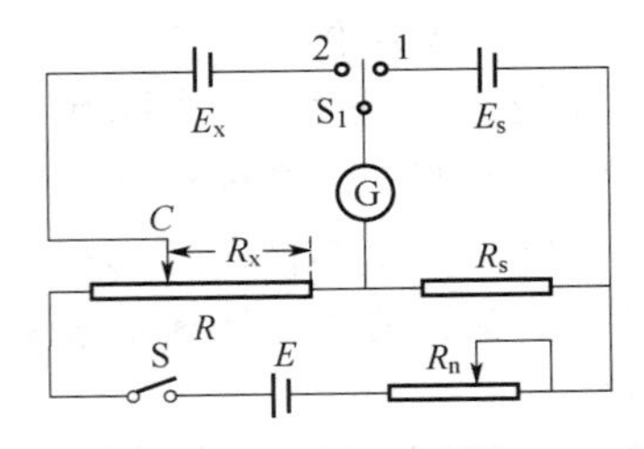

图 3.33 电位差计原理

① 准工作电流。根据标准电池 $E_s$ 的电动势调节工作电流，先将 $S_1$ 置于“1”，然后闭合开关 S，调节 $R_n$ 使辅助回路的电流 $I$ 为某一值时，$R_s$ 两端的电压与标准电池的电动势 $E_s$ 相补偿，检流计 G 中无电流通过，此时有 $E_s=IR_s$，即辅助回路中的电流 $I$ 达到标准化，$I=E_s/R_s$。

② 测量未知电动势。将 $S_1$ 置于“2”，调节电阻器 $R$ 的 $C$ 点位置，再次使检流计指零，有

$$E_x = IR_x = \frac{E_s}{R_s} R_x \tag{3.21}$$

式中的电流 $I$ 是校准后的工作电流。如果 $E_s$、$R_s$ 均为已知准确值，则被测电动势 $E_x$ 的大小，在电阻为 $R_x$ 的位置上可以直接标出与 $IR_x$ 对应的电动势。

在测量过程中，为了避免工作电源 $E$ 不稳定所造成的影响，在每次测量前，必须用补偿回路校准工作电流。

**【实验仪器】**

电位差计，检流计，标准电池，标准电阻，滑动变阻器，直流稳压电源，干电池，微安表，开关，导线等。

（1）标准电池

标准电池是一种化学原电池。由于其电动势比较稳定、复现性好，长期以来在国际上用作电压标准。根据电池中硫酸镉溶液的状态，分饱和式与不饱和式两种。在 20℃时，饱和式标准电池的电动势在 1.01855～1.01868V 范围内；不饱和式的电动势在 1.01860～1.01960V 范围内。前者具有电动势稳定、温度系数较大等特点；后者则相反。标准电池一般用于工业和实验室。

饱和式标准电池的电动势稳定，但随温度略有变化，在 20℃时，电动势 $E_{20}=1.01860\text{V}$，在其他温度下的电动势可按下式计算

$$E_t=E_{20}-[39.9(t-20)+0.929(t-20)^2-0.0090(t-20)^3+0.00006(t-20)^4]\times10^{-6}\text{V}$$

使用标准电池应注意：

① 标准电池只能作为电动势的标准量度仪器而不能用作普通电源，通过它的电流不得超过 1 μA，否则会受到损坏。

② 严禁用普通电压表或万用表直接测量标准电池的路端电压。

③ 标准电池内部主要是松散的化学物质，因此不能倾斜或振动，更不可倒置，否则会使电池内部结构受到破坏。

④ 由于硫酸亚汞是光敏物质，故平时应将标准电池保存在干燥、阴暗处。

（2）检流计

检流计是检测电路中有无电流的电流表，其零点在标尺中央，以便检测不同方向的直流

电流。常用的检流计有指针式和直流复射式两种。指针式检流计的分度值为 $10^{-6}$～$10^{-7}$A/div，内阻为100～200Ω；直流复射式检流计的分度值为 $10^{-9}$～$10^{-10}$A/div，内阻为20～30Ω，阻尼时间不大于4s。图3.34所示为直流复射式检流计。

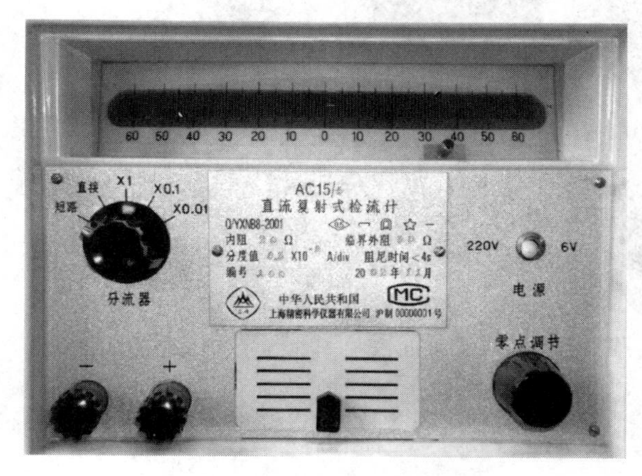


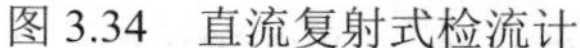
图3.34 直流复射式检流计

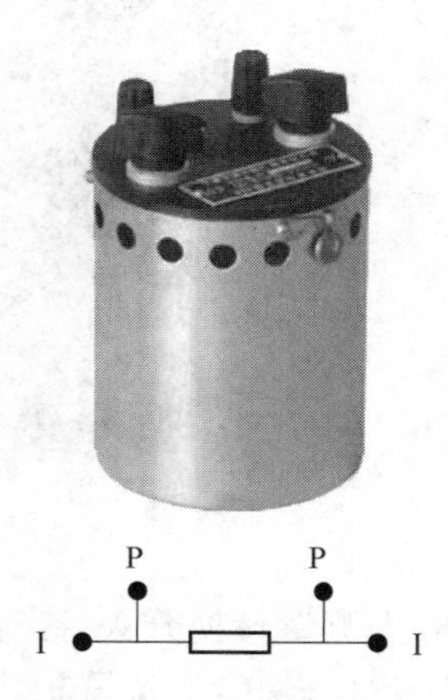

图3.35 标准电阻

使用直流复射式检流计应注意：

① 连接线路，将“分流器”旋钮置于“非短路”挡，打开“电源”开关，调节“零点调节”旋钮，使光标在标尺“0”刻线左右摆幅相等。

② 使用检流计过程中要用“跃接法”。

③ 检流计使用完毕，应先关闭“电源”开关，然后将“分流器”旋钮置于“短路”位置，最后拆除导线。

（3）标准电阻

标准电阻是数值准确、稳定，用作标准的特制电阻器，由电阻值不易随温度改变的锰铜丝绕成，并置于一个金属壳体内，以减小外界的影响。标准电阻的阻值范围一般为 $10^{-5}$～$10^{5}$Ω，准确度等级为0.01。与一般电阻不同，标准电阻有两对接线柱，见图3.35。一对接线柱（I、I）接通电流，从另一对接线柱（P、P）可取得 $R_s$ 上的压降。采用两对接线柱的目的在于减小接触电阻以消除引线的影响。

（4）电位差计

本实验所用的电位差计为UJ-31型低电势直流电位差计，其面板如图3.36所示。

① 接线端钮有5组，即标准、检流计、5.7～6.4V、未知1和未知2。“标准”端钮，用于连接标准电池；“检流计”端钮连接检流计；“5.7～6.4V”端钮，连接工作电源输出接线柱；待测电压连接至“未知1”或“未知2”端钮。

② $R_c$ 为标准电池电动势的补偿电阻，用于标准电池电动势随温度变化时的补偿，以保证电位差计有固定的工作电流。实验时，调节 $R_c$ 来补偿不同温度的电动势大小。

③ $K_1$ 为量程转换开关。当 $K_1$ 置于“×1”时，量程为0～17.1mV，分度值为1μV，游标可显示0.1μV；当 $K_1$ 置于“×10”时，量程为0～171mV，分度值为10μV，游标可显示到1μV；$K_1$ 位于“×1”与“×10”中间时为“关闭”状态，即切断电源。

④ 可变电阻 $R_n$ 分为粗（$R_{n1}$）、中（$R_{n2}$）、细（$R_{n3}$）三个旋钮，用来调节辅助回路的电流，即标准电流 $I$。

图 3.36　电位差计面板

⑤ $S_1$ 为测量转换开关。当校准工作电流 $I$ 时，将 $S_1$ 置于“标准”位置，测量时将 $S_1$ 置于“未知 1”或“未知 2”位置。

⑥ $K_2$ 为“粗”“细”和“短路”按键组。使用时，必须用“跃接法”。当按下“粗”键或“细”键时，检流计回路接通。不论校准工作电流还是测量电压，应先按“粗”键，调节 $R_n$（或 $R_x$）使检流计光标接近零点。然后按“细”键，再调节 $R_n$（或 $R_x$），使检流计光标指零，才算调好电位差计的平衡。如果检流计光标剧烈摆动或晃动，可在光标通过零点时连续按“短路”键，使其回到零点。

⑦ 电阻 $R$ 上的 $R_x$ 段的电压由 3 个读数转盘 $R_{x1}$、$R_{x2}$、$R_{x3}$ 的示值显示。当调节测量盘使测量回路中 $R_x$ 上的电压与被测电动势补偿时，3 个转盘上的示值之和为被测电动势。

**【实验内容】**

（1）线路连接与仪器设置

① 按图 3.37 连接线路。图中 $E$ 为电源，即 1.5V 干电池，$R_s$ 是标准电阻，$R_H$ 和 $R_A$ 分别为分压器和限流器的滑动变阻器，以调节微安表的电流值。连接好线路后，两个变阻器的滑动端都应置于安全位置。

② 将电位差计测量转换旋钮 $S_1$ 置于“断”，量程转换旋钮 $K_1$ 置于“×1”或“×10”（视被测电压大小而定），分别接上标准电池、检流计、工作电源和被测电压源。

③ 根据温度修正公式计算出标准电池的电动势 $E_s$，调节补偿电阻 $R_c$ 的示值为此值；将测量转换开关 $S_1$ 旋至“标准”，调节检流计机械零点，将直流稳压电源输出调至 6.0V；经指导教师检查线路合格后，可以接通电源做实验。

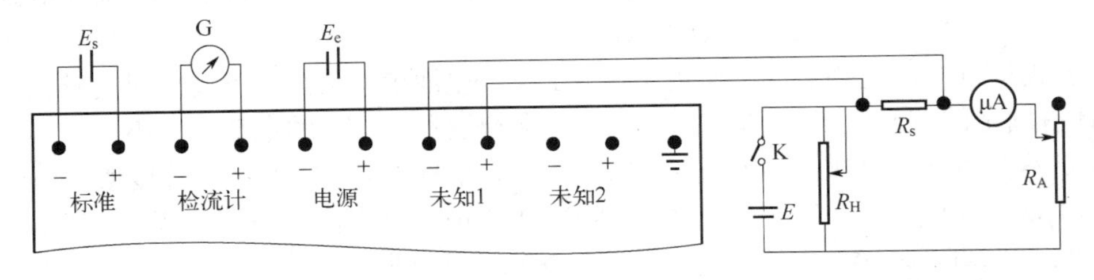


图 3.37　电位差计连线图与校准微安表电路

（2）校准工作电流

① 首先把 $R_n$ 中和 $R_n$ 细设置在调节范围的中间位置上。

② 其次调节 $R_n$ 粗至最大值 $R_{max}$，按一下“粗”键，记录检流计光标摆动方向。

③ 调节 $R_n$ 粗至最小值 $R_{min}$，按一下“粗”键，记录光标摆动方向。

④ 若步骤②、③对应的光标摆动方向相同，则精确调节直流稳压电源输出至6.0V，然后继续②、③步骤，直至②、③对应的光标摆动方向相反。

⑤ 总结出 $R_n$ 粗取最大和最小，$R_n$ 粗和指针的偏转方向的关系。

⑥ 在⑤规律的指导下，按“粗”键调 $R_n$ 粗，按“细”键调 $R_n$ 中，按“细”键调 $R_n$ 细，直至调节到检流计光标指零。

（3）测量电动势

测量电动势的方法与校准工作电流的方法相似。

① 将 $S_1$ 旋至“未知1”或“未知2”，根据标准电阻 $R_s$ 大小和通过的电流估算出电压值，确定 $K_1$ 置于“×1”或“×10”挡。

② 合上开关K，调节 $R_H$ 和 $R_A$ 使微安表指示为20 μA。

③ 把调节测量盘 $R_{x2}$、$R_{x3}$ 设置在调节范围的中间位置上，让测量盘 $R_{x1}$ 取最大和最小，分别按一下“粗”键，并总结出测量盘大小和指针的偏转方向的关系，这个关系可能和上一步的关系相反。

④ 在③规律的指导下，按“粗”键调测量盘 $R_{x1}$，按“细”键调测量盘 $R_{x2}$，按“细”键调测量盘 $R_{x3}$，直至调节到检流计光标指零。此时测量盘 $R_{x1}$、$R_{x2}$、$R_{x3}$ 的读数乘以相应的倍率之和，即为 $R_s$ 上的电压 $U_s$，将数据记录到表3.35中。

⑤ 调节 $R_H$ 和 $R_A$ 使微安表依次为40μA、60μA、80μA、100μA，相应地测量标准电阻 $R_s$ 上的电压 $U_s$，记录数据到表3.35中。

⑥ 调节 $R_H$ 和 $R_A$ 使微安表由100μA依次降为80μA、60μA、40μA、20μA，相应地测出标准电阻 $R_s$ 两端的电压，将数据填入表3.35。

**表3.35 校准微安表数据表**

$R_s$= Ω

| 微安表示值 $I$/μA | | 20 | 40 | 60 | 80 | 100 |
|---|---|---|---|---|---|---|
| $U_s$/mV | 1 | | | | | |
| | 2 | | | | | |
| | 平均 | | | | | |
| $I_s$=（$U_s/R_s$）/μA | | | | | | |
| $\Delta I=I-I_s$ | | | | | | |

**【数据处理】**

① 由公式 $I_s=U_s/R_s$，计算校准电流 $I_s$，并计算微安表各校准刻度的校准值 $\Delta I=I-I_s$。

② 以微安表示值 $I$ 为横坐标，校准值 $\Delta I$ 为纵坐标，画出 $\Delta I$-$I$ 校准曲线。

③ 误差计算。

温度在 15～25℃范围时，电位差计允许的基本误差为$\Delta \leqslant a\% \times U + b$，式中，$a$ 为准确度等级；$U$ 为测量盘示值；$b$ 为常数，其值与量程和准确度等级有关。

UJ-31 型电位差计的 $a=0.05$，$b=1.3\times10^{-6}$V（×10 挡），或 $b=1.3\times10^{-7}$V（×1 挡），计算微安表电流 $I=60\mu A$ 所对应的 $U_s$ 的测量误差。

【思考题】

（1）电位差计是利用_____原理制成的。计算被测电动势的公式 $E_x=$______。标准电池和检流计都不允许通过较大电流，操作时必须采用______法，且应先按____键，后按____键。

（2）使用电位差计为什么要先校准工作电流？如何校准？

（3）电位差计工作电流校准后，进行测量时，是调节辅助回路的电阻 $R_n$ 还是调节测量回路的电阻 $R_x$？为什么？

（4）使用电位差计必须先接通辅助回路，然后再接补偿回路，断电时须先断开补偿回路，再断开辅助回路，为什么？

（5）为什么电位差计可以准确测量电动势？

（6）用电位差计测量电动势，接通电路后，将转换开关置于“标准”或“未知 1”时，无论怎样调节，检流计光标只向一个方向偏转。试分析可能存在的原因。

【备注】

在“（2）校准工作电流”过程中，若步骤②、③对应的光标摆动方向相同，除了以上提到的精确调节直流稳压电源输出至 6.0V 外，还可能出现的情况是标准电池正负极接反了，个别处的导线没接实，或者可能是 $R_x$ 的量程开关处在断挡上。如果出现步骤②、③对应的光标摆动方向相同，可以综合以上几点进行调节，使实验顺利进行下去。

## 3.9 铁磁材料磁滞研究

使原来不具有磁性的物质获得磁性的过程叫作磁化。实验表明，任何物质在外磁场中都能够或多或少地被磁化，只是磁化的程度不同。根据物质在外磁场中表现出的特性，物质可分为五类：顺磁性物质，抗磁性物质，铁磁性物质，亚铁磁性物质，反磁性物质。

我们把顺磁性物质和抗磁性物质称为弱磁性物质，把铁磁性物质称为强磁性物质。通常所说的磁性材料是指强磁性物质。磁性材料按磁化后去磁的难易可分为软磁性材料和硬磁性材料。磁化后容易去掉磁性的物质叫软磁性材料，不容易去磁的物质叫硬磁性材料。一般来讲软磁性材料剩磁较小，硬磁性材料剩磁较大。

使已具有磁性的物质失去磁性的过程叫作去磁，亦称退磁。顺磁质和抗磁质的磁性随外磁场的撤去而立即消失。铁磁质在撤去外磁场后还具有剩磁，要使其去磁，须加以适当的反向外磁场（通常为强度逐渐减弱的交变外磁场）；也可用加热或捶击的方法使其消去剩磁。

在磁场作用下，内部状态发生变化，并反过来影响磁场存在或分布的物质，称为磁介质，包括铁磁质、顺磁质和抗磁质。磁化方向与外磁场相反而使它减弱的物质，称抗磁质。磁化方向与外磁场相同而使它加强的，又分为顺磁质和铁磁质两种。

铁磁质是指，只要在很小的磁场作用下就能被磁化到饱和的物质。铁磁性物质的磁导率很大并随外磁场强度而变化。在磁化和去磁过程中，铁磁质磁化状态的变化总是落后于外加磁场的变化的现象称作磁滞。磁滞现象可以用磁化过程中的磁化曲线来说明。

【实验目的】

① 认识铁磁物质的磁化规律，比较两种典型的铁磁物质的动态磁化特性。

② 测定样品 1 的基本磁化曲线和磁滞回线，绘制 $\mu$-$H$ 曲线和 $B$-$H$ 曲线。

③ 测定样品 1 的 $H_c$、$B_r$、$B_m$ 和 $[BH]$ 等参数，估算其磁滞损耗。

【实验原理】

图 3.38 为铁磁物质的磁感应强度 $B$ 与磁场强度 $H$ 之间的关系曲线。图中原点 $o$ 表示磁化之前铁磁物质处于磁中性状态，即 $B=H=0$。当磁场 $H$ 从零开始增加时，磁感应强度 $B$ 随之缓慢上升，如线段 $oa$ 所示；继而 $B$ 随 $H$ 迅速增大，如线段 $ab$ 所示；其后 $B$ 的增大又趋缓慢；当 $H$ 增至 $H_m$ 时，$B$ 达到饱和值 $B_m$；线段 $os$ 称为起始磁化曲线。

图 3.38 表明，当磁场强度从 $H_m$ 逐渐减小至零，磁感应强度 $B$ 不是循原来的途径返回，而是沿着比原来的途径稍高的一段曲线 $sr$ 减小。比较线段 $os$ 和 $sr$ 可知，$H$ 减小，$B$ 随之减小，但 $B$ 的变化滞后于 $H$ 的变化，这种现象称为磁滞。磁滞的明显特征是当 $H=0$ 时，$B$ 不为零，而保留剩磁 $B_r$。

当磁场反方向从 $o$ 逐渐变至 $-H_c$ 时，磁感应强度 $B$ 消失，说明要消除剩磁，必须施加反向磁场。$H_c$ 称为矫顽力，其大小反映铁磁质保持剩磁状态的能力，线段 $rc$ 称为退磁曲线。

图 3.38 还表明，当磁场强度按 $H_m \to o \to -H_c \to -H_m \to o \to H_c \to H_m$ 次序变化，相应的磁感强度 $B$ 则沿闭合曲线 $srcdefs$ 变化，该闭合曲线称为磁滞回线。所以，若铁磁材料处于交变磁场中，如变压器中的铁心，将沿磁滞回线反复被磁化→去磁→反向磁化→反向去磁。在此过程中要消耗额外的能量，并以热的形式从铁磁材料中释放，这种损耗称为磁滞损耗。可以证明，磁滞损耗与磁滞回线所围的面积成正比。

$B=H=0$ 的铁磁材料，交变磁场强度由弱到强依次进行磁化，可以得到面积由小到大向外扩张的一簇磁滞回线，如图 3.39 所示。这些磁滞回线顶点的连线称为铁磁材料的基本磁化曲线，由此可以近似地确定其磁导率 $\mu=B/H$，因 $B$ 与 $H$ 非线性，故铁磁材料的 $\mu$ 不是常数，是随 $H$ 的变化而变化。铁磁材料的相对磁导率可高达数千乃至数万，这一特点是它用途广泛的主要原因之一。

磁化曲线和磁滞回线是铁磁材料分类和选用的主要依据。图 3.40 为常见的两种典型磁滞回线，其中软磁材料的磁滞回线狭长，矫顽力、剩磁和磁滞损耗均较小，是制造变压器、电机等的主要材料。而硬磁材料的磁滞回线较宽，矫顽力大，剩磁多，可用来制造永磁体。

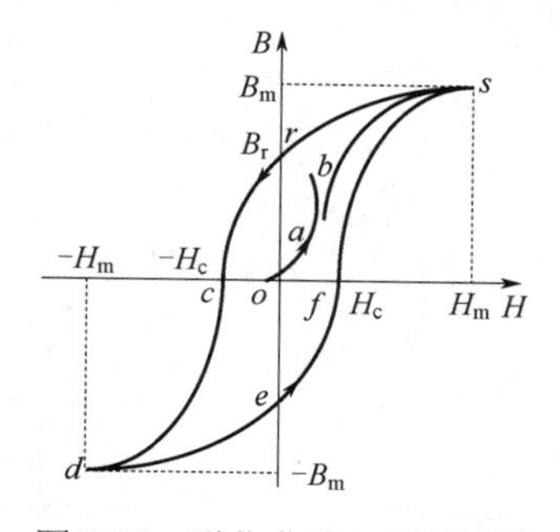

图 3.38 磁化曲线与磁滞回线

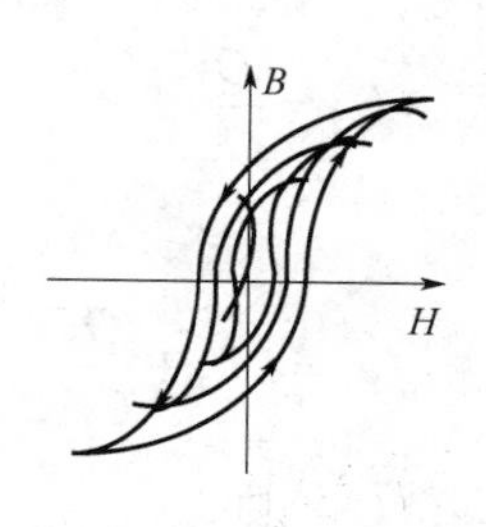

图 3.39 正常磁滞回线

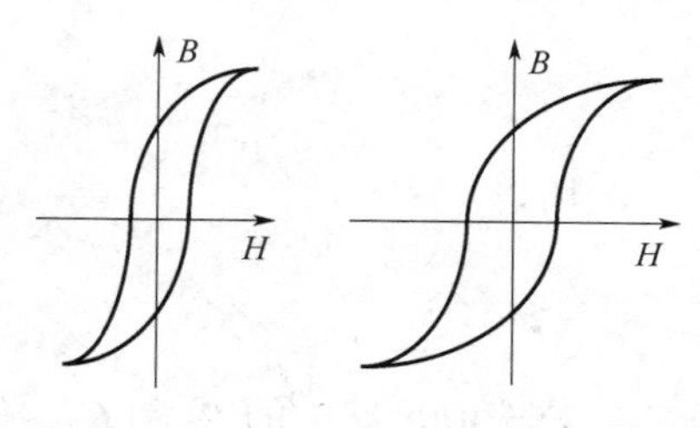

图 3.40 两种典型的磁滞回线

图 3.41 为测量磁滞回线和基本磁化曲线的电路。待测样品为 E 型矽钢片，$N$ 为励磁绕组，$n$ 为测量磁感应强度 $B$ 的绕组。$R_1$ 为励磁电流取样电阻。若通过 $N$ 的交流励磁电流为 $i$，根据

安培环路定律，样品的磁场强度为 $H=iN/L$，$L$ 为样品的平均磁路。由 $i=U_1/R_1$ 得

$$H=\frac{N}{LR_1}U_1 \tag{3.22}$$

式（3.22）中的 $N$、$L$、$R_1$ 均为已知常数，所以由 $U_1$ 可以确定 $H$。

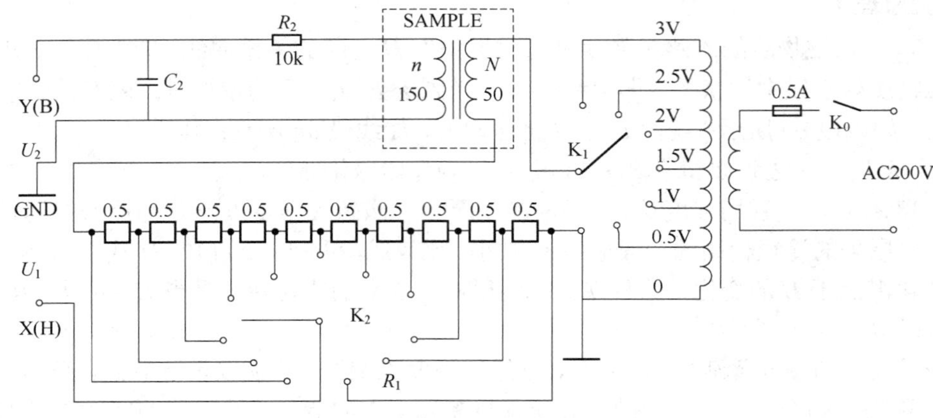


图 3.41　研究磁滞回线与磁化曲线电路

在交变磁场下，样品的磁感应强度瞬时值 $B$ 由测量绕组 $n$ 和 $R_2C_2$ 电路给定。根据法拉第电磁感应定律，由于样品中的磁通 $\Phi$ 的变化，在测量线圈中产生的感生电动势大小为

$$\varepsilon_2=n\frac{\mathrm{d}\Phi}{\mathrm{d}t},\quad \Phi=\frac{1}{n}\int\varepsilon_2\mathrm{d}t$$

于是

$$B=\frac{\Phi}{S}=\frac{1}{nS}\int\varepsilon_2\mathrm{d}t \tag{3.23}$$

式中，$S$ 为样品的截面积。

如果忽略自感电动势和电路损耗，则回路方程为

$$\varepsilon_2=i_2R_2+U_2$$

式中，$i_2$ 为感生电流；$U_2$ 为积分电容 $C_2$ 两端的电压。设在 $\Delta t$ 时间内，$R_2$ 向电容 $C_2$ 充电电量为 $Q$，则

$$U_2=\frac{Q}{C_2}$$

所以

$$\varepsilon_2=i_2R_2+\frac{Q}{C_2}$$

若选取足够大的 $R_2$ 和 $C_2$，使 $i_2R_2\gg Q/C_2$，则

$$\varepsilon_2=i_2R_2$$

又 $i_2=\mathrm{d}Q/\mathrm{d}t=C_2\mathrm{d}U_2/\mathrm{d}t$，故

$$\varepsilon_2=C_2R_2\frac{\mathrm{d}U_2}{\mathrm{d}t} \tag{3.24}$$

由式（3.23）和式（3.24）可得

$$B=\frac{C_2R_2}{nS}U_2 \tag{3.25}$$

在式（3.25）中，$C_2$、$R_2$、$n$ 和 $S$ 均为已知常数，所以由 $U_2$ 可以确定 $B$。

将图 3.41 中的 $U_1$ 和 $U_2$ 分别加载到示波器的“X 输入”和“Y 输入”端，便可观察样品的 $B$-$H$ 曲线。若将 $U_1$ 和 $U_2$ 加载到测试仪的信号输入端，可以测定样品的饱和磁感应强度 $B_m$、剩磁 $B_r$、矫顽力 $H_c$ 以及磁导率 $\mu$ 等参数。

**【实验仪器】**

磁滞回线实验仪，磁滞回线测试仪，示波器等。

**【实验内容】**

（1）电路连接

选择样品 1，按实验仪上的电路图连接线路，并取 $R_1$＝2.5 Ω，“$U$ 选择”置于 0 位。$U_1$ 和 $U_2$ 分别连接到示波器的“X 输入”和“Y 输入”端，插孔⊥为公共端。

（2）样品退磁

开启实验仪电源，对样品进行退磁，即顺时针方向转动“$U$ 选择”旋钮，使 $U$ 从 0 增至 3V，然后逆时针方向转动旋钮，将 $U$ 从最大值降为 0，其目的是消除剩磁，确保样品处于磁中性状态，即 $B$＝$H$＝0，如图 3.42 所示。

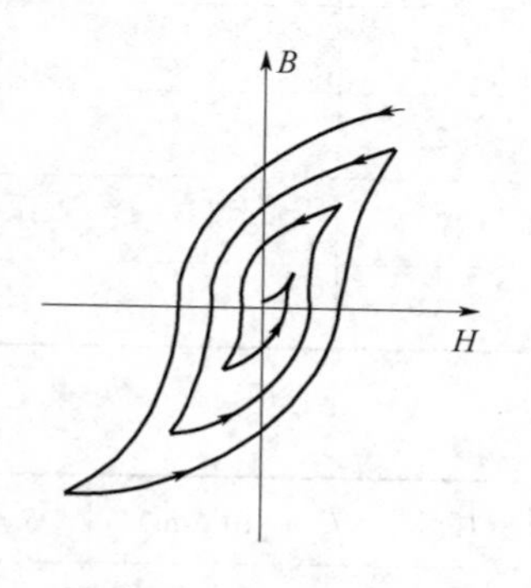


图 3.42　退磁过程

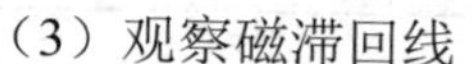

（3）观察磁滞回线

开启示波器电源，取 $R_1$＝2.5 Ω，使光点位于坐标网格中心，使电压 $U$＝2.2V，并分别调节示波器 $X$ 轴和 $Y$ 轴的偏转灵敏度，使显示屏上出现图形大小合适的磁滞回线。

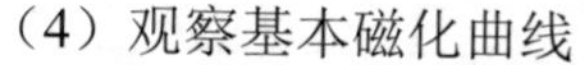

（4）观察基本磁化曲线

按步骤（2）对样品进行退磁，从 $U$＝0 开始，逐挡提高励磁电压，将在显示屏上得到面积由小到大一个套一个的一簇磁滞回线。这些磁滞回线顶点的连线就是样品的基本磁化曲线，借助长余辉示波器，可以观察到该曲线的轨迹。

（5）比较样品 1 与样品 2 的磁化特性

（6）测绘 $\mu$-$H$ 曲线

根据实验仪和测试仪面板接线图，连接实验仪和测试仪线路。开启电源，对样品 1 进行退磁后，令 $R_1$＝2.5 Ω，依次测定 $U$＝0.5V，1.0V，…，3.0V 时的 $H_m$ 和 $B_m$ 值，将数据记录到表 3.36 中。

（7）测绘 $B$-$H$ 曲线

令 $U$＝3.0V，$R_1$＝2.5 Ω，测定样品 1 的 $B_m$、$B_r$ 和 $H_c$ 等参数，记录数据到表 3.37。

**【注意事项】**

① 测量前，应先对样品进行退磁处理，调节磁化电压时要求做到单调变化。

② 用测试仪读取数据时，应注意数据的单位及倍数。

③ 由测试仪做“显示每周期采样的总点数”操作，判断如何取数，并注意所取的样点的分布，且不需要逐点记录。

**【数据处理】**

① 根据表 3.36 中的数据，绘制 $\mu$-$H$ 曲线和 $B$-$H$ 曲线。

② 根据表 3.37 中的数据，用计算机或坐标纸绘制样品 1 的 $B$-$H$ 曲线，在曲线图中标出 $H_c$、$B_r$、$B_m$、$H_m$ 及 $[BH]$ 曲线所围面积。

表 3.36 基本磁化曲线与 $\mu$-$H$ 关系曲线（$R_1$=2.5 Ω）

| $U$/V | $H_m$/（$\times10^3$A/m） | $B_m$/×10T | $\mu$=（$B/H$）/（$\times10^{-2}$H/m） |
|---|---|---|---|
| 0.5 | | | |
| 1.0 | | | |
| 1.2 | | | |
| 1.5 | | | |
| 1.8 | | | |
| 2.0 | | | |
| 2.2 | | | |
| 2.5 | | | |
| 2.8 | | | |
| 3.0 | | | |

表 3.37 $B$-$H$ 关系曲线（$R_1$=2.5 Ω，$U$=3.0V）

| 序号 | $H$/（$\times10^3$A/m） | $B$/×10T | 序号 | $H$/（$\times10^3$A/m） | $B$/×10T | 序号 | $H$/（$\times10^3$A/m） | $B$/×10T |
|---|---|---|---|---|---|---|---|---|
| | | | | | | | | |
| | | | | | | | | |
| | | | | | | | | |
| | | | | | | | | |
| | | | | | | | | |
| | | | | | | | | |
| | | | | | | | | |
| | | | | | | | | |
| | | | | | | | | |
| | | | | | | | | |

$H_c$=________$\times10^3$A/m　$B_r$=________×10T　$B_m$=________×10T　$H_m$=________$\times10^3$A/m　$[BH]$=________J/$m^3$

【思考题】

（1）何为顺磁性物质、抗磁性物质、铁磁性物质？

（2）为什么描绘 $\mu$-$H$ 曲线时测量的是磁场强度和磁感应强度的最大值？

（3）硬磁材料和软磁材料的磁滞回线有何不同？怎样根据磁滞回线判断铁磁材料的矫顽

力大小？

（4）为何励磁电压 $U$ 一定时，在示波器上观察到的不是一个定点而是一个封闭曲线？

## 3.10　电阻温度计研究

温度计是在长期的实践中不断完善起来的，它与人类生存和社会发展有着十分密切的关系，在生产、科研以及人们的日常生活中都离不开对温度的测量。

测温方法可分为接触测温法和非接触测温法。接触测温法就是测温元件与被测物体直接接触的方法，水银温度计、电阻温度计、热电偶温度计等都是接触测温的仪器。非接触测温法是测温元件不与被测物体直接接触的方法，光电高温计、光谱高温计、比色温度计、热像仪等都是非接触测温的仪器。

热敏电阻温度计的感温元件是热敏电阻，它将温度信号变为电信号，从而实现了非电量的电测量。电测量是现代测量技术中最简便的测量技术，不仅测量装置简单、造价低、灵敏度高，而且便于遥控，是测量技术的一个重要发展趋势。

**【实验目的】**

① 了解热电阻的温度特性及测温原理。

② 学习平衡电桥和非平衡电桥的工作原理。

③ 学会一种热电阻温度计的安装、调试和定标方法。

**【实验原理】**

（1）热电阻

金属热电阻简称热电阻，可利用其电阻随温度升高而增大的特性测量温度。目前广泛应用的热电阻材料是铂、铜，它们的电阻温度系数在（3～5）$\times10^{-3}$℃$^{-1}$范围内。铂、铜热电阻具有电阻温度系数大、线性好、性能稳定、使用温度范围宽、加工容易等特点。其工作原理为：温度升高，金属内部原子晶格的振动加剧，从而使金属内部的自由电子通过金属导体时的阻力增大，宏观上表现出电阻率变大，电阻值增大，电阻值与温度的变化趋势相同。

根据热电阻的温度特性，在 0～100℃范围内

$$R_t = R_0(1 + At + Bt^2) \tag{3.26}$$

式中，$A$、$B$ 为常系数，也称温度系数。

对于铂热电阻 Pt100，在 0～850℃范围内，$A$=3.90802$\times10^{-3}$℃$^{-1}$，$B$=−5.802$\times10^{-7}$℃$^{-2}$，$t=0$℃时，$R_0=100\Omega$。对于铜热电阻 Cu50，在−50～150℃范围内，$A$=4.28899$\times10^{-3}$℃$^{-1}$，$B$=−2.133$\times10^{-7}$℃$^{-2}$，$t=0$℃时，$R_0=50\Omega$。

在精度要求不太高的前提下，热电阻的温度关系还可以写成

$$R_t = R_0 + R_0At = R_0 + \alpha t \tag{3.27}$$

式中，$\alpha = R_0A$。对于 Pt100，$\alpha = R_0A = 0.3908$，对于 Cu50，$\alpha = R_0A = 0.2145$。

（2）平衡电桥测温

为了测量热敏电阻器的阻值随温度的变化，可选择如图 3.43 所示的电桥电路来实现。

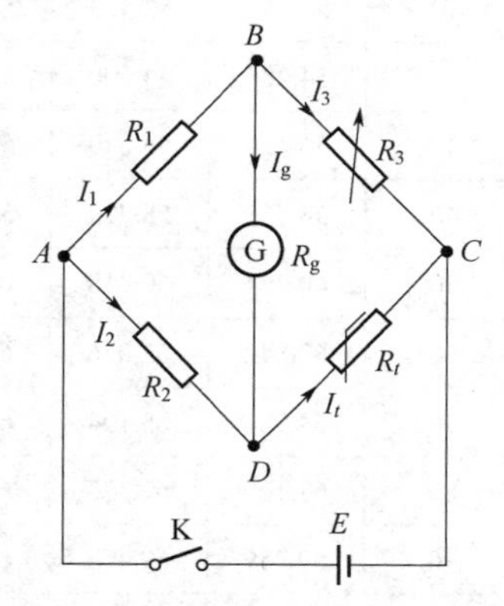


图 3.43　平衡电桥电阻测温电路

在图3.43中，G是检流计，$R_t$是热电阻。当$R_1/R_2=R_3/R_t$时，桥臂中$B$、$D$两点等电势，检流计指针指零。为了测量方便，选取$R_1/R_2=1:1$，即$R_1=R_2$。为保持热电阻阻值随温度变化时电桥仍可平衡，$R_3$是电阻箱。通过调节电阻箱维持电桥平衡，可得

$$R_t = R_3 \tag{3.28}$$

测试出$R_t$的值并与Pt100或Cu50分度表（表3.38、表3.39）进行对比，即可得出测量温度。

**表3.38 Pt100分度表**

| 温度/℃ | 0 | 1 | 2 | 3 | 4 | 5 | 6 | 7 | 8 | 9 |
|---|---|---|---|---|---|---|---|---|---|---|
| | 电阻值/Ω | | | | | | | | | |
| 0 | 100.00 | 100.39 | 100.78 | 101.17 | 101.56 | 101.95 | 102.34 | 102.73 | 103.12 | 103.51 |
| 10 | 103.90 | 104.29 | 104.68 | 105.07 | 105.46 | 105.85 | 106.24 | 106.63 | 107.02 | 107.40 |
| 20 | 107.79 | 108.18 | 108.57 | 108.96 | 109.35 | 109.73 | 110.12 | 110.51 | 110.90 | 111.29 |
| 30 | 111.67 | 112.06 | 112.45 | 112.83 | 113.22 | 113.61 | 114.00 | 114.38 | 114.77 | 115.15 |
| 40 | 115.54 | 115.93 | 116.31 | 116.70 | 117.08 | 117.47 | 117.86 | 118.24 | 118.63 | 119.01 |
| 50 | 119.40 | 119.78 | 120.17 | 120.55 | 120.94 | 121.32 | 121.71 | 122.09 | 122.47 | 122.86 |
| 60 | 123.24 | 123.63 | 124.01 | 124.39 | 124.78 | 125.16 | 125.54 | 125.93 | 126.31 | 126.69 |
| 70 | 127.08 | 127.46 | 127.84 | 128.22 | 128.61 | 128.99 | 129.37 | 129.75 | 130.13 | 130.52 |
| 80 | 130.90 | 131.28 | 131.66 | 132.04 | 132.42 | 132.80 | 133.18 | 133.57 | 133.95 | 134.33 |
| 90 | 134.71 | 135.09 | 135.47 | 135.85 | 136.23 | 136.61 | 136.99 | 137.37 | 137.75 | 138.13 |
| 100 | 138.51 | 138.88 | 139.26 | 139.64 | 140.02 | 140.40 | 140.78 | 141.16 | 141.54 | 141.91 |

**表3.39 Cu50分度表**

| 温度/℃ | 0 | 1 | 2 | 3 | 4 | 5 | 6 | 7 | 8 | 9 |
|---|---|---|---|---|---|---|---|---|---|---|
| | 电阻值（Ω） | | | | | | | | | |
| 0 | 50.000 | 50.214 | 50.429 | 50.643 | 50.858 | 51.072 | 51.286 | 51.501 | 51.715 | 51.929 |
| 10 | 52.144 | 52.358 | 52.572 | 52.786 | 53.000 | 53.215 | 53.429 | 53.643 | 53.857 | 54.071 |
| 20 | 54.285 | 54.500 | 54.714 | 54.928 | 55.142 | 55.356 | 55.570 | 55.784 | 55.998 | 56.212 |
| 30 | 56.426 | 56.640 | 56.854 | 57.068 | 57.282 | 57.496 | 57.710 | 57.924 | 58.137 | 58.351 |
| 40 | 58.565 | 58.779 | 58.993 | 59.207 | 59.421 | 59.635 | 59.848 | 60.062 | 60.276 | 60.490 |
| 50 | 60.704 | 60.918 | 61.132 | 61.345 | 61.559 | 61.773 | 61.987 | 62.201 | 62.415 | 62.628 |
| 60 | 62.842 | 63.056 | 63.270 | 63.484 | 63.698 | 63.911 | 64.125 | 64.339 | 64.553 | 64.767 |
| 70 | 64.981 | 65.194 | 65.408 | 65.622 | 65.836 | 66.050 | 66.264 | 66.478 | 66.692 | 66.906 |
| 80 | 67.120 | 67.333 | 67.547 | 67.761 | 67.975 | 68.189 | 68.403 | 68.617 | 68.831 | 69.045 |
| 90 | 69.259 | 69.473 | 69.687 | 69.901 | 70.115 | 70.329 | 70.544 | 70.762 | 70.972 | 71.186 |
| 100 | 71.400 | 71.614 | 71.828 | 72.042 | 72.257 | 72.471 | 72.685 | 72.899 | 73.114 | 73.328 |

（3）非平衡电桥测温

非平衡电桥与平衡电桥电路形式基本一致，但两者有本质区别（如图3.44）。在非平衡电桥中，由于桥臂中$B$、$D$两点不等电势，存在一个微小电势差，这个微小电势差为

$$U_t=\left(\frac{R_1}{R_1+R_3}-\frac{R_2}{R_2+R_0+\alpha t}\right)E \qquad (3.29)$$

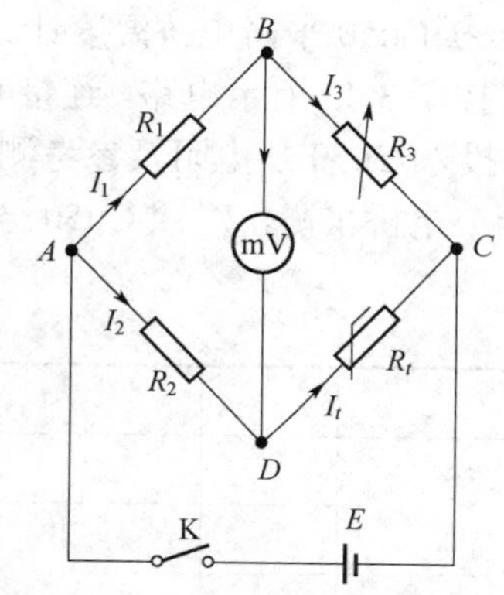


图3.44 非平衡电桥电阻测温电路

温度改变时，$U_t$随温度$t$变化，测定$U_t$即可以确定温度$t$。但$U_t$与温度$t$的关系是非线性的，测量难以定标。将输出电压$U_t$在温度$t_0=0$处按泰勒级数展开

$$U_t=U(t)=U(0)+\frac{ER_2\alpha}{(R_2+R_0)^2}t+\frac{ER_2\alpha^2}{(R_2+R_0)^3}t^2+\frac{ER_2\alpha^3}{(R_2+R_0)^4}t^3+\cdots$$

其中，$U(0)=\left(\frac{R_1}{R_1+R_3}-\frac{R_2}{R_2+R_0}\right)E$。通过适当选取$R_1$、$R_2$、$R_3$的阻值可以使该项为零。且考虑上述展开式中二次幂项及其以后各项快速减小，可以忽略，则有

$$U_t=U(t)=\frac{ER_2\alpha}{(R_2+R_0)^2}t \qquad (3.30)$$

则在温度变化不太大的范围内，可以近似认为$U_t$与$t$成线性关系。

（4）热电阻测温电路元件参数确定

由电桥原理可知，$E$越高，仪器灵敏度越高，但流过热电阻的电流也越大，产生的热效应会影响测温精度。设定$R_1=1000.0\Omega$，$R_2=1000.0\Omega$，$R_t$热电阻变化约在50～100Ω，$R_3$电阻箱（0.1～9999.9Ω）阻值约在50～100Ω，设定$E=2.500\text{V}$，则流经热电阻$R_t$的工作电流$I_t$<2.5mA。

**【实验仪器】**

电桥实验板，检流计，电阻箱，Pt100热电阻，Cu50热电阻，毫伏表，热电偶温度计，烧杯，导线等。

**【实验内容】**

（1）平衡电桥测温

① Pt100平衡电桥温度计。

按图3.43电路，连接Pt100热电阻、电阻箱、检流计等，将烧杯内倒入适量容量的热水，投入Pt100热电阻及参考测温热电偶，开启参考温度计电源及电桥电源，在自然降温过程中调节电桥平衡，对照Pt100分度表，记录数据填入表3.40。

表3.40 Pt100平衡电桥测温数据

| $t_k$/℃ | | | | | | | | | | | |
|---|---|---|---|---|---|---|---|---|---|---|---|
| $R_t$/Ω | | | | | | | | | | | |
| $t_r$/℃ | | | | | | | | | | | |
| $\Delta t$/℃ | | | | | | | | | | | |

② Cu50 平衡电桥温度计。

按图 3.43 所示电路，连接 Cu50 热电阻、电阻箱、检流计等，将烧杯内倒入适量容量的热水，投入 Cu50 热电阻及参考测温热电偶，开启参考温度计电源及电桥电源，在自然降温过程中调节电桥平衡，对照 Cu50 分度表，记录数据填入表 3.41。

**表 3.41　Cu50 平衡电桥测温数据**

| $t_k$/℃ | | | | | | | | | | | |
|---|---|---|---|---|---|---|---|---|---|---|---|
| $R_t$/Ω | | | | | | | | | | | |
| $t_r$/℃ | | | | | | | | | | | |
| Δ$t$/℃ | | | | | | | | | | | |

（2）非平衡电桥测温

① Pt100 非平衡电桥温度计。

按图 3.44 所示电路，连接 Pt100 热电阻、电阻箱，设定电阻箱阻值为 $R_3 = 100.0\Omega$，连接好毫伏表，将烧杯内倒入适量容量的热水，投入 Pt100 热电阻及参考测温热电偶，开启参考温度计电源及电桥电源，在自然降温过程中记录数据填入表 3.42。

**表 3.42　Pt100 非平衡电桥测温数据**

| $t_k$/℃ | | | | | | | | | | | |
|---|---|---|---|---|---|---|---|---|---|---|---|
| 实际 $U_t$/mV | | | | | | | | | | | |
| 实际 $t_r$/℃ | | | | | | | | | | | |
| 理论 $U_t$/mV | | | | | | | | | | | |
| Δ$U$/mV | | | | | | | | | | | |
| Δ$U$/$U_t$ | | | | | | | | | | | |

② Cu50 非平衡电桥温度计。

按图 3.44 所示电路，连接好 Cu50 热电阻、电阻箱、毫伏表等，设定电阻箱阻值为 $R_3 = 50.0\Omega$，将烧杯内倒入适量容量的热水，投入 Cu50 热电阻及参考测温热电偶，开启参考温度计电源及电桥电源，在自然降温过程中记录数据填入表 3.43。

**表 3.43　Cu50 非平衡电桥测温数据**

| $t_k$/℃ | | | | | | | | | | | |
|---|---|---|---|---|---|---|---|---|---|---|---|
| 实际 $U_t$/mV | | | | | | | | | | | |
| 实际 $t_r$/℃ | | | | | | | | | | | |
| 理论 $U_t$/mV | | | | | | | | | | | |
| Δ$U$/mV | | | | | | | | | | | |
| Δ$U$/$U_t$ | | | | | | | | | | | |

【数据处理】

根据表3.40～表3.43数据绘制$R_t$-$t_r$和$U_t$-$t_r$曲线并分析解释曲线规律。

【注意事项】

① 测温时，Pt100、Cu50、热电偶均需浸没水中，但切勿使之接触杯壁或互相接触。

② 由于在热水自然降温过程中测量，所以调节一定要熟练，读数一定要及时，否则会带来很大误差。

③ 连接电路时要断开电源，检查无误再接通电源。

【思考题】

（1）既然平衡电桥测量电阻非常精确，为什么还要使用非平衡电桥测量电阻？

（2）在非平衡电桥测量温度的设计中，为何要将压差与温度的关系进行泰勒展开？

## 3.11 霍尔效应

当电流垂直于外磁场方向通过导体时，在垂直于电流和磁场的方向，导体两侧产生电势差的现象，由美国物理学家霍尔于1879年发现，称为霍尔效应。在导体两侧产生的电势差叫作霍尔电势差，其大小与电流强度和磁感应强度的乘积成正比，与物体沿磁场方向的厚度成反比，比例系数称为霍尔系数，它与导体中载流子的类型和浓度有关。

一般地说，金属和电解质的霍尔效应不明显，而半导体则比较显著。研究固体的霍尔效应可以确定其导电类型、载流子浓度、载流子迁移率等参数。利用半导体的霍尔效应可以制成测量磁场强度的磁强计、霍尔传感器等。

在导电流体中也会产生霍尔效应，这就是目前正在研究的磁流体发电的基本原理和技术。这种发电方式没有机械转动部分，直接将热能转换为电能，因而损耗小、效率高，是非常诱人、有待开发的新技术。

1980年，德国物理学家克里津（K.von Klitizing）在研究金属氧化物场效应管时，发现了在强磁场（18T）、极低温（1.5K）条件下的量子霍尔效应。1982年，美籍华裔科学家崔琦和另外两位美国科学家施特默（H.L.Stormer）、劳克林（R.B.Laughlin）又发现了在磁场更强、温度更低条件下的分数量子霍尔效应。

由于量子霍尔效应和分数量子霍尔效应的发现，克里津和崔琦等科学家分别获得1985年和1998年诺贝尔物理学奖。

【实验目的】

① 观察霍尔效应，学习霍尔器件的有关知识。

② 学会用对称测量法消除副效应的影响，测绘$U_H$-$I_s$和$U_H$-$I_m$曲线。

③ 确定样品的导电类型和载流子浓度。

【实验原理】

霍尔效应是导体中的带电粒子在磁场中运动受到洛伦兹力作用而偏转所引起的。半导体中的带电粒子称为载流子，包括电子和空穴。在半导体中，这种偏转导致在垂直于电流和磁场方向上电子和空穴的聚积，从而形成横向电场，即霍尔电场。

对于图3.45所示的半导体样品，若电流$I_s$沿$x$方向，磁感应强度$B$沿$z$方向，则样品中载流子受洛伦兹力的大小为

$$F_m = qvB \tag{3.31}$$

式中，$q$ 为载流子电量；$v$ 是载流子在电流方向的平均漂移速度。在 $y$ 方向，样品 $A$、$A'$ 两侧聚积等量异号电荷，产生霍尔电场 $E_H$，其方向取决于样品的导电类型。对于 n 型半导体（电子导电）样品，$E_H$ 沿 $-y$ 方向；对于 p 型（空穴导电）样品，$E_H$ 沿 $y$ 方向，即

$$\begin{aligned} &I_s(+x),\ E_H(-y)<0，样品为 n 型 \\ &B(+z),\ E_H(+y)>0，样品为 p 型 \end{aligned} \tag{3.32}$$

显然，该电场阻止载流子继续向侧面偏移，当载流子所受横向电场力 $qE_H$ 与洛伦兹力 $qvB$ 相等时，样品两侧载流子的积累达到平衡，于是

$$qE_H = qvB \tag{3.33}$$

若样品宽度为 $b$，厚度为 $d$，载流子浓度为 $n$，则

$$I_s = nqvbd \tag{3.34}$$

由式（3.33）与式（3.34）两式可得

$$U_H = E_H b = \frac{1}{nq}\frac{I_s B}{d} = R_H \frac{I_s B}{d} \tag{3.35}$$

即霍尔电压 $U_H$ 与 $I_s$ 和 $B$ 的乘积成正比，与样品厚度 $d$ 成反比。比例系数 $R_H = 1/nq$ 称为霍尔系数，是反映材料霍尔效应强弱的重要参数。霍尔系数的单位为三次方米每库仑，单位符号为 $m^3/C$。只要测出 $U_H$、$I_s$、$B$ 和 $d$，便可按下式计算 $R_H$

$$R_H = \frac{U_H}{I_s B} d \tag{3.36}$$

由霍尔系数 $R_H$，可以确定半导体样品的许多参数。

（1）判断样品的导电类型

判断的方法是按图 3.45 所示 $I_s$ 和 $B$ 的方向，若测得 $U_H = U_{AA'} < 0$，即点 $A$ 电位低于点 $A'$ 电位，则 $R_H$ 为负，样品为 n 型，反之为 p 型。

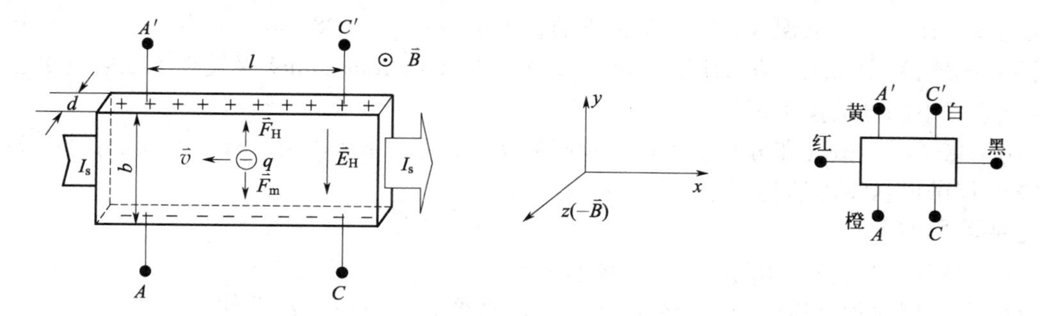


图 3.45　载流子受洛伦兹力的方向及样品引线

（2）计算载流子浓度

由 $n = 1/|R_H|q$ 可以计算载流子浓度。应该指出，该式是假定所有载流子都具有相同的漂移速度。考虑到载流子的速率统计分布，需引入 $3\pi/8$ 因子予以修正，即

$$n = \frac{3\pi}{8}\frac{1}{|R_H|q} \tag{3.37}$$

（3）确定载流子迁移率

电导率 $\sigma$ 与载流子浓度 $n$ 及迁移率 $\mu$ 之间满足关系式 $\sigma=nq\mu$，即

$$\mu=|R_H|\sigma \tag{3.38}$$

通过实验测出 $\sigma$，即可求出 $\mu$。

霍尔电压的大小取决于材料的霍尔系数大小。由于 $R_H=\mu\rho$，对于金属而言，$\mu$ 和 $\rho$ 均很低；而绝缘体 $\rho$ 虽高，但 $\mu$ 极小，因此上述两种材料的霍尔系数都很小，不能用来制作霍尔器件。半导体 $\mu$ 高，$\rho$ 适中，是制作霍尔器件比较理想的材料。而电子迁移率比空穴迁移率大，故霍尔器件都采用n型半导体材料制作；其次霍尔电压的大小与材料厚度成反正，因此薄膜型霍尔器件的输出电压较薄片要高得多。

就霍尔器件而言，其厚度是一定的，通常用 $K_H=1/ned$ 表示霍尔器件的灵敏度，$K_H$ 称为霍尔灵敏度。

（4）霍尔电压 $U_H$ 的测量

在产生霍尔效应的同时，伴随着多种副效应，以致实验测得的 $A$、$A'$ 两电极之间的电压并不等于真实的 $U_H$，而是包含着各种副效应引起的附加电压，因此必须设法消除。

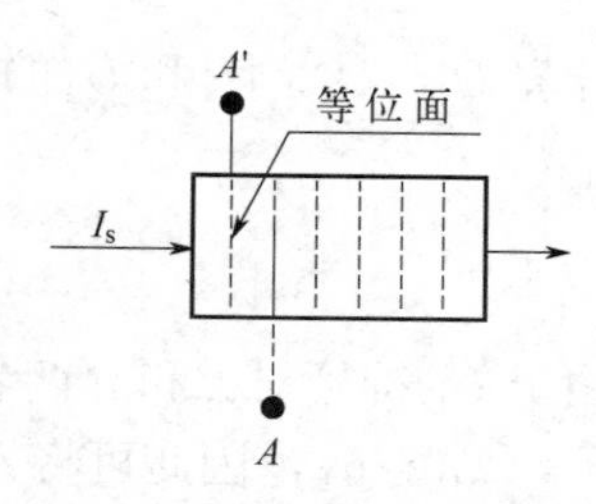

图3.46 不等位电势差

① 不等位电势差 $U_0$。如图3.46所示，由于器件的 $A$、$A'$ 两电极的位置不在一个理想的等位面上，因此，即使不加磁场，只要有电流 $I_s$ 通过，就有电压 $U_0=RI_s$ 产生，$R$ 为 $A$、$A'$ 所在的两个等势面之间的电阻。在测量 $U_H$ 时，就叠加了 $U_0$。当 $U_0$ 与 $U_H$ 同号时，便使得 $U_H$ 值偏大；当 $U_0$ 与 $U_H$ 异号时，$U_H$ 值偏小。$U_H$ 的符号取决于 $I_s$ 和 $B$ 两者的方向，而 $U_0$ 只与 $I_s$ 的方向有关，因此可以通过改变 $I_s$ 的方向予以消除。

② 温差电效应引起的附加电压 $U_E$。如果速度为 $v$ 的载流子所受的洛伦兹力与霍尔电场的作用力刚好抵消，则速度大于或小于 $v$ 的载流子在电场和磁场作用下，将各自朝相反方向偏转，从而在 $y$ 方向引起温差 $T'_A-T_A$，由此产生的温差电效应，在 $A$、$A'$ 电极上引入附加电压 $U_E$，且 $U_E\propto BI_s$，其符号与 $I_s$ 和 $B$ 方向的关系跟 $U_H$ 是相同的，因此不能用改变 $I_s$ 和 $B$ 方向的方法予以消除，但其引入的误差很小，可以忽略。

③ 热磁效应直接引起的附加电压 $U_N$。因样品两端电流引线的接触电阻不等，通电后在接点两处将产生不同的焦耳热，导致在 $x$ 方向有温度梯度，引起载流子沿梯度方向扩散而产生热扩散电流。热流 $Q$ 在 $z$ 方向磁场作用下，类似于霍尔效应在 $y$ 方向上产生一个附加电场 $E_N$，相应的电压 $U_N\propto BQ$，而 $U_N$ 的符号只与 $B$ 的方向有关，与 $I_s$ 的方向无关，因此可通过改变 $B$ 的方向予以消除。

④ 热磁效应产生的温差引起的附加电压 $U_R$。沿 $x$ 方向的热扩散电流，由于载流子的速度统计分布，在 $z$ 方向的磁场 $B$ 作用下，与温差电效应同样道理，将在 $y$ 方向产生温度梯度 $T'_A-T_A$，由此引入的附加电压 $U_R\propto BQ$，$U_R$ 的符号只与 $B$ 的方向有关，亦能消除。

综上所述，实验中测得的 $A$、$A'$ 之间的电压除了 $U_H$ 外，还包含 $U_0$、$U_E$、$U_N$ 和 $U_R$，其中，$U_0$、$U_N$ 和 $U_R$ 均可通过 $I_s$ 和 $B$ 换向的对称测量法予以消除。而磁场 $B$ 的换向，是由励磁电流为 $I_m$ 的电磁铁实现。在设定电流 $I_s$ 和磁场 $B$ 的正、负符号后，由下列四组不同方向的 $I_s$ 和 $B$ 的组合，依次测量 $A$、$A'$ 两点之间的电压 $U_1$、$U_2$、$U_3$ 和 $U_4$，然后求它们的代数平均值，即得

到霍尔电压 $U_H$。

设 $I_s$ 和 $B$ 的方向均为正向，将 $A$、$A'$之间电压记为 $U_1$，即当 $+I_s$、$+B$ 时，

$$U_1 = U_H + U_0 + U_N + U_R + U_E$$

将 $B$ 换向，而 $I_s$ 的方向不变，测得的电压记为 $U_2$，此时 $U_H$、$U_N$、$U_R$ 和 $U_E$ 均变符号，而 $U_0$ 符号不变，即当 $+I_s$、$-B$ 时，

$$U_2 = -U_H + U_0 - U_N - U_R - U_E$$

同理，当 $-I_s$、$-B$ 时，

$$U_3 = U_H - U_0 - U_N - U_R + U_E$$

当 $-I_s$、$+B$ 时，

$$U_4 = U_H - U_0 + U_N + U_R - U_E$$

计算 $U_1$、$U_2$、$U_3$ 和 $U_4$ 的代数平均值，有

$$U_H + U_E = \frac{U_1 - U_2 + U_3 - U_4}{4}$$

由于 $U_E$ 符号与 $I_s$ 和 $B$ 两者方向关系和 $U_H$ 相同，故无法消除，但在非大电流、非强磁场条件下，$U_H >> U_E$，因此可将 $U_E$ 略去不计，所以霍尔电压为

$$U_H = \frac{U_1 - U_2 + U_3 - U_4}{4} \tag{3.39}$$

（5）电导率 $\sigma$ 的测量

可以通过图 3.45 所示的 $A$、$C$ 电极测量电导率 $\sigma$。设 $A$、$C$ 间的距离为 $l$，样品横截面积为 $S=bd$，流经样品的电流为 $I_s$，在无外磁场条件下，若测得 $A$、$C$ 间的电位差为 $U_\sigma$。则可由下式求得电导率

$$\sigma = \frac{lI_s}{SU_\sigma} \tag{3.40}$$

**【实验仪器】**

霍尔效应实验仪，霍尔效应测试仪。霍尔片尺寸：$d$=0.5mm，$l$=3.0mm，$b$=4.0mm。

**【实验内容】**

（1）测量前准备

按照图 3.47 用连接线将测试仪与实验仪对应的 $I_s$、$U_H$ 和 $I_m$ 各组接线端钮连接好。$I_s$ 与 $I_m$ 换向开关置于上方，表明 $I_s$ 与 $I_m$ 均为正值；反之为负值。$U_H$、$U_\sigma$ 切换开关置于上方，表示测量 $U_H$；置于下方，则可测量 $U_\sigma$。

为了准确测量，应首先对测试仪进行零点调节，即将测试仪的“$I_s$ 调节”和“$I_m$ 调节”旋钮均置零位，待开机 5 分钟后，若 $U_H$ 显示不为零，可通过面板左下方小孔的“调零”电位器实现调零，即“0.00”。

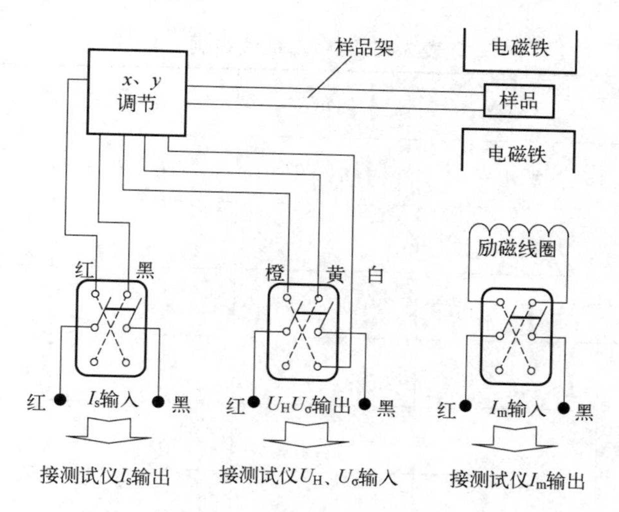


图 3.47　霍尔效应实验仪结构

（2）测绘 $U_H$-$I_s$ 曲线

将实验仪的"$U_H$、$U_\sigma$"切换开关置于 $U_H$，测试仪的"功能切换"置于 $U_H$。将 $I_m$ 调至 600.0mA，并保持不变，测绘 $U_H$-$I_s$ 曲线，记录数据到表 3.44 中。

**表 3.44　$U_H$-$I_s$ 曲线数据**

| $I_s$/mA | $U_1$/mV | $U_2$/mV | $U_3$/mV | $U_4$/mV | $U_H=\dfrac{U_1-U_2+U_3-U_4}{4}$/mV |
|---|---|---|---|---|---|
| | $+I_s$、$+B$ | $+I_s$、$-B$ | $-I_s$、$-B$ | $-I_s$、$+B$ | |
| 1.00 | | | | | |
| 1.50 | | | | | |
| 2.00 | | | | | |
| 2.50 | | | | | |
| 3.00 | | | | | |
| 4.00 | | | | | |

（3）测绘 $U_H$-$I_m$ 曲线

将实验仪的 $U_H$、$U_\sigma$ 切换开关置于 $U_H$，测试仪的"功能切换"置于 $U_H$。将 $I_s$ 值调到 3.00mA，并保持不变，测绘 $U_H$-$I_m$ 曲线，记录数据到表 3.45。

（4）测量 $U_\sigma$

将实验仪的 $U_H$、$U_\sigma$ 切换开关置于 $U_\sigma$，测试仪的"功能切换"置于 $U_\sigma$；将电磁铁线圈开关断开，即 $I_m=0$，取 $I_s=2.00$mA，测量 $U_\sigma$ 正向、负向各一次。

（5）确定样品的导电类型

将实验仪三组开关都掷于上方，即 $I_s$ 沿 $x$ 正方向，$B$ 沿 $z$ 正方向。取 $I_s$ 为 2mA，$I_m$ 为 600.0mA，测量 $U_H$ 的大小与极性，判断样品导电类型。

表 3.45　$U_H$-$I_m$ 曲线数据

| $I_m$/mA | $U_1$/mV | $U_2$/mV | $U_3$/mV | $U_4$/mV | $U_H=\frac{U_1-U_2+U_3-U_4}{4}$/mV |
|---|---|---|---|---|---|
| | $+I_s$、$+B$ | $+I_s$、$-B$ | $-I_s$、$-B$ | $-I_s$、$+B$ | |
| 300.0 | | | | | |
| 400.0 | | | | | |
| 500.0 | | | | | |
| 600.0 | | | | | |
| 700.0 | | | | | |
| 800.0 | | | | | |

【数据处理】

① 测绘 $U_H$-$I_s$ 曲线和 $U_H$-$I_m$ 曲线。

② 计算样品的 $R_H$ 和 $\sigma$ 值。

③ 判断样品的导电类型。

【思考题】

（1）若已知霍尔样品的工作电流 $I_s$ 及磁感应强度 $B$ 的方向，如何判断样品的导电类型？

（2）霍尔器件通常用半导体材料制作，而且做得比较薄，为什么？

（3）由公式 $U_H=(U_1-U_2+U_3-U_4)/4$ 计算的是霍尔电压的平均值吗？是否有更简便的方法计算霍尔电压 $U_H$？

# 第4章

# 光学实验

## 4.1 薄透镜成像

透镜是用透明材料制成的片状光学元件，用于使物体发出的光线聚焦成像。透镜通常为圆片，有两个磨光的表面，两者或其中之一是曲面，既可以是凸面，也可以是凹面。曲面几乎均为球面，即曲率半径为常量。透镜的聚焦效应是由于光在其中传播得比周围空气慢，以致在光束射入透镜或从透镜射出到空气产生折射。

单透镜用于眼镜、放大镜、投影聚光器、取景器和简单照相机。通常将单透镜组合成为复合透镜，置于镜筒内以消除各种像差。复合透镜用于照相机、显微镜和望远镜等设备。

透镜在天文、军事、交通、医学、艺术等领域发挥着重要作用。

【实验目的】

① 研究薄透镜成像规律。

② 学习光路的经纬调节、共轴调节方法。

③ 学会测定薄透镜焦距的基本方法。

【实验原理】

（1）薄透镜成像规律

透镜是光学仪器的一种重要元件，由玻璃、水晶等透明材料制成。光线通过透镜折射后可以成像。按照形状或成像要求的不同，透镜可分为许多种类，一般分为凸透镜和凹透镜两大类，如图 4.1 所示。凸透镜有双凸透镜、平凸透镜和凹凸透镜三种，因有汇聚光线的作用，故也称为汇聚透镜。凹透镜有双凹透镜、平凹透镜和凸凹透镜三种，因有发散光线的功效，故亦称发散透镜。

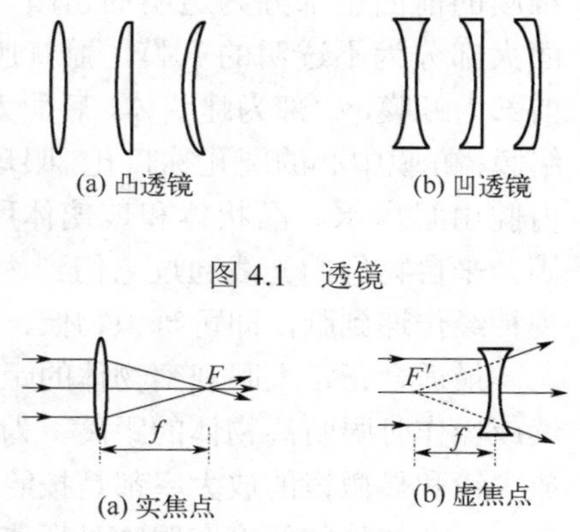

(a) 凸透镜 (b) 凹透镜

图 4.1 透镜

(a) 实焦点 (b) 虚焦点

图 4.2 透镜的焦点与焦距

透镜中央部分的厚度与其两面的曲率半径相比为很小的称为薄透镜。在图 4.2 中，平行光束经透镜折射的交点或折射后反向延长线的汇聚点称作焦点。薄透镜的中心（亦称光心）与其焦点之间的距离称焦距。通过薄透镜中心且与镜面正交的直线称为主轴或光轴。过薄透镜的焦点而与其主轴垂直的平面称焦平面。

设透镜的折射率为 $n_L$，焦距为 $f$，其两侧介质的折射率均为 $n$。主轴上一物点 $Q$ 与光心 $O$ 的距离为 $s$，其像点 $Q'$ 与光心的距离为 $s'$。在近轴光线条件下，薄透镜成像的规律为

$$\frac{1}{s}+\frac{1}{s'}=\frac{1}{f} \tag{4.1}$$

式中，$s$ 为物距，实物为正，虚物为负；$s'$ 为像距，实像为正，虚像为负；$f$ 为焦距，凸镜为正，凹镜为负。

对折射率均匀的薄透镜，其成像作图的三条典型光线为（图 4.3）：

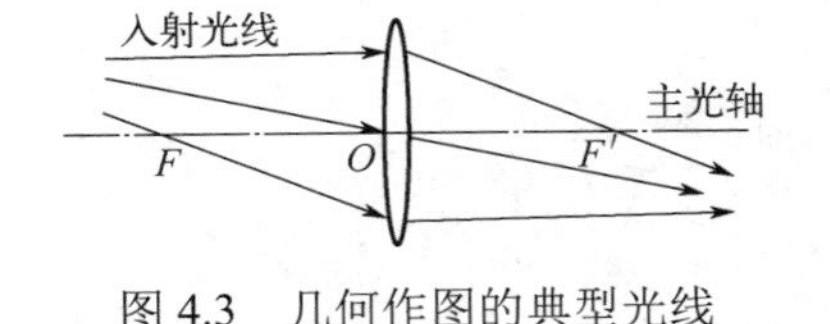


图 4.3　几何作图的典型光线

① 通过物方焦点 $F$ 的入射光线，其出射光线平行于主光轴；

② 平行于主轴的入射光线，其出射光线通过像方焦点 $F'$；

③ 过光心 $O$ 的入射光线，其出射光线不偏折。

对于任意近轴的入射光线，可通过添加与入射光线平行的辅助光线，由物方焦点 $F$ 或光心 $O$ 的性质确定其出射光线。

（2）人的眼睛

眼睛是视觉器官。人眼由眼球和辅助器官所组成。眼球有感光作用，为视觉器官的主要部分。辅助器官有眼眶、眼睑、结膜、泪器和眼肌等，对眼球起转动和保护作用。

眼球的构造如图 4.4 所示。眼球藏在眼眶内，前面突出，后面有神经和血管出入，周围有六条眼肌附着，可使眼球向各个方向转动。眼球壁分三层，由外到内为纤维膜、血管膜和视网膜。纤维膜的前面小部分为透明的角膜，后面大部分为不透明的巩膜。血管膜的前部为虹膜，中部为睫状体，后面为脉络膜；虹膜中心的圆孔称瞳孔。眼球的内腔由眼房水、晶状体和玻璃体所充满。来自物像的光线通过它们到达视网膜。视网膜的感觉细胞将刺激转变为神经冲动后，由视神经传递到脑，即可辨识物像、颜色和明暗。

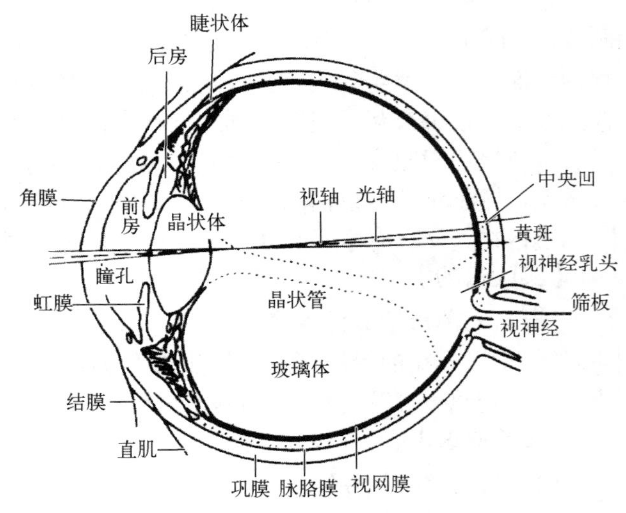


图 4.4　人的眼球示意图

最适合正常人眼观察物体的距离，称为明视距离。该距离约在 20～30cm 之间，相当于阅读或操作时眼睛离物体的距离。为便于光学仪器的设计，一般规定 25cm 为明视距离。例如，放大镜和显微镜的放大率都是按照成像于明视距离处的条件计算的。

一个物体的线度在眼睛处所张的角度称为该物体的视角。物体愈小或距离愈远，视角愈小，在视网膜上所成的像亦愈小，乃至看不清楚。医学上用眼睛能分辨的最小视角作为衡量

视力的标准。正常视力所对应的最小视角为 1′，称为“一分视角”。能看清物体时眼睛与物体的最近距离称近点，能看清物体时的最远距离称远点。同一物体在近点以内或远点以外的距离范围内，都不能看清楚。

一般人年逾四十后，眼的晶状体逐渐硬化，不能随睫状肌的调节作用而改变其形状，无法将近处的物体成像在视网膜上，使阅读和近距离工作发生困难。这种现象称作老光，俗称老花眼，是一种生理性变化，可配一副凸透镜的眼镜——花镜，使像成在视网膜上。若由于用眼不当等原因使远处的物体只能成像在视网膜前，因而成像不清，则需配一副凹透镜的眼镜，即近视镜加以矫正，使远处物体在较近处成虚像，再由眼睛将其成像在视网膜上。为了配一副合适的眼镜，需要准确测定镜片的焦距。

（3）凸透镜焦距的测定

凸透镜的焦距可用自准法测定，由图 4.5 实现。被照亮的物屏 $S$ 置于透镜的一侧，另一侧放一个平面反射镜 $M$。移动透镜 $L$ 可改变物距长短。当物距等于透镜焦距 $f$ 时，物屏 $S$ 上某点 $Q$ 发出的光，经透镜后成为平行光，由反射镜 $M$ 反射后，再经透镜汇聚为像点 $Q'$。此时测出透镜到物屏的距离，即可确定透镜的焦距。

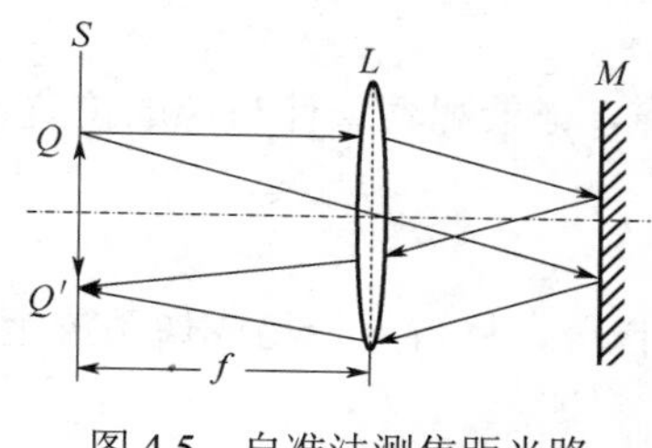

图 4.5　自准法测焦距光路

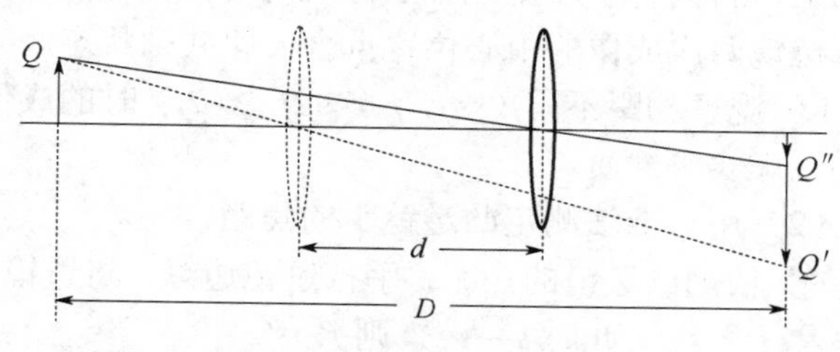

图 4.6　位移法测焦距光路

凸透镜的焦距亦可用位移法测定。若凸透镜的焦距为 $f$，保持物与像屏的距离 $D$ 不变，且使 $D>4f$，如图 4.6 所示。沿光轴方向移动透镜，可在像屏上看到两次成像，一次为放大的倒立实像 $Q'$，另一次为缩小的倒立实像 $Q''$。两次成像时透镜移动的距离为 $d$，则由式（4.1），凸透镜的焦距为

$$f=\frac{D^2-d^2}{4D} \tag{4.2}$$

（4）凹透镜焦距的测定

凹透镜只能生成虚像，因而需要借助凸透镜来测量凹透镜的焦距。通常用一个凸透镜与之配合构成一个透镜组，分别测量有、无凹透镜时的成像位置求出凹透镜的焦距，这种方法称为物距-像距法。如图 4.7 所示，若 $Q$ 点的光通过凸透镜后成实像 $Q'$，置入凹透镜后成实像 $Q''$。设凹透镜虚物的物距为 $s$、像距为 $s'$，则其焦距为

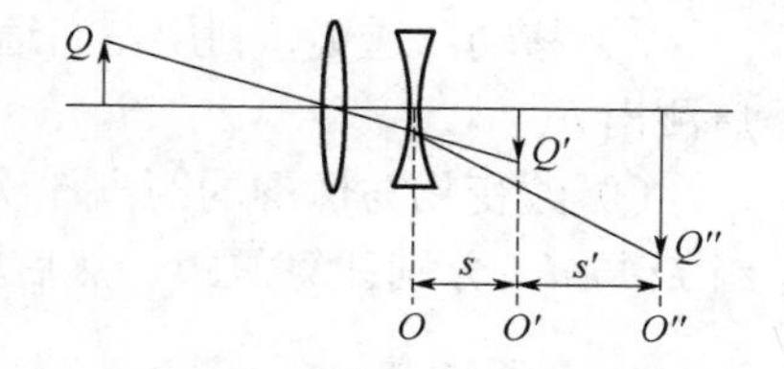

图 4.7　测凹透镜焦距光路

$$f=\frac{ss'}{s-s'} \tag{4.3}$$

亦可将待测凹透镜与一个焦距为 $f_1$ 的凸透镜叠在一起构成一个组合透镜，用位移法测出其焦距 $f_2$，则凹透镜的焦距为

$$f = \frac{f_1 f_2}{f_1 - f_2} \tag{4.4}$$

【实验仪器】

光源，透镜基座，凸透镜，凹透镜，物屏，像屏等。

【实验内容】

（1）研究薄透镜成像规律

① 将透镜装配到透镜基座上，然后依次将光源、物屏、透镜、像屏等按相应光路配置好，注意物与像应保持一定距离。

② 为满足近轴光线的要求，需进行共轴调节，一般分两步，即粗调和细调。

粗调是通过眼睛来判断，将光源和各个光学元件的中心轴调至同一水平面与同一铅直面的交线上，即处于同一轴线上。

细调是根据位移法成像的特点，固定光源与像屏的位置，使 $D>4f$，沿轴向移动透镜时在像屏上依次成放大和缩小的像。若两次成像时的物与像的中心重合，则物与像的中心均在主光轴上。否则物不在主光轴上，此时可按大像追小像的方法，反复调节透镜或物的高度，使经过透镜两次成像的中心位置重合，即共轴状态。

③ 观察物距不同（$s<f$，$f<s\leqslant 2f$，$s>2f$）时的成像特点，记录观察条件与像的位置、大小、正倒、虚实等性质。

（2）用自准法测定凸透镜 1 的焦距

① 估测凸透镜的焦距：手持透镜边缘，将透镜移近像屏，将窗外景物成像于屏上或将阳光聚焦于一点，此时 $s\to\infty$，则 $f\approx s'$。

② 按图 4.5 配置被光源照亮的物屏 $S$、凸透镜 $L$ 和平面反射镜 $M$，使物屏与凸透镜的间距略大于 $f$。

③ 改变凸透镜至物屏 $S$ 的距离，直至物屏的反面呈现清晰且大小与物相等的、倒立的实像为止。测出此时的物距 $s_1$，即为待测凸透镜的焦距。

④ 将透镜沿直径转 180°，再测一次为 $s_2$，取两次读数的平均值作为待测凸透镜的焦距。

（3）用位移法测定凸透镜 2 的焦距

① 按图 4.6 配置光源、物、透镜及像屏，使 $D>4f$，调节光路至共轴状态，固定物和像屏的位置不变，测出 $D$。

② 移动凸透镜，利用左右逼近法记录像屏呈现清晰放大像与缩小像时的凸透镜位置，然后测出 $d$。

③ 改变物与像屏的距离 5 次，重复上述步骤，测出相应的 $D$ 与 $d$，填入表 4.1。对于每一组 $D$ 与 $d$，分别计算焦距，然后取平均值。

**表 4.1 凸透镜 2 焦距**

| 次数 | 1 | 2 | 3 | 4 | 5 | 6 |
|---|---|---|---|---|---|---|
| $D$/cm | | | | | | |
| $d$/cm | | | | | | |
| $f$/cm | | | | | | |

（4）用透镜组测定凹透镜的焦距

① 参照图4.7，在物与像屏之间配置凸透镜，使其在像屏上呈现清晰的像 $Q'$，记录像屏的位置 $O'$。

② 在凸透镜与像屏之间配置凹透镜，移动像屏，使像屏上再次成清晰的像 $Q''$，记录凹透镜的位置 $O$ 与像屏的位置 $O''$。

③ 重复步骤①、② 5次，将数据记录到表4.2。

表4.2 凹透镜焦距

| 次数 | 1 | 2 | 3 | 4 | 5 | 6 |
|---|---|---|---|---|---|---|
| $O'$/cm | | | | | | |
| $O$/cm | | | | | | |
| $O''$/cm | | | | | | |
| $s$/cm | | | | | | |
| $s'$/cm | | | | | | |
| $f$/cm | | | | | | |

【数据处理】

（1）自准法测定凸透镜1的焦距

$s_1$=____cm，$s_2$=____cm，$f$=（$s_1+s_2$）/2=____cm

（2）位移法测定凸透镜2的焦距

根据式（4.1）计算焦距，则凸透镜2的焦距为

$$\overline{f}=\frac{1}{6}\sum_{n=1}^{6}f_n$$

（3）物距-像距法测定凹透镜的焦距

由式（4.2）计算焦距，则凹透镜的焦距为

$$\overline{f}=\frac{1}{6}\sum_{n=1}^{6}f_n$$

【思考题】

（1）怎样调节各光学元件的光轴？

（2）为什么用白屏作像屏？可否用黑屏、透明平玻璃、毛玻璃？为什么？

（3）实验中为什么在光源前加毛玻璃？为什么用单色光更好些？

（4）试比较测定凸透镜焦距的两种方法。

（5）用位移法测量凸透镜焦距时，为什么 $D$ 应略大于 $4f$？

（6）用物距-像距法测凹透镜焦距时，为了减小误差，凸透镜是成大像好还是成小像好？

## 4.2 分光计的调节

JJY型分光计是一种分光测角光学实验仪器，在利用光的反射、折射、衍射、干涉和偏振

原理的各项实验中做角度测量。例如，利用光的反射原理测量棱镜的角度；利用光的折射原理测量棱镜的最小偏向角，从而计算棱镜玻璃的折射率和色散率；和光栅配合，做光的衍射实验，测量光波波长；和偏振片、波片配合，做光的偏振实验等。

【实验目的】

① 了解分光计的结构及作用，工作的基本原理。

② 学会调节分光计，能用分光计进行一般测量。

③ 用分光计测量三棱镜顶角。

【实验原理】

分光计由底座、平行光管、望远镜、载物台和读数圆盘5大部分所构成。分光计的外形如图4.8所示。

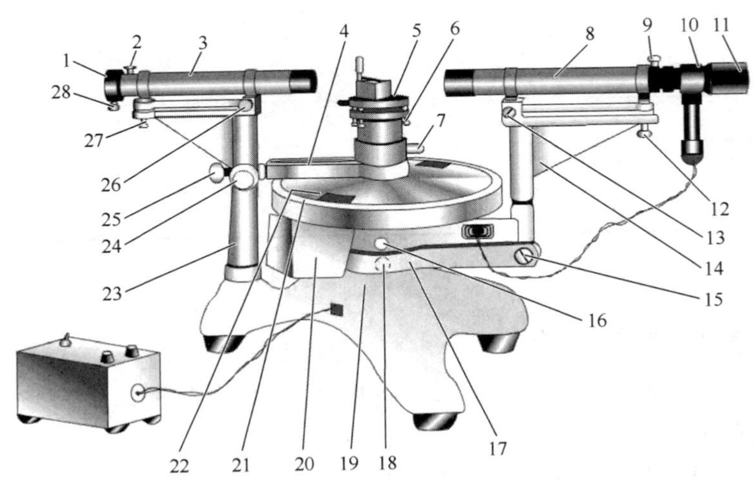


图4.8 JJY型分光计示意图

1—狭缝装置；2—狭缝装置锁紧螺钉；3—平行光管；4, 18—制动架；5—载物台；6—载物台调平螺钉（3只）；7—载物台锁紧螺钉；8—望远镜；9—目镜锁紧螺钉；10—阿贝式自准直目镜；11—目镜视度调节手轮；12—望远镜光轴高低调节螺钉；13—望远镜光轴水平调节螺钉；14—支臂；15—望远镜微调螺钉；16—转座与度盘止动螺钉；17—望远镜止动螺钉；19—底座；20—转座；21—度盘；22—游标盘；23—立柱；24—游标盘微调螺钉；25—游标盘止动螺钉；26—平行光管光轴水平调节螺钉；27—平行光管光轴高低调节螺钉；28—狭缝宽度调节手轮

（1）底座

位于分光计的下部，起着支撑整台仪器的作用。在其中央固定一中心轴（又称主轴），度盘21和游标盘22套在中心轴上，可以绕中心轴旋转，度盘下端有一推力轴承支撑，使旋转轻便灵活。在一个底脚的立柱上装有平行光管。

（2）平行光管

作用是产生平行光，平行光管安装于固定在底座的立柱上，不能绕轴转动。平行光管的一端装有汇聚透镜，另一端装有可调狭缝的套筒，狭缝宽度可由狭缝宽度调节手轮28调节，其调节范围为在0.02～2mm。狭缝可沿平行光管光轴方向移动和转动，当它位于汇聚透镜的焦平面上时，平行光管产生平行光。其光轴的倾斜位置可通过平行光管光轴水平调节螺钉26和平行光管光轴高低调节螺钉27进行调节。

（3）望远镜

观测用，由目镜、物镜和分划板（或叉丝）组成。JJY 型分光计的望远镜装有阿贝目镜，如图 4.9 所示。在目镜和分划板之间，紧靠分划板的下端装有一全反射小三棱镜。三棱镜紧靠分划板的一面刻有一十字透光窗口。目镜筒下侧开有一小孔，小灯的光自筒侧进入，经全反射小棱镜反射后，沿望远镜光轴方向照到分划板上，照亮了十字，使十字成为一个发光体。旋转目镜视度调节手轮 11，可改变目镜和分划板之间的距离，用于目镜调焦。沿望远镜光轴方向移动目镜可改变物镜与分划板之间的距离，使分划板能同时位于物镜和目镜的焦平面上。

望远镜筒下面的光轴高低调节螺钉 12、光轴水平调节螺钉 13，是用来调节望远镜的光轴位置的。当光轴位置已调整好时，应固定这两个螺钉。望远镜止动螺钉 17 放松时，望远镜可绕轴自由转动，旋紧时，望远镜被固定。转座与度盘止动螺钉 16 用来控制转座与圆盘间的相对转动，16 和 17 放松时望远镜可独自绕中心轴转动；17 放松而 16 旋紧，度盘可随望远镜一起旋转。若 17 和 16 均旋紧，调节望远镜微调螺钉 15 可对望远镜的旋转角度进行微调。

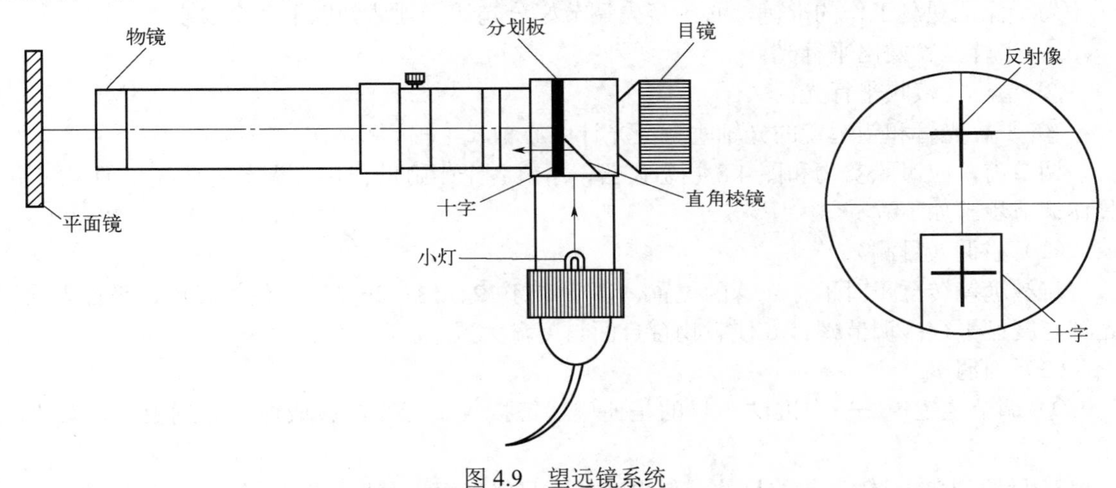


图 4.9 望远镜系统

（4）载物台

用来放置平面镜、棱镜等光学元件，与读数圆盘上的游标相连，并由止动螺钉 25 控制其与中心轴的连接。放松 25，游标连同载物台可绕轴旋转。24 为微调螺钉，当旋紧 16 和 25 时，借助微调螺钉 24 可对载物平台的旋转角度进行微调。放松螺钉 7，载物台可单独绕中心轴旋转或沿中心轴升降。调到所需位置后，再把螺钉 7 旋紧。载物台下面有三个调平螺钉 6 用来调节台面的倾斜度。外接 6.3V 电源插头，接到底座的插座上，通过导环通到转座的插座上，望远镜系统的照明器插头插在转座的插座上，这样可避免望远镜系统旋转时发生电线缠绕。

（5）读数圆盘

用来指示望远镜或载物台转动的角度，由度盘和游标组成。盘面垂直于中心轴，并可绕中心轴旋转。度盘为 360°，刻有 720 等分的刻线，每一格的格值为 30′，小于 30′的值利用游标读出。游标为 30 格，总长为 14.5°，故游标的分度值为 1′。游标读数的方法和游标卡尺完全相同。为了消除度盘转轴与分光计中心轴线的偏心差，在度盘对径方向各设一个游标。

测量时，两个游标都应读数，然后取平均值。

游标读数举例如下：

读数时应首先看游标零刻线所指的位置，如图 4.10 所示情形为 116°多一点，而游标上的第 3 格恰好与度盘上的某一刻度对齐，因此该读数为 116°3′。

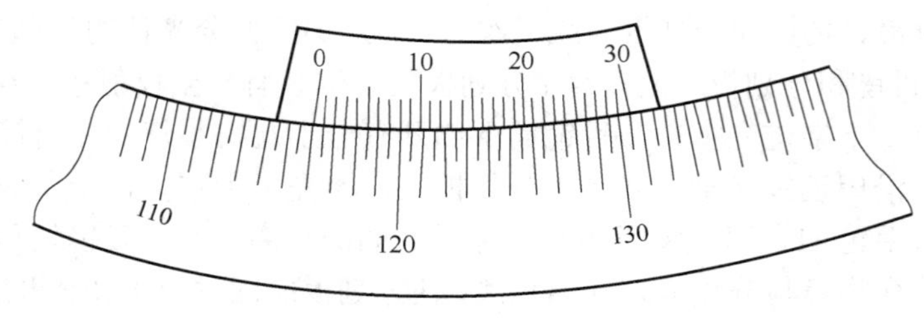


图 4.10　分光计的游标

**【实验仪器】**

分光计，光学平行平板，钠光灯，三棱镜。

**【实验内容】**

为了保证观测工作的准确，必须事先调节好分光计。须达到以下三个要求：

① 平行光管发出平行光；

② 望远镜接收平行光；

③ 平行光管和望远镜的光轴垂直分光计中心轴（主轴）。

调节前，应对照实物和图 4.8 熟悉仪器，了解各个螺钉的作用。调节时要先粗调再细调。具体调节步骤如下。

（1）粗调（目测）

将望远镜转至正对平行光管的位置，调节螺钉 12、13、26、27，使望远镜、平行光管的光轴与度盘平行；调节螺钉 6 使载物台台面与度盘大致平行。

（2）细调

① 调节望远镜——自准法。目的是使望远镜接收平行光，并成像于分划板上。其步骤如下：

a. 目镜调焦。目镜调焦的目的是使眼睛通过目镜能很清楚地看到目镜中分划板上的刻线。调焦方法：旋转目镜调节手轮 11，直到能够清楚看到分划板叉丝“ǂ”为止。接上灯源（将从变压器出来的 6.3V 电源插头插到底座的插座上，目镜照明器上的插头插到转座的插座上），点亮照明小灯，在目镜下部区域可看到一十字亮线，前后移动目镜，对望远镜进行调焦，使亮十字线成像清晰，且眼睛左右摆动而像不发生变化，此时分划板已在目镜的焦平面上，在后面的实验中不要再调节 11。

b. 将光学平行平板按图 4.11 所示位置放于载物台上。其反射面对着望远镜物镜，且与望远镜光轴大致垂直。若目测粗调调整得基本准确，则可在望远镜中看到反射回来的十字的像——一个绿色亮十字。若反复调节仍无法看到反射回来的绿色十字像，则需重新进行粗调。

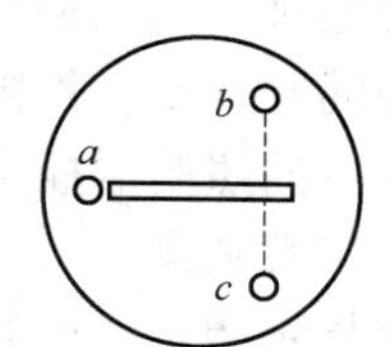


图 4.11　光学平行平板放置位置图

c. 放松目镜锁紧螺钉 9，伸缩目镜筒，使绿色的亮十字像清晰并消除视差。此步骤称为“自准直”。表明十字所在的分划板正好处在望远镜焦平面上，且望远镜已能接收平行光并成像于分划板上。旋紧 9，此后目镜筒不要再伸缩移动。

② 调节望远镜光轴使之垂直于分光计中心轴

a. 转动载物台，使光学平行平板两个反射面反射回来的亮十字像均能进入望远镜。

注意：若从光学平行平板的一面见到了绿色的亮十字像，而在另一面却找不到，这可能是粗调不细致，这时要重新粗调。

b. 将光学平行平板其中一反射面正对望远镜筒，在目镜中观察，亮十字像可能与分划板上方的十字线不重合，如图4.12（a）。此时使用减半逐步逼近法，调节载物台调平螺钉6，使高度差减小一半，如图4.12（b），再调节望远镜光轴高低调节螺钉12，改变望远镜倾斜度，使高度差消除，即亮十字像与上方的十字线重合，如图4.12（c）。

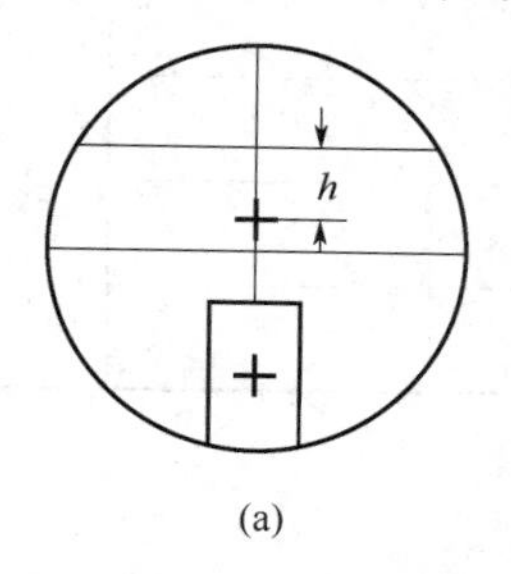


(a)

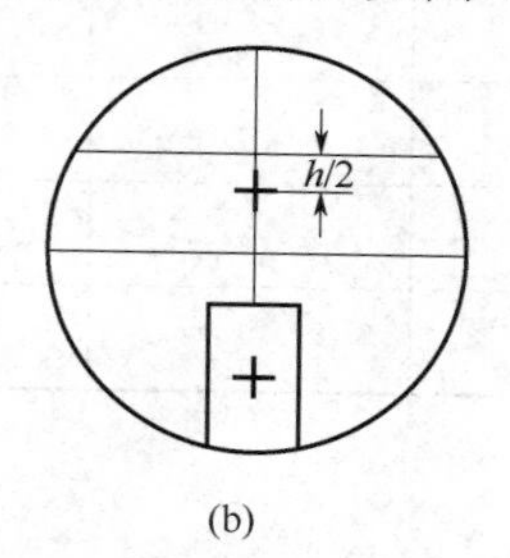


(b)

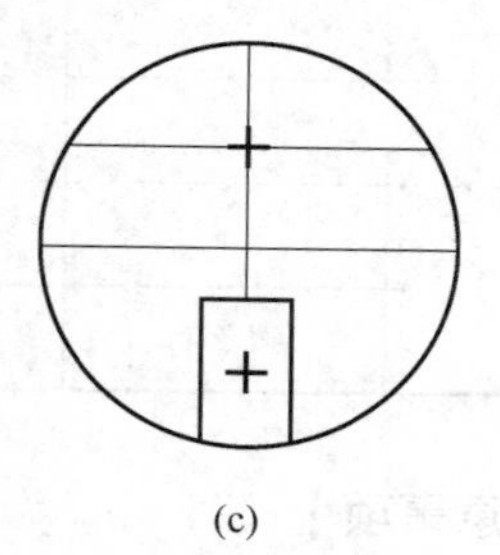

(c)

图4.12　减半逐步逼近法调节示意图

c. 将载物台连同游标转过180°，此时光学平行平板另一反射面正对望远镜筒，同样用减半逐步逼近法进行调节，使两十字线重合。

d. 重复步骤b和c，反复调节，直至从两个反射面反射回的像均与分划板上方十字线重合为止。此时望远镜光轴已垂直于分光计中心轴。

③ 将分划板十字线调成水平和竖直。当载物台连同光学平行平板相对于望远镜旋转时，若分划板的水平刻线与亮十字的移动方向不平行，表明分划板上水平刻线未处于水平位置，应转动目镜筒，使亮十字的移动方向与分划板的水平刻线平行，注意不要破坏望远镜的调焦。旋紧目镜锁紧螺钉9，此后望远镜只能绕轴转动而不能再进行任何调节。

④ 调节平行光管。

a. 调节平行光管使之产生平行光。移去光学平行平板，关闭目镜筒下的小灯，点亮钠光灯照亮狭缝，调节狭缝宽度调节手轮28，使缝宽约为1mm。转动望远镜使之正对平行光管，调节平行光管的狭缝位置，放松狭缝装置锁紧螺钉2，前后移动狭缝，使狭缝处于平行光管透镜的焦平面上，当在望远镜中能看到清晰的狭缝像，且与分划板上的十字线无视差时，说明平行光管发出的光为平行光。

b. 调节平行光管的光轴使之垂直于分光计中心轴。将狭缝调成水平，调节平行光管光轴高低调节螺钉27，升高或降低狭缝像的位置，使得狭缝像的中心与分划板上中央水平线重合。此时平行光管的光轴与望远镜的光轴位于同一高度，并垂直于分光计主轴。再将狭缝调成竖直，使狭缝与目镜分划板的垂直刻线平行，注意不要破坏平行光管的调焦，旋紧锁紧螺钉2。

（3）测量三棱镜的顶角

固定载物台，转动望远镜（也可固定望远镜而转动载物台），先使棱镜$AB$面与望远镜光轴垂直，记下望远镜相对于转台的方位角$\theta_1$、$\theta_2$，然后再转动望远镜使$AC$面与望远镜光轴垂直，记下此时望远镜相对于转台的方位角$\theta_1'$、$\theta_2'$，如图4.13所示，读数之差就是两法线的夹角$\alpha$，而$\alpha$为顶角$A$的补角。重复测量五次，将

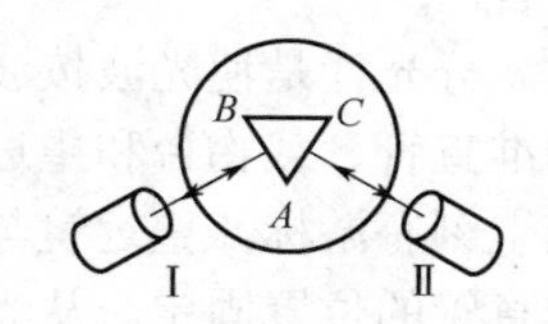


图4.13　测量三棱镜顶角

数据填入表 4.3，求出$\alpha$平均值及其不确定度，然后求得棱镜的顶角 $A$。

**表 4.3　三棱镜顶角**

| 次数 | $\theta_1$ | $\theta_1'$ | $\theta_2$ | $\theta_2'$ | $\alpha$ | $\bar{\alpha}$ |
|---|---|---|---|---|---|---|
| 1 | | | | | | |
| 2 | | | | | | |
| 3 | | | | | | |
| 4 | | | | | | |
| 5 | | | | | | |

【注意事项】

① 不得用手触摸光学表面。
② 转动望远镜时，不要直接推镜筒。
③ 调节分光计时要先目测粗调。
④ 测量时，游标盘固定不动，主刻度盘随望远镜一起转动。
⑤ 左右游标读数不要混淆。

【数据处理】

① 求出$\alpha$平均值及其不确定度。
② 求得棱镜的顶角 $A$。

【思考题】

（1）为什么要调节望远镜平面（读数平面）和准直管光轴与主轴垂直？
（2）读数盘上角游标为什么要设置两个？

## 4.3　棱镜折射率测定

折射率表示在两种各向同性介质中光速比值的物理量。除垂直入射外，光从介质 1 进入介质 2 时，任一入射角的正弦与折射角的正弦之比对于确定的两种介质是一个常量。该常量称为介质 2 对介质 1 的相对折射率，并等于介质 1 中的光速对介质 2 中的光速之比。任一介质对真空（作为介质 1）的折射率称为该介质的绝对折射率，简称折射率。

由于光在真空中的速度最大，因此其他介质的折射率都大于 1。同一介质对不同波长的光波具有不同的折射率；在可见光为透明的介质内，折射率一般随波长的减小而增大，即红光折射率最小，紫光最大。通常所说某物体的折射率数值多少，是指对波长为 5893Å 的钠黄光而言的。

分光计是使光波按波长分散兼供光学测量的仪器，一般由装在三脚座上并在同一平面内的准直管、载物台和望远镜三种主要部件构成。载物台为一圆盘，可以绕中心轴转动，其底座上刻有游标。望远镜与底座外围刻有角度读数的圆环相连，它们也可以绕中心轴转动。而准直管的位置固定。从光源发出的光，经准直管变为平行光，再经载物台上的棱镜或其他光学元件的反射、折射或衍射后，方向改变，用望远镜观察并在圆环上读出所偏转的角度。望远镜中装有准线以增加测量的精确度。分光计可用于测量波长、棱镜角、棱镜材料的折射率和色散率等。

【实验目的】

① 了解分光计的结构和作用。

② 学习分光计的调节与使用方法。

③ 学会用分光计测量角度。

【实验原理】

三棱镜的横截面如图4.14所示，$AB$和$AC$是透光的光学表面，即反射面，其夹角$\angle BAC$称为三棱镜的顶角，用$\alpha$表示。$BC$为毛玻璃面，称为三棱镜的底面。设一束单色光与$AB$面的法线方向成$i$角入射到棱镜上，经两次折射后，沿着与$AC$面法线方向成$i'$角射出。则入射线的延长线与出射线的延长线之间的夹角$\varDelta$称为偏向角。

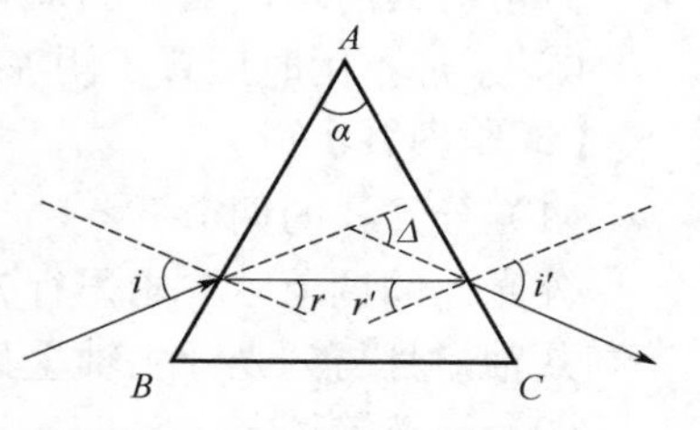


图4.14　棱镜顶角与偏向角

由图4.14中的几何关系，偏向角$\varDelta=(i-r)+(i'-r')=(i+i')-(r+r')$，即

$$\varDelta=(i+i')-\alpha \tag{4.5}$$

对于给定棱镜，$\varDelta$随$i$变化。当入射角$i$等于出射角$i'$时，有$\mathrm{d}\varDelta/\mathrm{d}i=0$，且$\mathrm{d}^2\varDelta/\mathrm{d}i^2>0$，$\varDelta$有最小值，记为$\delta$，称最小偏向角。当$i=i'$时，最小偏向角$\delta=2i-\alpha$，或

$$i=\frac{1}{2}(\alpha+\delta) \tag{4.6}$$

因为$\alpha=r+r'=2r$，有$r=\alpha/2$，将此式代入$\sin i=n\sin r$，得棱镜的折射率为

$$n=\frac{\sin i}{\sin r}=\frac{\sin\frac{1}{2}(\alpha+\delta)}{\sin\frac{\alpha}{2}} \tag{4.7}$$

若测出$\alpha$和$\delta$，由式（4.7）可求出棱镜对该单色光的折射率$n$。

【实验仪器】

分光计，汞灯，平面镜，三棱镜等。

汞灯是一种利用汞蒸气放电的发光灯。按其工作时灯内汞气压的大小分为低压、高压和超高压汞灯。低压汞灯能辐射较窄的汞的特征谱线，这些谱线可用于光谱仪的波长定标，在医药行业低压汞灯作为杀菌灯用。高压汞灯辐射强度大，可作为仪器光源，也可作为较强的照明光源。超高压汞灯是一种体积小，亮度高，能辐射很强红外线、可见光和紫外线的点光源，一般作为荧光显微镜、高亮度照相记录器等仪器以及投影仪的光源。汞灯光谱线可见区波长见表4.4。

**表4.4　汞灯光谱线可见区波长**

| 颜色 | 紫 | 蓝 | 蓝绿 | 绿 | 黄 | 红 |
|---|---|---|---|---|---|---|
| 波长/Å | 4047<br>4078 | 4358 | 4916 | 5461 | 5770<br>5790 | 6123 |

使用汞灯时须注意以下事项：

① 汞灯点燃后，如果突然断电，灯管仍然发烫，若此时立刻通电，常常不能点燃，一般需要等 10 分钟左右，待灯管温度下降后才能重新点燃。

② 汞灯辐射紫外线较强，不要直视汞灯，以防灼伤视网膜。

③ 若汞灯表面有灰尘，宜用无水乙醇擦拭，严禁用手直接触摸。

④ 如果灯管意外破损导致汞蒸气散发，现场人员务必立即离开，让现场持续通风半小时后，方可对其清理，回收的汞可留作实验用。

⑤ 汞灯不用时应置于阴凉、干燥处密封保存，避免强光直射。

**【实验内容】**

（1）分光计的调节

分光计的调节，要求平行光管能发出平行光；望远镜能接收平行光；望远镜与平行光管等高共轴，且与分光计主轴垂直（具体步骤和内容参考 4.2 节分光计的调节）。

（2）三棱镜调节

调节三棱镜主截面与分光计主轴垂直，即三棱镜的两个光学反射面的法线与分光计中心轴垂直。根据自准直原理，用已调好的望远镜进行调节。先将载物台调节到适当高度，将三棱镜安放在载物台上，如图 4.15 所示。然后转动载物台，使棱镜的一个反射面 $AB$ 正对望远镜，调节载物台的水平调节钮 $a$ 或 $c$，使十字像与上十字重合。再转动载物台，使三棱镜另一个反射面 $AC$ 正对望远镜，调节载物台另一水平钮 $b$ 达到自准。重复以上步骤，直到两个反射像都与上十字重合。

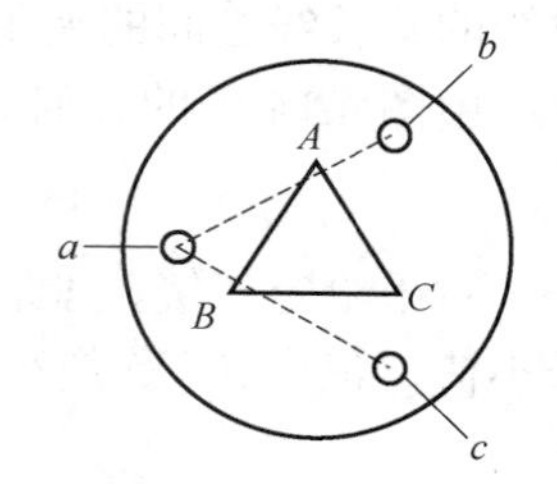

图 4.15　三棱镜主截面调节

（3）棱镜顶角测量

① 反射法测量三棱镜顶角。开启汞灯，照射平行光管狭缝，使其出射平行光。将三棱镜置于载物台上，并使棱镜顶角对准平行光管，如图 4.16 所示，则平行光管射出的白光照射在棱镜的两个反射面上。将望远镜转至 I 位置，可观测到棱镜 $AB$ 面反射的光，然后调节望远镜的测微旋钮，使分划板竖线对准狭缝中央，此时从两个窗口可分别读出角度 $\theta_1$ 和 $\theta_1'$；再将望远镜转至 II 处，观测从棱镜 $AC$ 面反射的光，再由两个窗口读出角度 $\theta_2$ 和 $\theta_2'$。于是三棱镜的顶角为

$$\alpha=\frac{1}{4}[(\theta_2-\theta_1)+(\theta_2'-\theta_1')] \tag{4.8}$$

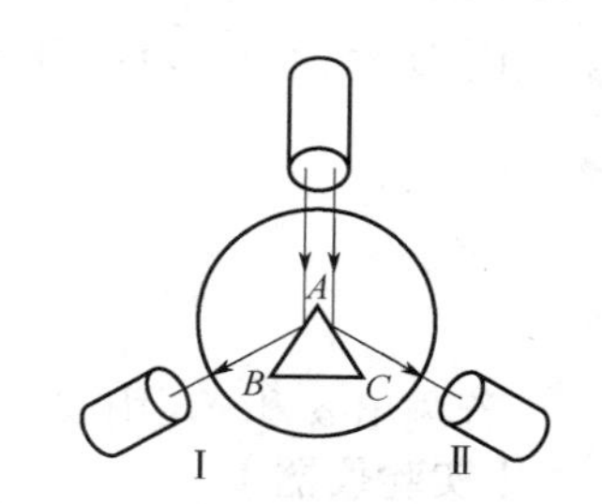

图 4.16　反射法测量三棱镜顶角

② 自准直法测三棱镜顶角。利用自准直法测量三棱镜顶角，可以采用图 4.17 所示的光路。分光计调节好以后，用望远镜对准三棱镜的一个光学反射面 $AB$，使反射回来的十字像与分划板上十字重合，由窗口读取望远镜的位置读数 $\theta_1$ 与 $\theta_1'$。然后将望远镜光轴垂直对准棱镜的另一个光学反射面 $AC$，使反射回来的十字像与上十字重合，记下望远镜的位置读数为 $\theta_2$ 和 $\theta_2'$。望远镜转过的角度（$\theta_2-\theta_1$）或（$\theta_2'-\theta_1'$）就是三棱镜顶角的补角，即

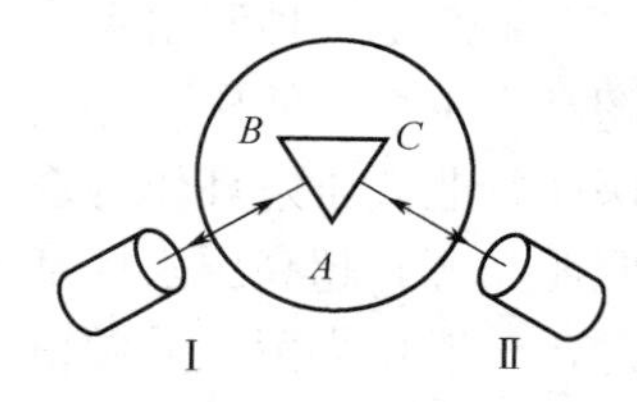

图 4.17　自准直法测三棱镜顶角

$$\alpha=180^\circ-\frac{1}{2}[(\theta_2-\theta_1)+(\theta_2'-\theta_1')] \tag{4.9}$$

（4）测量最小偏向角

最小偏向角 $\delta$ 的测量原理如图 4.18 所示，对于材料和顶角一定的三棱镜，单色平行光射入棱镜后，其最小偏向角是唯一的。

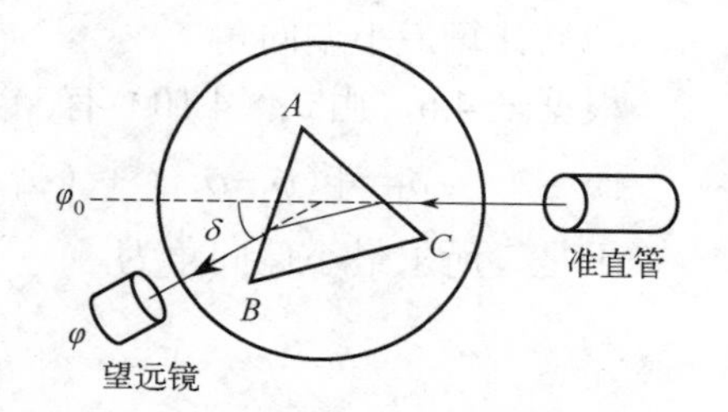


图 4.18　最小偏向角测量原理

① 开启汞灯，照射平行光管狭缝，使其出射平行光，按图 4.18 放置三棱镜。由平行光管出射的复色平行光，经三棱镜折射后以不同角度偏转，用眼睛沿棱镜出射方向观察，可以看到色散后的光谱。

② 将望远镜移到眼睛所在方位，对准待测谱线，可以看到其对应的狭缝像。让载物台连带游标一起转动，使该谱线朝偏向角减小的方向移动，同时转动望远镜，跟踪该谱线，直至棱镜沿同方向转动时，该谱线不再向前移动而向反方向移动时为止，此转折点对应于该谱线的最小偏向角位置。

③ 固定载物台和游标，微调望远镜位置，使分划板竖直线对准该谱线中央，记录两窗口读数 $\varphi$ 和 $\varphi'$。转动望远镜，对准平行光管，使分划板竖直线对准入射光的白色狭缝中央，记录读数 $\varphi_0$ 和 $\varphi_0'$。

④ 该谱线对应的最小偏向角 $\delta$ 为

$$\delta=\frac{1}{2}[(\varphi-\varphi_0)+(\varphi'-\varphi_0')] \tag{4.10}$$

**【注意事项】**

① 望远镜、平行光管上的镜头和三棱镜镜面不能用手摸、揩。擦拭尘埃时应使用专用镜头纸轻轻处理。

② 分光计的调节需要耐心、细致，动作应轻缓；严禁随意扭动，强力操作。

③ 三棱镜顶点应放在靠近载物台中心处。

④ 在计算望远镜转过的角度时，应考虑望远镜是否经过了刻度盘零点。若未经过刻度盘零点，则望远镜转过的角度为 $\varphi_2-\varphi_1$ 或 $\varphi_2'-\varphi_1'$；如果经过零点，则望远镜转过的角度为（$\varphi_2-\varphi_1$）+360° 或（$\varphi_2'-\varphi_1'$）+360°。

⑤ 平行光管狭缝的宽度在 1mm 左右为宜，宽了测量误差大；太窄光通量小，狭缝容易损坏，应尽量减少调节量。

**【数据处理】**

（1）计算三棱镜顶角

由式（4.8）计算三棱镜顶角，将结果填入表 4.5。

表 4.5　三棱镜顶角

| 次数 | $\theta_1$/（°） | $\theta_1'$/（°） | $\theta_2$/（°） | $\theta_2'$/（°） | $\alpha$/（°） | $\bar{\alpha}$/（°） |
|---|---|---|---|---|---|---|
| 1 | | | | | | |
| 2 | | | | | | |
| 3 | | | | | | |

（2）计算最小偏向角

根据表 4.6，由式（4.10）有

$$\delta_1=[(\varphi_1-\varphi_{10})+(\varphi'_1-\varphi'_{10})]/2,\quad \delta_2=[(\varphi_2-\varphi_{20})+(\varphi'_2-\varphi'_{20})]/2$$

于是，所求最小偏向角为

$$\delta=\frac{\delta_1+\delta_2}{2}$$

（3）计算棱镜折射率

由式（4.7），计算一条谱线的折射率。

**表 4.6　最小偏向角**

$\varphi_{10}=$　　，$\varphi'_{10}=$　　，$\varphi_{20}=$　　，$\varphi'_{20}=$

| $\lambda$/Å | $\varphi_1$/（°） | $\varphi'_1$/（°） | $\delta_1$/（°） | $\varphi_2$/（°） | $\varphi'_2$/（°） | $\delta_2$/（°） | $\delta$/（°） |
|---|---|---|---|---|---|---|---|
| 4078 | | | | | | | |
| 4358 | | | | | | | |
| 5461 | | | | | | | |
| 5791 | | | | | | | |
| 6123 | | | | | | | |

【思考题】

（1）除了用反射法测量三棱镜顶角外，还有自准直法测量三棱镜顶角，你能画出用自准直法测量三棱镜顶角的光路图吗？

（2）何谓最小偏向角？在实验中如何确定最小偏向角的位置？

（3）用自准直法调节望远镜时，若望远镜中准线交点在物镜焦点以外或以内，则准线交点经平面镜反射回望远镜后的像将成在何处？

（4）能否设计一个方案，不测最小偏向角就能测量棱镜的折射率？

## 4.4　光栅衍射

光栅亦称衍射光栅，是利用单缝衍射与多缝干涉使光发生色散的光学元件。它是一块刻有大量相互平行、等宽、等间距的狭缝（刻痕）的平面（或凹面）玻璃或金属片。平面的称平面光栅，凹面的称凹面光栅。平面光栅又可根据所用的是透射光还是反射光而分为透射光栅和反射光栅两种。

通常用塑料在原刻光栅上浇制出与原刻线完全一样的薄膜，将其贴在玻璃片上，制成所谓的复制光栅，或称模拟光栅。光栅每单位长度内的刻痕多少，主要取决于所欲分光的波长范围，一般两刻痕间的距离应与该波长同一数量级，单位长度内刻痕愈多，其色散率愈大。而光栅的分辨本领则取决于刻痕总数。

天然晶体内按一定规则排列的微粒，形成所谓空间光栅，其中两颗粒间的距离比人工刻出来的刻痕距离小得多，常用于测量 X 射线和微观粒子的波长。

不同种类的光栅被用于单色仪、摄谱仪和光谱仪上，如光栅分光计等。

光在传播过程中，能够绕过障碍物的边缘，改变其传播方向，并使其光强重新分布的现象叫作光的衍射。衍射是光具有波动性的重要特征之一。

光照射到光栅上将衍射出按波长和衍射级次排列的谱线，即光栅光谱。各种元素或化合物都有特定谱线，测定光谱中各谱线的波长和相对强度，可以确定该物质的成分与含量。这种研究方法叫作光谱分析，被广泛用于科学研究和工程技术领域。

**【实验目的】**

① 进一步了解分光计的结构、原理与作用，学会其调节方法。

② 观察光栅光谱，了解光栅衍射原理。

③ 学会用分光计测量光波波长。

**【实验原理】**

如果用 $b$ 表示光栅不透光部分的宽度，用 $a$ 表示透光部分的宽度，则 $a+b=d$ 称为光栅常数，也就是相邻两缝中心间的距离。

光栅衍射原理如图4.19所示。光照射到狭缝上成为缝光源，当其经过透镜 $L_1$ 后成为平行光。平行光垂直照射到光栅上，从多缝射出的光沿着各个方向传播，这些光线称为衍射光线。衍射光线与入射光线之间的夹角称为衍射角，用 $\varphi$ 表示。相同衍射角的衍射光线经透镜 $L_2$ 会聚到观察屏的同一点，观察屏置于透镜 $L_2$ 的焦平面上。衍射角不同的衍射光会聚到观察屏的不同点上，形成强度不同的光栅衍射图样，即光栅光谱。

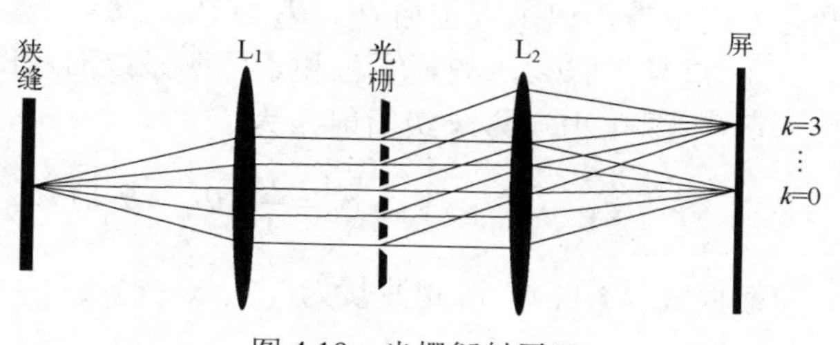

图4.19 光栅衍射原理

由相邻狭缝射出的具有相同衍射角的两束光线，经透镜 $L_2$ 会聚在观察屏的 $P$ 点，它们之间的光程差为 $(a+b)\sin\varphi$，若光程差恰好等于入射光波长 $\lambda$ 的整倍数，则它们在 $P$ 点的振动彼此加强，该衍射方向为振动的极大方向，此时衍射角 $\varphi$ 满足条件

$$(a+b)\sin\varphi=\pm k\lambda,\quad k=0,\ 1,\ 2,\ \cdots \tag{4.11}$$

所有狭缝发出的衍射光线在透镜 $L_2$ 焦平面上汇聚时因干涉加强而形成明条纹。式(4.11)称为光栅方程或光栅公式。$k$ 为衍射级次，$k=0$ 时，$\varphi=0$，该衍射角所对应的明条纹为中央主极大。$k=1$，2，…时，$\varphi$ 角所对应的明条纹分别称为第1级，第2级，…，主极大。正、负号表示各级主极大分别对称地分布在中央主极大的两侧。

**【实验仪器】**

分光计，汞灯，光学平行平板，光栅等。

**【实验内容】**

（1）分光计的调节

分光计的调节参见4.2节相关内容。

（2）测量光波波长

① 将光栅置于载物台中央，调节平行光管，使衍射条纹清晰、精细，且与目镜分划板竖线重合。缓慢转动望远镜，可以观察到一条一条衍射明条纹。在中央明纹的两侧各有两条或

三条衍射明条纹，如图 4.20 所示。

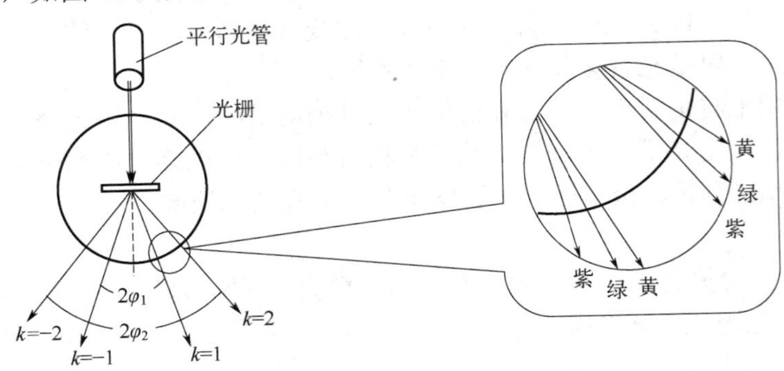


图 4.20 光栅光谱

② 将望远镜分别对准 $k=\pm1$ 的两条黄色明条纹，然后调节望远镜微调钮，使十字线对准条纹中央，记录方位角 $\theta_1$、$\theta'_1$ 与 $\theta_{-1}$、$\theta'_{-1}$。然后将望远镜转到 $k=\pm2$ 的两条黄色明条纹位置，重复上述步骤，记录方位角 $\theta_2$、$\theta'_2$ 与 $\theta_{-2}$、$\theta'_{-2}$。

③ 重复步骤②，测量绿色和紫色明条纹对应的角度。

④ 由图 4.20，第 $k$ 级衍射角为

$$\varphi_k=\frac{1}{4}[(\theta_{-k}-\theta_k)+(\theta'_{-k}-\theta'_k)] \tag{4.12}$$

根据式（4.11），待测波长为

$$\lambda_k=\frac{d}{k}\sin\varphi_k \tag{4.13}$$

**【注意事项】**

① 分光计的调节需要耐心、细致，动作应轻缓；严禁强扭硬拉。

② 转动载物台是指游标盘与载物台一起转动。

③ 平行光管对准汞灯光源后，不宜随意挪动位置。

**【数据处理】**

由式（4.12）计算第 $k$ 级衍射角 $\varphi_k$，再按式（4.13）计算待测波长 $\lambda_k$。根据计算的两级波长，由下列公式计算平均波长，填入表 4.7。

$$\bar{\lambda}=\frac{1}{2}(\lambda_1+\lambda_2)=\frac{1}{2}(d\sin\varphi_1+\frac{d}{2}\sin\varphi_2)$$

**表 4.7 光谱级次与衍射角**

光栅常数 $d$=

| 明纹颜色 | 级次 $k$/（°） | $\theta_{-k}$/（°） | $\theta_{-k'}$/（°） | $\theta_k$/（°） | $\theta_{k'}$/（°） | $\varphi_k$/（°） | $\lambda k$/Å |
|---|---|---|---|---|---|---|---|
| 黄 | 1 | | | | | | |
| | 2 | | | | | | |
| 绿 | 1 | | | | | | |
| | 2 | | | | | | |
| 紫 | 1 | | | | | | |
| | 2 | | | | | | |

【思考题】

（1）衍射角与光栅常数有什么关系？

（2）怎样调节光栅方位？

（3）如何测量光栅常数？

（4）根据理论分析，测量哪一级谱线的波长相对误差最小？

（5）用光栅测量光波波长，调节分光计有哪些要求？

（6）光源相同、光栅常数不同的光栅，其谱线间距有何不同？

（7）单色光通过光栅，可以看到一组光谱带；若改用白光，将会观察到什么样的光谱带？

## 4.5　等厚干涉

通过透明介质膜的两个表面反射的光线相遇发生的干涉称为薄膜干涉。薄膜干涉的条纹一般分为两种，即等倾干涉条纹与等厚干涉条纹。等倾条纹是各个方向的光照射在厚度均匀的薄膜上产生的干涉条纹，同一条纹对应的入射角相同。等厚条纹是同一方向的光照射在厚度不均匀的薄膜上产生的干涉条纹，同一条纹对应的薄膜厚度相等。常见的等厚干涉有劈尖干涉和牛顿环干涉。

等厚干涉在加工光学元件和测量几何技术中有很多重要应用。比如，在加工光学元件过程中，用于检查其平面或曲面的面型准确度；测量薄膜厚度、细丝直径、微小角度、透镜的曲率半径等。

【实验目的】

① 观察等厚干涉条纹，了解等厚干涉特点。

② 学习读数显微镜和钠灯的使用方法。

③ 学会用干涉法测量细丝的直径或薄片的厚度。

④ 学习用牛顿环测量透镜曲率半径的原理和方法。

【实验原理】

（1）劈尖干涉

加工成楔形的透明介质膜构成一个劈尖，见图 4.21（a）；或由两个折射率相同的透明介质薄膜构成一个空气劈尖，如图 4.21（b）；当一束单色平行光垂直照射劈尖时，其上、下两个表面反射的光在上表面相遇时形成平行于劈尖棱边的等间隔的干涉条纹，如图 4.21（c）。

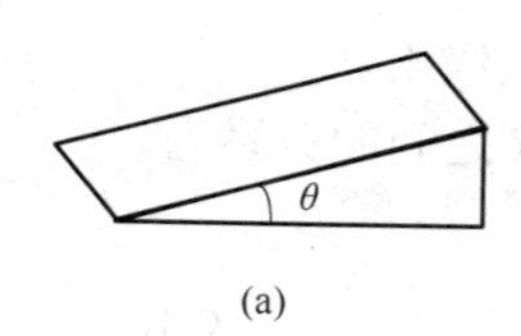


(a)

(b)

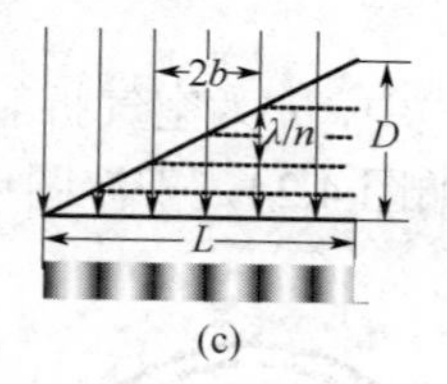


(c)

图 4.21　劈尖及其干涉条纹

对置于空气中，折射率为 $n$（$n$>1）的劈尖，其上、下两个表面的反射光在上表面相遇时的光程差为

$$\delta = 2nd + \frac{\lambda}{2}$$

形成干涉条纹的条件是

$$\delta=2nd+(\lambda/2)=k\lambda，k=1，2，3，\cdots（明纹）$$

$$\delta=2nd+(\lambda/2)=(2k+1)\lambda/2，k=0，1，2，\cdots（暗纹）$$

第 $k$ 级暗条纹对应的介质厚度为 $d_k=k\lambda/2n$，$k=0，1，2，\cdots$。两相邻暗（明）纹对应的介质厚度差都等于 $\Delta d=\lambda/2n$。若相邻暗（明）纹间距为 $b$，第 $k$ 条暗（明）纹与第 $k+m$ 条暗（明）纹间距离为 $\Delta L$，则 $mb=\Delta L$。由于 $\theta$ 很小，$\sin\theta\approx\theta$，于是有

$$\theta\approx\frac{D}{L}=\frac{\lambda}{2nb}=\frac{m\lambda}{2n\Delta L}$$

由此得

$$D=\frac{mL}{2n\Delta L}\lambda \tag{4.14}$$

测量时，只需测出 $m$ 条暗（明）纹对应的距离 $\Delta L$ 和劈尖长度 $L$，并已知介质的折射率 $n$ 和照射光的波长 $\lambda$，由式（4.14）可以求出细丝直径或薄片厚度 $D$。

（2）牛顿环

牛顿环亦称牛顿圈，是一种用分振幅方法实现的等厚干涉图样，最早为牛顿所发现。牛顿环是一些明暗相间的彩色或单色同心圆环，这些圆环的间距不等，随离中心点的距离增加而逐渐变窄。它们是由球面上与平面上反射的光相遇干涉而形成的干涉条纹，如图 4.22 所示。

牛顿环也是典型的光学元件。将一块曲率半径很大的平凸透镜 A 凸面向下叠放在一块平板玻璃 B 上，就构成一个牛顿环，其结构如图 4.23 所示。

当平行单色光垂直照射牛顿环时，进入透镜的光一部分在透镜凸面上反射，另一部分折射到平板玻璃的上表面，并发生反射，这两部分反射光在透镜凸面上相遇时发生干涉。由于 A、B 之间形成一个厚度由零逐渐增大的空气膜，在以接触点为中心的同一圆周上的空气膜厚度相等，产生以接触点 $O$ 为中心的明暗相间、内疏外密的同心圆环。

当一束单色光垂直照射牛顿环时，在透镜凸面和平板玻璃上表面的反射光在透镜凸面相遇时的光程差满足的明暗条件为

$$\delta=2nl+\frac{\lambda}{2}=2k\frac{\lambda}{2}，k=1，2，3，\cdots（明纹） \tag{4.15}$$

$$\delta=2nl+\frac{\lambda}{2}=(2k+1)\frac{\lambda}{2}，k=0，1，2，\cdots（暗纹） \tag{4.16}$$

式中，$n$ 为空气折射率，$n\approx1$；$\lambda$ 为照射光波长；$k$ 为干涉条纹级次。

如图 4.24，干涉圆环半径 $r_k$，空气膜厚度 $l_k$ 与透镜曲率半径 $R$ 之间的关系为

$$R^2=r_k^2+(R-l_k)^2$$

图 4.22　牛顿环

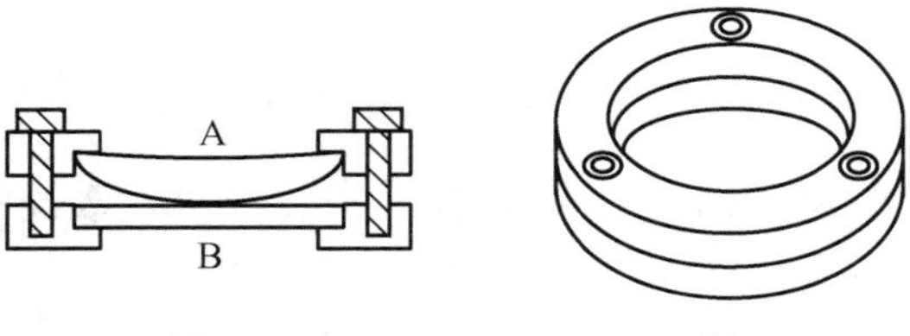

图 4.23　牛顿环元件

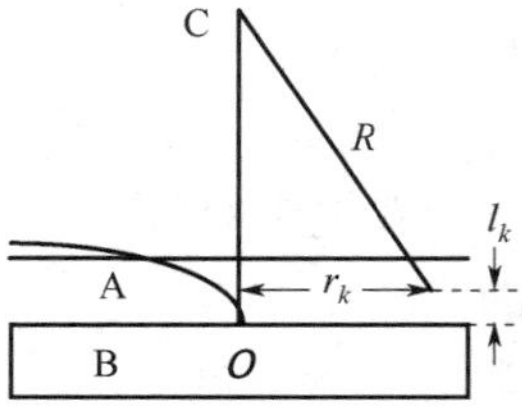

图 4.24　$r$ 与 $R$ 的关系

化简得 $r_k^2=2Rl_k-l_k^2$。因 $R>>l_k$，$l_k^2$ 可略去，于是 $r_k^2=2Rl_k$，代入式（4.15）与式（4.16）得

$$r_k=\sqrt{R(2k-1)\frac{\lambda}{2}}\text{，}k=1\text{，}2\text{，}3\text{，}\cdots\text{（明纹）} \tag{4.17}$$

$$r_k=\sqrt{Rk\lambda}\text{，}k=0\text{，}1\text{，}2\text{，}\cdots\text{（暗纹）} \tag{4.18}$$

若已知单色光的波长 $\lambda$，并且测量出第 $k$ 级暗环（或明环）的半径 $r_k$，可求出平凸透镜的曲率半径 $R$。同理，若已知 $R$ 和 $r_k$，可求波长 $\lambda$。

由于透镜与平板玻璃受力挤压而产生变形，所以接触点不是一个点而是一个面，还由于镜面灰尘的存在或镜面的磨损等，干涉条纹还会发生畸变。因此干涉圆环的中心不易确定，半径 $r_k$ 也较难测准。为了克服这些因素的影响，可采用测量直径的方法并用逐差法处理数据。通常是测量距离中心较远的第 $m$ 环与第 $n$ 环的直径 $D_m$ 与 $D_n$（$m<n$），由式（4.18），有 $D_n^2-D_m^2=4R(n-m)\lambda$，于是

$$R=\frac{D_n^2-D_m^2}{4(n-m)\lambda} \tag{4.19}$$

**【实验仪器】**

读数显微镜，钠灯，劈尖，牛顿环等。

（1）读数显微镜

显微镜是获得微小物体或物体细微部分的放大像以便观察的光学仪器，主要由一个短焦距的物镜和一个焦距较长的目镜组成，分别固定在金属管的两端，两镜间的距离可以调节。物镜和目镜一般是由几个透镜适当配合而成的透镜组，各相当于一个凸透镜。

读数显微镜除观察微小物体或物体细微部分以外，还可以测量微小长度。读数显微镜的结构如图4.25所示。它由物镜、目镜和十字叉丝组成。使用时，被测物体置于台面玻璃8上，用弹簧压片7固定。调节目镜1，使叉丝清晰。转动调焦手轮4，从目镜中观察，使被测物成像清晰。调节被测物，使其被测部分的横面与显微镜移动方向平行。转动测微手轮15，使十字叉丝的纵线对准被测物的起点，进行读数。读数标尺刻度范围为0～50mm，每格长度为1mm，读数鼓轮圆周等分为100格，鼓轮转动一周，标尺就移动一格，即1mm，所以鼓轮上每格为0.01mm。为了避免回程误差，应采用单方向移动的方法测量。

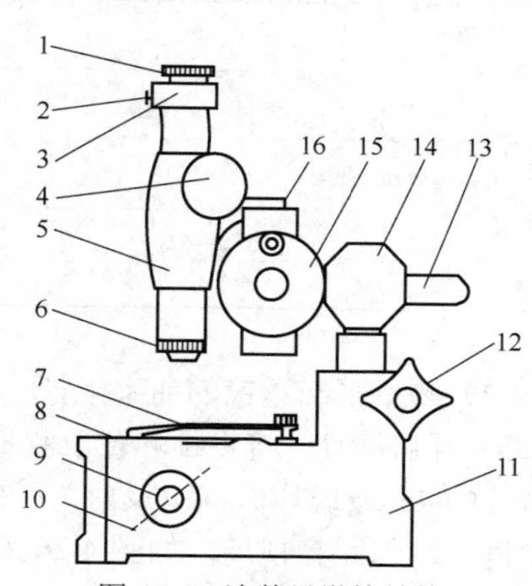


图4.25　读数显微镜结构

1—目镜；2—锁紧螺钉；3—锁紧圈；4—调焦手轮；5—镜筒支架；6—物镜；7—弹簧压片；8—台面玻璃；9—旋转手轮；10—反光镜；11—底座；12—旋手；13—方轴；14—接头轴；15—测微手轮；16—标尺

（2）钠灯

钠灯是一种利用钠蒸气放电的发光灯。在可见波段辐射两条黄色谱线，其波长分别为5890Å和5896Å，是目前所知道的发光效率最高的电光源之一。因为钠灯发出的两条谱线波长很接近，通常取其平均值5893Å作为钠灯光源的波长。钠灯可作为偏振计、旋光计、析光仪等光学仪器中的单色光源。

## 【实验内容】

（1）测量细丝直径或薄片厚度

① 开启钠灯，将劈尖置于读数显微镜的载物平台上，使劈尖两玻璃片交线及薄片边缘在可测量区域内。调节镜筒高度，让钠灯光线S经显微镜上的45°玻璃片P向下反射，至劈尖的上、下表面向上反射，再通过玻璃片P进入读数显微镜，均匀照亮视场，如图4.26。

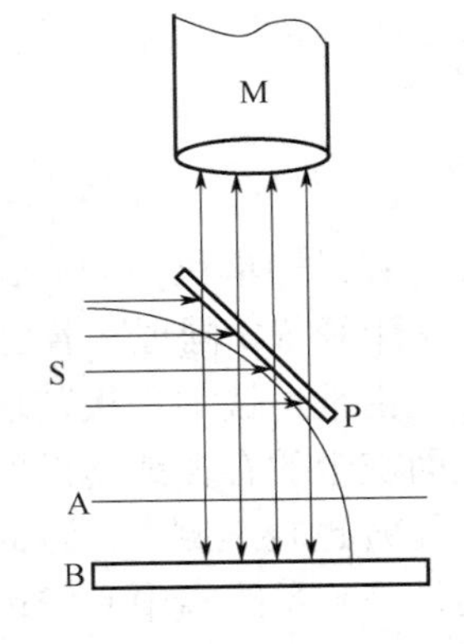

图4.26　牛顿环干涉装置

② 调节显微镜调焦手轮，直至从目镜中能看到清晰的干涉条纹为止。如果干涉条纹与两玻璃片棱边不平行，则可能是压紧螺钉松紧不合适或薄片上有灰尘。适当调节压紧螺钉的松紧或者擦干净薄片，使干涉条纹与两玻璃棱边平行。

③ 调节劈尖在工作台上的位置，使干涉条纹与十字刻线的纵线平行。

④ 转动鼓轮，将显微镜筒移动到标尺一端再反转，测出劈尖有效长度L，即两玻璃棱边与薄片内侧边缘的距离。

⑤ 在劈尖中部条纹清晰处，从第 $k$ 条暗纹开始读数，记为 $x_k$，然后每隔3个暗条纹记录一次数据，共记录6个数据，填入表4.8中。

**表4.8　劈尖数据**

$\lambda$=5893Å

| 级数 $k$ | 6 | 9 | 12 | 15 | 18 | 21 |
|---|---|---|---|---|---|---|
| 暗纹位置 $x_k$/mm | | | | | | |
| $\Delta L_i=x_{k+9}-x_k$/mm | | | | | | |
| $\overline{\Delta L}=\dfrac{\Delta L_1+\Delta L_2+\Delta L_3}{3}=$ | | | $D=\dfrac{mL}{2n\overline{\Delta L}}\lambda=$ | | | |

（2）测量平凸透镜的曲率半径

① 开启钠灯，将牛顿环置于测量显微镜的载物平台上。调节镜筒高度，让钠灯光线S经显微镜的45°玻璃片P向下反射，到空气膜的上、下表面向上反射，再通过玻璃片P进入读数显微镜，均匀照亮视场，如图4.26所示。

② 调节显微镜目镜，看清叉丝，自下而上缓慢调节显微镜焦距，从目镜中看到清晰、明暗相间的牛顿环。若观察不到牛顿环条纹，轻轻移动牛顿环，同时调节显微镜焦距，直至观察到清晰的牛顿环条纹。

③ 移动牛顿环使牛顿环条纹的圆心处于目镜的十字叉丝交点为止，并调节目镜叉丝，使之与标尺平行或垂直。

④ 转动测微鼓轮，使十字叉丝向一侧移动到牛顿环第22暗纹，然后反方向移动到另一侧第22暗纹，检查这些条纹是否在显微镜可读范围内。

⑤ 以中心暗斑为零环向一侧缓缓移动到牛顿环第22暗纹，然后自第22暗纹反方向移动十字叉丝，使叉丝竖线与第18暗纹相切，记录此位置的读数 $x_{18}$。继续向同方向移动镜筒，依

次记录 $x_{15}$～$x_3$ 的读数，将数据记录到表4.9中。

⑥ 继续沿同方向移动镜筒，穿过环心向另一侧移动。当叉丝移至另一侧第3暗纹时，使十字叉丝竖线与第3暗纹相切，记录此位置读数 $x'_3$。之后依次记录 $x'_6$～$x'_{18}$。

**表4.9 牛顿环数据**

$\lambda=5893\text{Å}$

| 级数 $k$ | 暗纹位置 | | 暗环直径 | $n-m=9$ | $\overline{R}=\frac{R_1+R_2+R_3}{3}$ |
|---|---|---|---|---|---|
| | 左 $x_k$ /mm | 右 $x'_k$ /mm | $D_k=\lvert x_k-x'_k\rvert$ / mm | | |
| 18 | | | | $R_1=\frac{D_{18}^2-D_9^2}{4\lambda(18-9)}$ = | |
| 15 | | | | $R_2=\frac{D_{15}^2-D_6^2}{4\lambda(15-6)}$ = | |
| 12 | | | | $R_3=\frac{D_{12}^2-D_3^2}{4\lambda(12-3)}$ = | |
| 9 | | | | | |
| 6 | | | | | |
| 3 | | | | | |

**【注意事项】**

① 避免空程差，即测量每一组数据时，读数显微镜的测微鼓轮只能向一个方向转动，亦即镜筒在测量过程中只能沿着一个方向移动，测量中途不能反向。

② 测量劈尖干涉条纹间距 $\Delta L$ 时，应使显微镜的叉丝竖线与明、暗条纹的交界线重合；测量劈尖长度 $L$ 时，劈尖棱边与薄片处均以内侧为准。

③ 暗条纹有一定宽度，其中心不易确定。在测量牛顿环直径时，应使显微镜的叉丝竖线在圆环一侧时与条纹外侧相切，而在另一侧时应与条纹内侧相切。

④ 由于读数显微镜量程较短，每次测量前均应使显微镜镜筒置于标尺的适当位置，以免未测完而镜筒已移到标尺的尽头。

⑤ 取放劈尖和牛顿环时，应轻拿轻放，以避免损坏元件和仪器。

**【数据处理】**

（1）计算薄片厚度或细丝直径 $D$

由表4.8中数据，依据式（4.14）计算薄片厚度或细丝直径 $D$（其中 $m$=9，$n$=1）。

（2）计算透镜的曲率半径 $R$

由表4.9中数据，按式（4.19）计算 $R$，将结果填入表第5列和第6列。

**【思考题】**

（1）牛顿环的干涉条纹是怎样形成的？为什么称这种干涉为等厚干涉？

（2）用读数显微镜测量微小长度时，如何消除视差和空程差？

（3）楔角 $\theta$ 的正弦 $\sin\theta\approx\lambda/2nb$，当楔角 $\theta$ 变化时，干涉条纹的疏密有何变化？

（4）测量劈尖干涉的相邻条纹间距 $b$ 时，若发现其递增或递减，说明了什么？可能的原因是什么？

## 4.6 迈克尔逊干涉仪

迈克尔逊干涉仪是根据光的干涉原理制成的干涉仪，多用于长度的精密测量、长度标准具的校正以及光谱学上的精密度量工作。它是一种分振幅、双光束干涉仪，可用来观察光的干涉现象，如等倾干涉条纹、等厚干涉条纹、白光彩色干涉条纹等；也可用它研究许多物理因素，如温度、压强、电场、磁场以及介质的运动等对光传播的影响，同时还可以测定单色光的波长，光源和滤光片的相干长度以及透明介质的折射率等。它是一种用途广泛、研究基础理论的实验仪器。

历史上曾经认为：假设的、绝对静止的以太是传播光的介质。美国物理学家迈克尔逊（Albert Abraham Michelson）曾试图验证以太的存在，1881 年他用自己制作的干涉仪做了著名的以太漂移实验。他认为，若地球绕太阳公转相对于以太运动时，在平行于地球运动方向和垂直于地球运动方向上，光通过相等距离所需的时间不同，因此在仪器转动 90° 时，前后两次的干涉条纹移动量必有 0.04 条。然而实验得出了否定结果。

1884 年他与美国化学家、物理学家莫雷合作，提高了干涉仪的精度，得到的结果仍然是否定的。1887 年他们进一步提高了仪器精度，企图发现各方向上光速不同的现象。在不同条件下进行了多次测量，但都得到否定的结果。由此证明，真空中光速在不同惯性参考系和不同方向上都是相同的。这一事实和进一步的研究，肯定了以太并不存在，并确定了极为重要的光速不变原理。该原理按照伽利略变换是不可能成立的，它使人们发现了经典时空观的严重缺陷，从而促进了相对论的建立。

迈克尔逊因发明迈克尔逊干涉仪并借助该仪器在光谱学和度量学研究工作中所做出的贡献，荣获 1907 年诺贝尔物理学奖。

**【实验目的】**

① 了解迈克尔逊干涉仪的结构和原理，学会其调节与使用方法。

② 观察等倾干涉和等厚干涉。

③ 学习一种测定激光波长的方法。

**【实验原理】**

迈克尔逊干涉仪光路原理如图 4.27 所示，它由两块平面反射镜 $M_1$、$M_2$ 与两块平行平面玻璃板 $G_1$、$G_2$ 所组成。反射镜 $M_1$ 可沿导轨移动，其法线与导轨传动轴线平行，称为动镜。另一反射镜 $M_2$ 安装在与导轨垂直的臂上，称为定镜。两镜的法线相互垂直。在动镜 $M_1$ 与定镜 $M_2$ 的法线相交处以 45° 角安装一块半透膜分光板 $G_1$，其作用是将入射光分成强度近似相等的反射光和透射光。在 $G_1$ 与 $M_2$ 之间安装一块补偿板 $G_2$，它与 $G_1$ 严格平行，材质相同，厚度相等，起补偿光程作用。

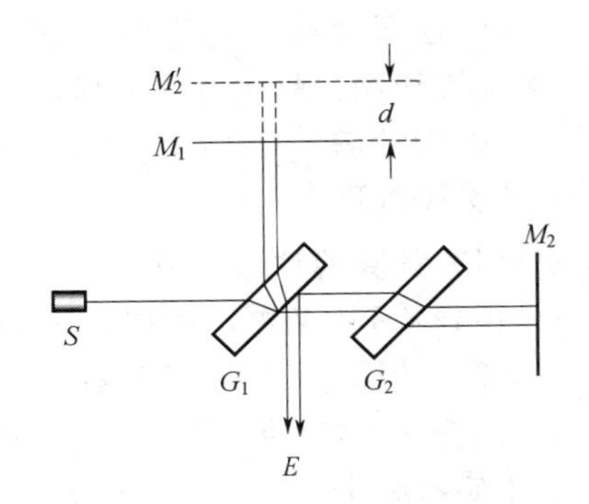


图 4.27 迈克尔逊干涉仪原理光路

自扩展光源 $S$ 发出的光照射到分光板 $G_1$ 的半透膜上，被分解为反射光 1 和透射光 2。光束 1 经 $G_1$ 垂直射到 $M_1$ 上，反射后沿原路到达 $G_1$ 并透过 $G_1$ 射向 $E$ 方向；光束 2 透过 $G_2$ 垂直射到 $M_2$ 上，反射后沿原路透过 $G_2$ 射到 $G_1$ 半透膜上，经反射后射向 $E$ 方向。光束 1 与光束 2 在无限远处干涉。在 $E$ 处，用调焦于无限远的眼睛、望远镜等均可观察到干涉图样。

从 $E$ 处向 $G_1$ 看去时，除了直接看到 $M_1$ 外，还能看到 $M_2$ 在 $G_1$ 中的虚像 $M_2'$，光束 1 与光束 2 就如同由 $M_1$ 和 $M_2'$ 反射来的两束光。因此，迈克尔逊干涉仪中的干涉与厚度为 $d$ 的空气膜的干涉类似，其中 $d$ 为 $M_1$ 与虚像 $M_2'$ 之间的距离。由图 4.28 可知，光束 1 与光束 2 到 $E$ 处的光程差为

$$\delta = AB+BC-AD \tag{4.20}$$

因为 $M_1 /\!/ M_2$，$AB=BC=d/\cos\theta$。而 $AD=AC\sin\theta$，$AC=2d\tan\theta$，代入式（4.20），整理得

$$\delta = 2d\cos\theta \tag{4.21}$$

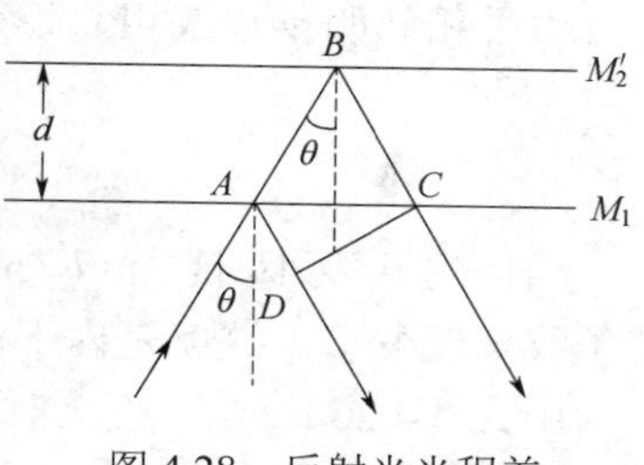

图 4.28　反射光光程差

光的干涉条件

$$\delta = 2d\cos\theta_k = k\lambda,\ k=1,\ 2,\ 3,\ \cdots（明纹） \tag{4.22}$$

$$\delta = 2d\cos\theta_k = (2k+1)\lambda/2,\ k=0,\ 1,\ 2,\ \cdots（暗纹） \tag{4.23}$$

（1）等倾干涉条纹

① 干涉级次 $k$ 与倾角 $\theta_k$ 的关系。当 $d$、$\lambda$ 一定时，由式（4.22）明纹条件，有

$$k = 2d\cos\theta_k/\lambda \tag{4.24}$$

a. 倾角相同的所有光线具有相同的光程，对应同一干涉级次，这就是等倾干涉的物理意义。不同倾角的光线对应相应的干涉级次，因此干涉图样是一系列同心圆环。

b. 当 $\theta_k=0^\circ$ 时，即垂直照射时，干涉级次最大，对应于干涉圆环中心。

c. 当 $\theta_k\neq 0^\circ$ 时，随 $\theta_k$ 增大，干涉级次 $k$ 变小，对应的干涉条纹远离圆环中心。即干涉条纹离中心越远，干涉条纹级次越低。

② 空气层厚度 $d$ 与倾角 $\theta_k$ 的关系。当 $k$、$\lambda$ 一定时，根据式（4.22）明纹条件，得

$$d = k\lambda/2\cos\theta_k \tag{4.25}$$

a. 对应同一干涉级次 $k$，$d$ 减小时，$\theta_k$ 随之减小，对应的干涉圆环向内缩小，相邻条纹间距随之变大。观察的现象为：干涉圆环内缩，中心圆环陷入，见表 4.10。

b. 当 $d=0$，即 $M_1$ 与 $M_2'$ 重合时，整个视场看不到干涉图样。

c. 当 $d$ 增加时，$\theta_k$ 随之增大，对应的干涉圆环向外扩展，相邻条纹间距随之变小。所观察的现象是：干涉圆环外扩，中心圆环冒出（表 4.10）。

**表 4.10　等倾干涉条纹的变化状态**

| | | | | |
|---|---|---|---|---|
| $M_1$ ——<br>$M_2'$ ------ | $M_1$ ——<br>$M_2'$ ------ | $M_1$ ——<br>$M_2'$ | $M_2'$ ------<br>$M_1$ —— | $M_2'$ ------<br>$M_1$ —— |

③ 干涉条纹宽度。干涉条纹宽度就是相邻干涉条纹之间的距离，常用角宽度表示。当 $d$、$\lambda$ 一定时，将式（4.22）或式（4.23）微分，有

$$2d\sin\theta_k = -\lambda\frac{\mathrm{d}k}{\mathrm{d}\theta_k}$$

由于相邻明条纹或相邻暗条纹之间只有一级之差，所以 d$k$=1，于是

$$d\theta_k = -\frac{\lambda}{2d\sin\theta_k} \tag{4.26}$$

当倾角 $\theta_k$ 变小时，$\sin\theta_k$ 亦随之变小，干涉条纹宽度变宽；而 $\theta_k$ 变大时，$\sin\theta_k$ 亦变大，干涉条纹宽度变窄。这就是内干涉条纹比外干涉条纹宽的原因。

由式（4.26），当 $d$ 变大时，干涉条纹宽度变窄；$d$ 变小时，干涉条纹宽度变宽。

（2）等厚干涉条纹

若动镜 $M_1$ 与定镜 $M_2$ 不完全垂直，即 $M_1$ 与 $M_2'$ 有一微小角度 $\Delta\theta$ 时，可以观察到等厚干涉图样，相当于空气劈尖产生的干涉。不过其圆心将偏离视场中心，而处于 $M_1$ 与 $M_2'$ 距离较大处，甚至处于视场之外。由此，可以判断 $M_1$ 与 $M_2'$ 的平行程度。

随着楔形空气薄膜厚度 $d$ 的变化，干涉条纹的形状也随之变化。如果 $\Delta\theta$ 过大，将观察不到干涉图样。$M_1$ 与 $M_2'$ 平行程度与干涉图样的对应关系如表 4.11 所示。

**表 4.11 等厚干涉条纹的变化状态**

| | | | | | |
|---|---|---|---|---|---|
| $\Delta\theta$ 较小 | | | | | |
| $d$ 状态 | $M_1$<br>$M_2'$ | $M_1$<br>$M_2'$ | $M_1$<br>$M_2'$ | $M_2'$<br>$M_1$ | $M_2'$<br>$M_1$ |
| $\Delta\theta$ 较大 | | | | | |

## 【实验仪器】

迈克尔逊干涉仪，He-Ne 激光器，毛玻璃，扩束镜，支架等。

（1）迈克尔逊干涉仪

迈克尔逊干涉仪主要由光学系统、机械调节系统和读数系统组成，见图 4.29。

① 光学系统。迈克尔逊干涉仪的光学系统由反射镜 $M_1$ 与 $M_2$、分光板 $G_1$ 和补偿板 $G_2$ 及光源构成。

② 机械调节系统。仪器的水平状态由地脚螺钉调节，通常已由实验室调好，无需再调。动镜 $M_1$ 的法线与导轨传动轴线平行，可通过 $M_1$ 背面的螺钉调节，一般 $M_1$ 镜出厂时已经调好，实验过程中不要调节。定镜 $M_2$ 的法线与 $M_1$ 的法线应相互垂直，可调节 $M_2$ 背面的螺钉实现，细调借助水平拉簧钮和垂直拉簧钮完成。

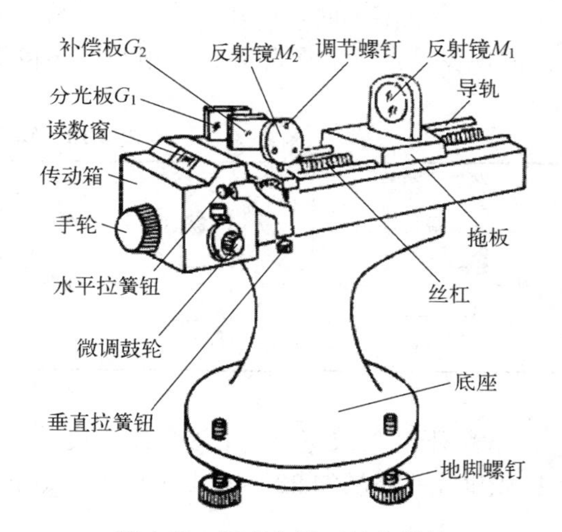

图 4.29 迈克尔逊干涉仪结构

③ 读数系统。动镜 $M_1$ 安装在由精密丝杠带

动的拖板上，可使其沿导轨移动。

由三个读数机构确定 $M_1$ 的位置，即主尺和两个螺旋测微计。

a. 主尺刻度为毫米，在导轨侧面，其数值由拖板上的标志线指示。

b. 一个螺旋测微计安装在丝杠的一端，其圆刻度盘上均匀刻有100格，丝杠螺距为1mm。手轮转动1周，$M_1$ 移动1mm；手轮转动1格，$M_1$ 移动0.01mm，其读数由读数窗确定。

c. 另一个螺旋测微计为读数窗右侧的微调鼓轮，其圆周上均匀分布100格，微调鼓轮每转1周，$M_1$ 移动0.01mm；微调鼓轮转动1格，$M_1$ 移动0.0001mm，其数值由微调鼓轮读出。

$M_1$ 的位置由上述3个读数之和表示。它们的关系为：手轮转1周，主尺移动1mm；微调鼓轮转1周，手轮读数窗内移动1格。因此，读数系统可以读到 $10^{-4}$mm，估读到 $10^{-5}$mm。

（2）He-Ne激光器

激光是在受激辐射过程中产生并被放大的电磁波。它的产生需要有能实现粒子数反转的工作物质、具有方向与频率选择性的光学谐振腔和能量激励系统。

激光器是产生激光的装置。它的基本结构包括三个部分：工作物质、光学谐振腔和能量激励系统。根据工作物质的不同物态可将激光器分为气体激光器、固体激光器和液体激光器。

氦氖激光器是实验室中最常见的激光器。其工作原理为：

以氖为工作物质、氦为辅助气体，在放电管的直流高电压作用下，通过气体放电使氖原子的两个能级实现粒子数反转，并因受激发射而辐射光子，再经过光学谐振腔进行方向与频率的选择。谐振腔由置于氦氖激光器两端的两个相互平行的反射镜组成。一些氖原子因粒子数反转而辐射出的光子中，有平行于激光器方向的光子，这些光子在两个反射镜之间来回地反射，不断引起其他氖原子的受激辐射，很快激发出与其方向和频率一致的大量光子，于是就持续不断地发射激光。这两个互相平行的反射镜，一个是完全反射镜，另一个是部分反射镜，激光是从后一个反射镜射出的。

氦氖激光器是一种方向性强、单色性好、亮度高、空间相干性好的光源。氦氖激光器在可见光区和红外光区反射多条谱线，其中主要的有632.8nm的红色可见光和1150nm与3390nm的红外光。在实验室中主要将其作为红色光源。

使用氦氖激光器应注意：

① 激光与激光管工作电压较高，通电时不要触及。

② 使用激光器时，不要用眼睛窥视激光管的口或直视激光束。

③ 连续使用时间不得超过4小时。

④ 若射到屏幕上的光点周围出现斑影，说明激光管镜片脏了，应擦拭干净。

⑤ 激光器放置不用时，应每月通电一次。

（3）迈克尔逊干涉仪的调节

① 开启He-Ne激光器，调节光源与分光板等高，使光源有较强且均匀的光照射到分光板，并使激光束返回出射窗。

② 调节手轮，使动镜 $M_1$ 到分光板 $G_1$ 的距离 $M_1G_1$ 与定镜 $M_2$ 至 $G_1$ 的距离 $M_2G_1$ 相等。

③ 调节激光器使其光束垂直于 $M_2$，在屏上可以观察到两排激光光点，每排有多个光点。调节 $M_2$ 背面的三个调节螺钉，使两排中最亮的两个光点重合。此时 $M_1$ 与 $M_2$ 垂直，即 $M_1$ 与 $M'_2$ 平行。

**【实验内容】**

（1）观察等倾干涉条纹

① 将毛玻璃置于光源与透镜之间，即可看到明暗相间的圆形干涉条纹。

② 仔细调节 $M_2$ 背面的三个调节螺钉，使干涉条纹变粗，曲率半径变大；旋转微调鼓轮，观察干涉圆环的陷入与冒出现象，记录等倾干涉图样的特点。

（2）测定 He-Ne 激光波长

由式（4.24），若 $\theta_k=0$，则形成中心亮点的条件为 $2d=k\lambda$。当 $d$ 减小时，$k$ 随之减小，干涉圆环内缩。如果 $k$ 改变了$\Delta k$，对应于 $M_1$ 与 $M_2$ 之间的距离 $d$ 将改变$\Delta d$，于是有

$$\lambda=2\Delta d/\Delta k \tag{4.27}$$

① 调节读数系统零点。将微调鼓轮沿逆时针（或顺时针）旋转至零点，然后同方向转动手轮，使其对准读数窗中某一刻线。在接下去的测量中，仍以同一方向调节微调鼓轮。为避免空程误差，可沿选定方向转动微调鼓轮几周，直至其与手轮沿该方向同步转动为止，随后的测量中手轮和微调鼓轮只能沿此方向进行。

② 调节微调鼓轮，观察干涉圆环的陷入与冒出现象。

③ 转动微调鼓轮，当圆心处的小圆斑陷入或冒出时，记录 $M_1$ 的位置读数 $d_{01}$。然后按相同方向旋转微调鼓轮，当干涉圆环陷入或冒出 100 条时停止转动，记录 $M_1$ 的位置读数 $d_1$。

④ 继续按同一方向旋转微调鼓轮，干涉圆环每变化 100 条，记录一次 $M_1$ 的位置读数 $d_i$，共测量 6 次，将数据填入表 4.12。

**表 4.12 干涉级差与激光波长**

| 次数 | $\Delta k$ | $d_{0i}$/mm | $d_i$/mm | $\Delta d$/mm | $\lambda_i$/Å |
|---|---|---|---|---|---|
| 1 | 100 | | | | |
| 2 | 100 | | | | |
| 3 | 100 | | | | |
| 4 | 100 | | | | |
| 5 | 100 | | | | |
| 6 | 100 | | | | |

（3）测量空程差

仪器中螺纹传递机构使得在位移传递过程中，只沿单向移动时是稳定的。如果先向一侧传递位移，再向另一侧传递位移，则中间方向改变时，由于螺纹间隙的存在，动力螺纹会出现一点微小的空转。而动力螺纹往往与读数机构的标尺相连，空转时导致读数变化，但实际仪器测量状态并未改变。这就是空程差，也称回程差。

① 按步骤（2）①，调节好读数系统零点。

② 转动微调鼓轮，当圆心处的小圆斑陷入或冒出时，记录 $M_1$ 的位置读数 $d_1$。

③ 按相反方向缓慢旋转微调鼓轮，同时观察干涉图样，当干涉图样刚发生变化时停止旋转微调鼓轮，记录 $M_1$ 的位置读数 $d_1'$。

④ 重复步骤②、③ 6 次，将数据填入自拟表格。

（4）观察等厚干涉条纹

当 $M_1$ 与 $M_2'$ 非常接近且其间有一个微小角度时，可以观察到等厚干涉图样。

① 缓慢转动手轮，使 $M_1$ 与 $M_2'$ 之间距离减小，应观察到干涉条纹由细变粗，且逐渐呈现

等轴双曲线形状。

② 转动 $M_2$ 背面的调节螺钉，使 $M_1$ 与 $M_2'$ 之间有一个微小角度，直到出现平行直线干涉条纹为止。记录等厚干涉图样的变化特点。

（5）观察白光彩色条纹

在观察等厚干涉条纹的基础上，调节 $M_2$ 的水平拉簧钮，使条纹间距为 1mm；慢慢旋转微调鼓轮，使干涉条纹由曲变直，再变曲。

① 在干涉条纹变直的状态下，换上白炽灯；然后缓慢移动反射镜 $M_1$，使 $M_1$ 与 $M_2'$ 相交，此时会出现彩色干涉条纹。

② 极缓慢地转动微调鼓轮，找到中央暗条纹，记录干涉条纹的形状、颜色和分布特点。

**【注意事项】**

① He-Ne 激光器开启后，勿用手接触激光管两端的高压夹头。

② 不得直视激光器发出的激光。

③ 切勿用手或硬物（包括毛巾、纸屑等）触摸仪器上各种光学元件的表面，若有异物，须请指导教师用毛笔或高级镜头纸清除。

④ 操作时要耐心，动作要轻、缓，防止振动，严禁强扭硬扳。

⑤ 避免引入空程差，在调节零点后，应将微调鼓轮按原方向旋转几圈，直到干涉条纹开始移动方可测量。

**【数据处理】**

① 用逐差法处理表 4.12 数据，由式（4.27）计算激光波长。

② He-Ne 激光器发出的光波波长为 $\lambda_0$＝6328Å，计算平均波长和相对误差。

$$\overline{\lambda}=\frac{\sum_{i=1}^{6}\lambda_i}{6}= \qquad E_\lambda=\frac{\left|\overline{\lambda}-\lambda_0\right|}{\lambda_0}\times 100\%=$$

**【思考题】**

（1）等倾干涉条纹与等厚干涉条纹形成的条件是什么？

（2）为什么等倾干涉条纹随着 $d$ 的增大而变密？

（3）等倾干涉条纹的最大级次在干涉图样的什么位置？

（4）随着 $d$ 的减小，等倾干涉条纹是陷入，还是冒出？

## 4.7 偏振现象的观测与分析

1669 年，丹麦科学家拉斯穆•巴多林（Rasmus Bartholin）将一块称为冰洲石（Iceland spar）的石英放在一张画了一条直线的纸上，令他大为意外的是，他看到的不是一条直线，而是两条。

深入研究这一现象之后，菲涅尔猜想：“如果光是波的话，它就能像绳子上的波纹一样，既可以上下运动，也可以横向运动。因为冰洲石中包含着一系列不可见的狭缝，有些是水平的，有些是竖直的，所以横向的光通过水平狭缝，而竖向的光则通过竖直狭缝。”

这种光的波动朝着不同方向振荡的性质叫作偏振，偏振是横波的一种性质。光波是由相互垂直的振荡电场和振荡磁场组成的。光波的电场与物质相互作用产生光学效应，按照常规，电磁波的偏振方向指的是电场的偏振方向，所以光波的偏振面被认为是它的电场方向和运动方向所构成的平面。

在自由空间中，电磁波是以横波方式传播的，也就是说，电场与磁场都垂直于电磁波的传播方向。就理论而言，振荡电场的方向可以是垂直于传播方向的任意方向。电场矢量随着波的前进而旋转，如果电场的振动只有一个方向，则是线偏振；如果电场的振动方向随时间旋转，而且电场矢量的矢端随着时间绘出一个圆形，则称为圆偏振；如果绘出一个椭圆形，则称为椭圆偏振。线、圆和椭圆偏振形态的划分依据是电场矢量在基底上投影的形状。站在任意位置朝源头观察，如果电场顺时针旋转，则为右旋圆偏振，如果电场逆时针旋转，则为左旋圆偏振，这样的性质被称为手征性。

开头提到的现象，其实就是双折射现象，光束照射冰洲石，会被折射为两道光束，一道光束遵循普通的折射定律，称为寻常光，另外一道光束不遵循普通的折射定律，称为非常光，寻常光和非常光都是线偏振光。

**【实验目的】**

① 观察光的偏振现象，加深对偏振光的了解。

② 掌握产生和检验偏振光的原理和方法。

**【实验原理】**

光波的振动方向与光波的传播方向垂直。自然光的振动在垂直于其传播方向的平面内，取所有可能的方向。某一方向振动占优势的光叫部分偏振光，只在某一个固定方向振动的光线叫线偏振光或平面偏振光。将非偏振光（如自然光）变成线偏振光的方法称为起偏，用以起偏的装置或元件叫起偏器。

（1）平面偏振光的产生

① 非金属表面的反射和折射。光线斜射向非金属的光滑平面（如水、木头、玻璃等）时，反射光和折射光都会产生偏振现象，偏振的程度取决于光的入射角及反射物质的性质。当入射角是某一数值而反射光为线偏振光时，该入射角叫起偏角。起偏角的数值$\alpha$与反射物质的折射率$n$的关系是

$$\tan\alpha = n \tag{4.28}$$

称为布如斯特定律，如图4.30所示。根据此式，可以简单地利用玻璃起偏，也可以用于测定物质的折射率。从空气入射到介质，一般起偏角在53°～58°之间。

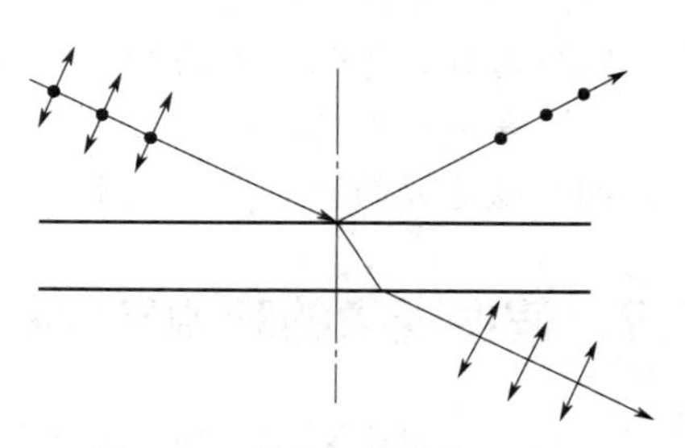

图4.30　布如斯特定律示意图

非金属表面反射的线偏振光的振动方向总是垂直于入射面；透射光是部分偏振光；使用多层玻璃组合成的玻璃堆，能得到很好的透射线偏振光，其振动方向平行于入射面。

② 偏振片。利用聚乙烯醇塑胶膜制成的分子型偏振片，具有梳状长链形结构的分子。这些分子平行地排列在同一方向上，只允许垂直于分子排列方向的光振动通过，因而产生线偏振光，如图4.31所示。分子型偏振片的有效起偏范围几乎可达到180°，用它可得到较宽的偏振光束，是常用的起偏元件。

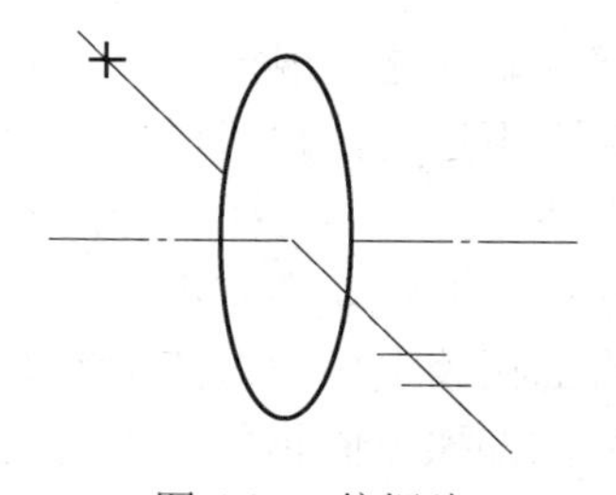

图4.31　偏振片

鉴别光的偏振状态叫检偏，用作检偏的仪器叫或

元件叫检偏器。偏振片也可作检偏器使用。自然光、部分偏振光和线偏振光通过偏振片时，在垂直光线传播方向的平面内旋转偏振片时，可观察到不同的现象，如图 4.32 所示，图（a）表示旋转 $P$，光强不变，为自然光；图（b）表示旋转 $P$，无全暗位置，但光强变化，为部分偏振光；图（c）表示旋转 $P$，可找到全暗位置，为线偏振光。

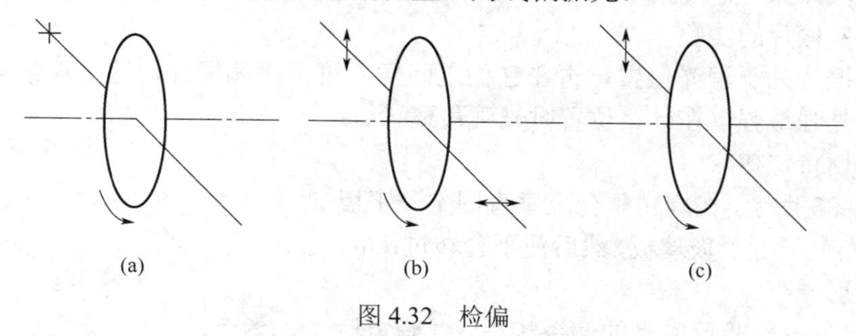


图 4.32 检偏

（2）圆偏振光和椭圆偏振光的产生

平面偏振光垂直入射晶片，如果光轴平行于晶片的表面，会产生比较特殊的双折射现象。这时，非常光 e 和寻常光 o 的传播方向是一致的，但速度不同，因而从晶片出射时会产生相位差

$$\delta=\frac{2\pi}{\lambda_0}(n_o-n_e)d \tag{4.29}$$

式中，$\lambda_0$ 表示单色光在真空中的波长；$n_o$ 和 $n_e$ 分别为晶体中 o 光和 e 光的折射率；$d$ 为晶片厚度。

① 如果晶片的厚度使产生的相位差 $\delta=(2k+1)\pi$，$k$=0，1，2，…，这样的晶片称为半波片。如果入射平面偏振光的振动面与半波片光轴的交角为 $\alpha$，则通过半波片后的光仍为平面偏振光，但其振动面相对于入射光的振动面转过 $2\alpha$ 角。

② 如果晶片的厚度使产生的相位差 $\lambda=\frac{1}{2}(2k+1)\pi$，$k$=0，1，2，…，这样的晶片称为 1/4 波片。平面偏振光通过 1/4 波片后，透射光一般是椭圆偏振光；当 $\alpha=\pi/4$ 时，则为圆偏振光；当 $\alpha=0$ 或 $\pi/2$ 时，椭圆偏振光退化为平面偏振光。由此可知，1/4 波片可将平面偏振光变成椭圆偏振光或圆偏振光；反之，它也可将椭圆偏振光或圆偏振光变成平面偏振光。

（3）平面偏振光通过检偏器后光强的变化

强度为 $I_0$ 的平面偏振光通过检偏器后的光强 $I_\theta$ 为

$$I_\theta=I_0\cos^2\theta \tag{4.30}$$

式中，$\theta$ 为平面偏振光偏振面和检偏器主截面的夹角。式（4.30）为马吕斯（Malus）定律，它表示改变角可以改变透过检偏器的光强。

当起偏器和检偏器的取向使得通过的光量极大时，称它们为平行（此时 $\theta=0°$ ）。当二者的取向使系统射出的光量极小时，称它们为正交（此时 $\theta=90°$ ）。

**【实验仪器】**

氦氖激光器，偏振片，波片，玻璃片和支架。

**【实验内容】**

（1）起偏

将激光束投射到屏上，在激光束中插入一偏振片，使偏振片在垂直于光束的平面内转动，观察透射光光强的变化。

（2）消光

在第一块偏振片和屏之间加入第二块偏振片，将第一块偏振片固定，在垂直于光束的平面内旋转第二块偏振片，观察现象。

（3）三块偏振片的实验

使两块偏振片处于消光位置，再在它们之间插入第三块偏振片，这时观察第三块偏振片在什么位置时光强最强，在什么位置时光强最弱。

（4）布如斯特定律

① 如图 4.33 所示，在旋转平台上垂直固定一平板玻璃，先使激光束平行于玻璃板，然后使平台转过$\theta$角，形成反射和透射光束。

② 使用检偏器检验反射光的偏振状态，并确定检偏器上偏振片的偏振轴方向。

③ 测出起偏角$\alpha$，按式（4.28），计算出玻璃的折射率。

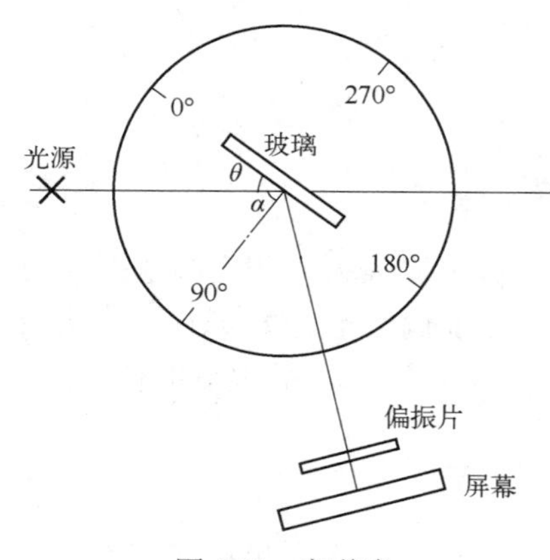


图 4.33　起偏角

（5）圆偏振光和椭圆偏振光的产生

① 按图 4.34 所示，调整偏振片 $A$ 和 $B$ 的位置使通过的光消失，然后插入一片 1/4 波片 $C_1$（注意使光线尽量穿过元件中心）。

② 以光线为轴先转动 $C_1$ 消光，然后使 $B$ 转 360° 观察现象。

③ 再将 $C_1$ 从消光位置转过 30°、45°、60°、75°、90°，以光线为轴每次都将 $B$ 转 360° 观察并记录现象。

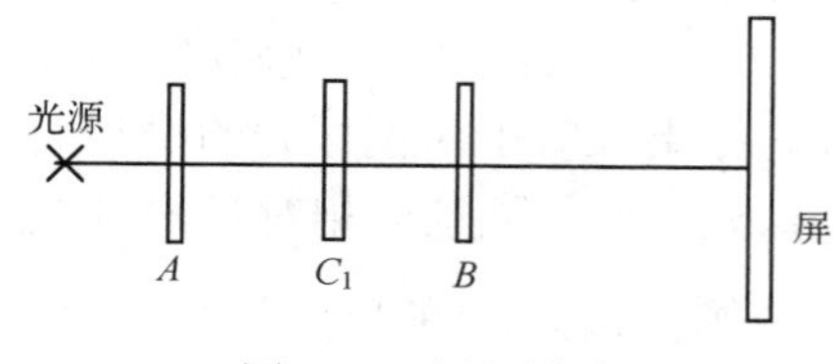


图 4.34　插入波片

（6）圆偏振光、自然偏振光与椭圆偏振光和部分偏振光的区别

由偏振理论可知，一般能够区别开线偏振光和其他状态的光，但用一片偏振片是无法将圆偏振光与自然光、椭圆偏振光与部分偏振光区别开的，如果再提供一片 1/4 波片 $C_2$ 加在检偏的偏振片前，就可鉴别出它们。

按上述步骤，再在实验装置上增加一片 1/4 波片 $C_2$，观察并记录现象。

**【数据处理】**

自拟表格总结实验结果，给出实验结论。

**【思考题】**

（1）两片 1/4 波片组合，能否做成半波片？

（2）在确定起偏角时，找不到全消光的位置，根据实验条件分析原因。

## 4.8　光的单缝衍射实验

光在传播中遇到尺寸比光的波长大得不多的障碍物时，能绕过障碍物的边缘继续前进，这种偏离直线传播的现象称为光的衍射现象。和干涉一样，衍射也是波动的一个重要基本特征，它为光的波动说提供了有力的证据。

1818 年法国科学院悬赏征文解决光的衍射问题，菲涅尔在应征的论文中，从子波干涉的原理出发，运用菲涅尔波带方法，相当完美地解释了实验现象。他认为，从同一波面上各点发出的子波是相干波，在传播到空间某一点时，各子波进行相干叠加的结果，决定了该处的波振幅。这个发展了的惠更斯原理，叫作惠更斯-菲涅尔原理。

当时牛顿的光的微粒说在科学界占有统治地位，特别是法国科学院的一些权威学者都是微粒说的支持者，他们对菲涅尔的论文提出了质疑。泊松根据菲涅尔使用的波带法导出了一个奇怪结果：由于衍射，光经过不透明的小圆盘（或小圆球）后，在圆盘后面的阴影中心会出现一个亮点。这在当时看来是不可思议的，据此，泊松认为菲涅尔的理论以及波动说是错误的。

作为审查论文的另一位委员，一直支持和帮助菲涅尔研究光学的阿喇戈关键时候又一次伸出了援助之手，他用实验验证了在小圆盘（或小圆球）后的阴影中心确实可以看到衍射形成的亮点。后来人们把这一亮点称为菲涅耳斑（亦称阿喇戈斑或泊松亮点），这一历史故事常被称为泊松质疑。

实验的验证给了菲涅耳的波动理论以巨大的支持，法国科学院在经过激烈的辩论之后，最终把奖金授予了菲涅耳，光的波动说获得了一次重大胜利。

**【实验目的】**

① 观察单缝衍射现象，了解其特点。

② 测量单缝衍射时的相对光强分布。

③ 利用光强分布曲线计算单缝宽度。

**【实验原理】**

根据光源、障碍物、观察屏的相互位置，可以把衍射分成菲涅耳衍射和夫琅禾费衍射。菲涅耳衍射指光源和观察屏与缝的距离为有限远的情况，如图 4.35 所示。夫琅禾费衍射指光源和观察屏与缝的距离都为无限远的情况，即入射光和衍射光都是平行光束，实验中常用透镜来实现，如图 4.36 所示。

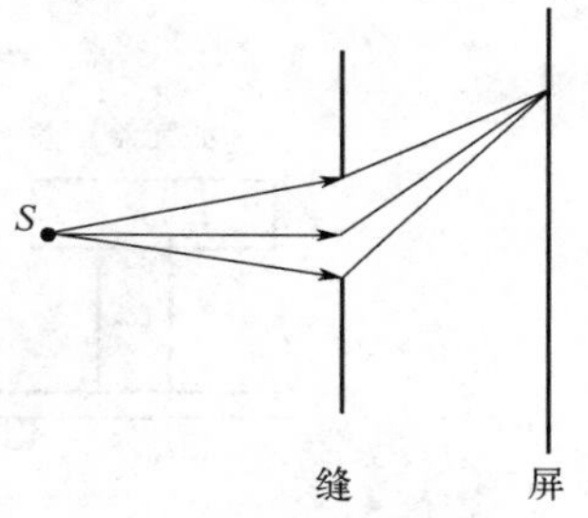

图 4.35 菲涅耳衍射图

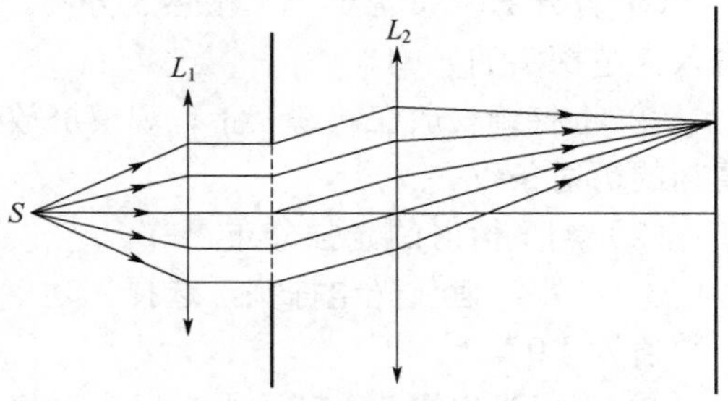

图 4.36 夫琅禾费衍射

经光源发出的波长为 $\lambda$ 的单色光垂直照射在透镜上，成为平行光后垂直照射到缝宽为 $a$ 的狭缝上，根据惠更斯-菲涅耳原理，狭缝上的各点都可以看成是发射子波的波源，子波在透镜后的焦平面上（即接收屏上）叠加形成衍射图样，即一组平行于狭缝的明暗相间条纹。

实验中以 He-Ne 激光器作光源，由于激光有很好的方向性，平行度很高，因此可省略透镜 $L_1$。若使观察屏远离狭缝，缝的宽度远小于屏到狭缝的距离，则透镜 $L_2$ 也可省略。

单缝衍射图样的暗纹中心满足条件

$$x = \pm \frac{f}{a} k\lambda \tag{4.31}$$

式中，$x$ 为暗纹在观察屏上 $x$ 轴的坐标；$f$ 为狭缝到观察屏的距离；$a$ 为狭缝的宽度；$\lambda$ 为入射光波长；$k$ 为暗纹的级数。在±1 级暗纹间为中央明纹，由式（4.31）可计算出，中央明纹的宽度是其他各级明纹宽度的 2 倍，且中央明纹最亮，其他各级明纹的亮度随级数增加而递减，如图 4.37 所示。

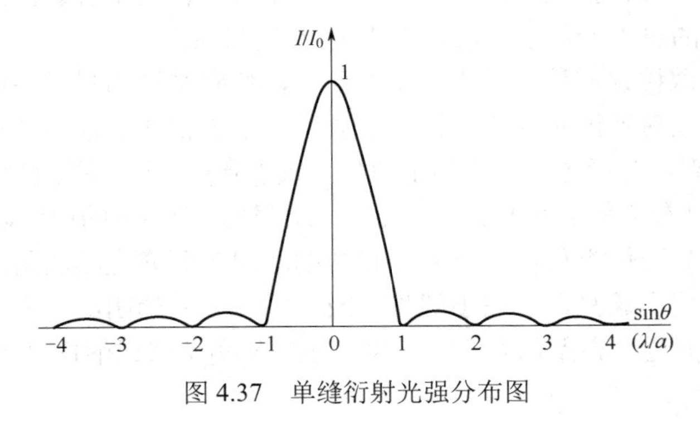


图 4.37 单缝衍射光强分布图

实验中用到的光电探头为光电池。把光功率计接在光电池的两极，当光照在光电池上，电路中会有光电流产生，照度不太大时，光电流与入射光通量成正比。

**【实验仪器】**

光具座，激光器，可调狭缝，观察屏，光电探头，光功率计。

**【实验内容】**

（1）观察单缝衍射条纹

① 将 He-Ne 激光器、光电探头安装在光具座的两端，狭缝架紧靠激光器放置，如图 4.38 所示。

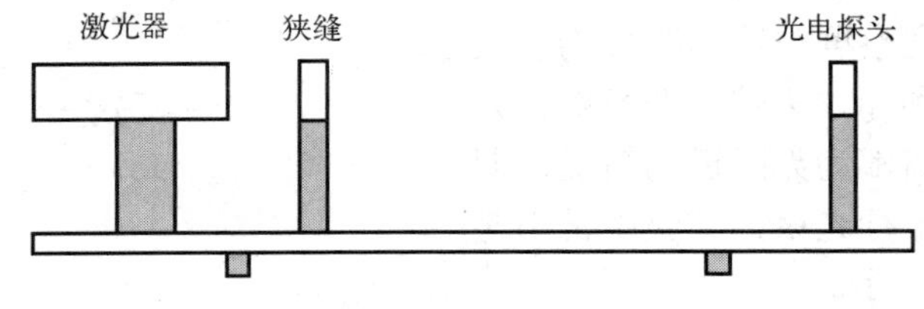


图 4.38 单缝衍射实验装置

② 打开 He-Ne 激光器，预热 5 分钟。调整激光器的方向及光电探头的高低，使激光准确进入光电探头的光阑。

③ 将狭缝安放在狭缝架上，观察屏放在光电探头前，调整狭缝的宽度，使观察屏上出现清晰的衍射条纹。

（2）测量衍射的光强分布

① 调零。遮住光电探头，选择光功率计“20mW”挡位，旋转调零旋钮，使光功率计显示数值为“0”。

② 露出光电探头，转动光电探头位移架上的丝杠钮，使光电探头位于光功率计显示数值最大处，此时 $x$=0。转动丝杠钮，使光电探头从一端向另一端进行扫描探测，每隔 0.5mm 记录一次光功率计的数值，并记录到表 4.13 中。

**【数据处理】**

① 根据表 4.13 绘制 $P/P_{max}-x$ 曲线。

表4.13 条纹位置与光强关系

| 位置 $x$/mm | 0 | 0.5 | 1.0 | 1.5 | 2.0 | 2.5 | 3.0 | 3.5 |
| --- | --- | --- | --- | --- | --- | --- | --- | --- |
| 功率 $P$/mW | | | | | | | | |
| 相对功率 | | | | | | | | |
| 位置 $x$/mm | 4.0 | 4.5 | 5.0 | 5.5 | 6.0 | 6.5 | 7.0 | 7.5 |
| 功率 $P$/mW | | | | | | | | |
| 相对功率 | | | | | | | | |
| 位置 $x$/mm | 8.0 | 8.5 | 9.0 | 9.5 | 10.0 | 10.5 | 11.0 | 11.5 |
| 功率 $P$/mW | | | | | | | | |
| 相对功率 | | | | | | | | |
| 位置 $x$/mm | 12.0 | 12.5 | 13.0 | 13.5 | 14.0 | 14.5 | 15.0 | 15.5 |
| 功率 $P$/mW | | | | | | | | |
| 相对功率 | | | | | | | | |
| 位置 $x$/mm | 16.0 | 16.5 | 17.0 | 17.5 | 18.0 | 18.5 | 19.0 | −0.5 |
| 功率 $P$/mW | | | | | | | | |
| 相对功率 | | | | | | | | |
| 位置 $x$/mm | −1.0 | −1.5 | −2.0 | −2.5 | −3.0 | −3.5 | −4.0 | −4.5 |
| 功率 $P$/mW | | | | | | | | |
| 相对功率 | | | | | | | | |
| 位置 $x$/mm | −5.0 | −5.5 | −6.0 | −6.5 | −7.0 | −7.5 | −8.0 | −8.5 |
| 功率 $P$/mW | | | | | | | | |
| 相对功率 | | | | | | | | |
| 位置 $x$/mm | −9.0 | −9.5 | −10.0 | −10.5 | −11.0 | −11.5 | −12.0 | −12.5 |
| 功率 $P$/mW | | | | | | | | |
| 相对功率 | | | | | | | | |
| 位置 $x$/mm | −13.0 | −13.5 | −14.0 | −14.5 | −15.0 | −15.5 | −16.0 | −16.5 |
| 功率 $P$/mW | | | | | | | | |
| 相对功率 | | | | | | | | |
| 位置 $x$/mm | −17.0 | −17.5 | −18.0 | −18.5 | −19.0 | | | |
| 功率 $P$/mW | | | | | | | | |
| 相对功率 | | | | | | | | |

② 由绘制的 $P/P_{max}$-$x$ 曲线计算狭缝的宽度，记录数据于表 4.14。

**表 4.14　不同暗纹对应的距离与狭缝宽度**

| 暗纹 | ±1 级 | ±2 级 | ±3 级 |
| --- | --- | --- | --- |
| 距离/mm | | | |
| 狭缝宽度/mm | | | |

$$a_i = \frac{2kf\lambda}{\Delta x_i}$$

$$\overline{a} = \frac{\sum_{i=1}^{3} a_i}{3}$$

其中 $\lambda$=632.8nm，$f$ 为狭缝到光电探头的距离。

【思考题】

（1）单缝衍射的条纹宽度与什么有关？

（2）若光源换成汞灯，衍射条纹有什么变化？

# 第5章

# 近现代物理实验

## 5.1 声速测量

发声体产生的振动在空气或其他弹性介质中的传播叫作声波。声波是一种机械波，通常是纵波。声音是以声波的形式传导的，外界的声波经过耳郭的收集，由外耳道传到中耳，引起鼓膜的振动，然后振动经过听小骨的传递和放大后传到内耳，刺激耳蜗中的听觉感受器产生与听觉有关的信息，这些信息再由听神经传递到大脑皮质中的听觉中枢，形成听觉。不过频率高于 20000Hz 的声波（称为超声波）和频率低于 20Hz 的声波（称作次声波）一般不能引起听觉，只有频率在两者之间的声波才能为人耳所听到。

声波在介质中传播的速度叫作声速。它与介质的性质和状态有关。如在 0℃时，干燥空气的声速为 331.45m/s，每升高 1℃，声速约增加 0.6m/s；水中的声速约为 1440m/s；不锈钢的声速约为 5000m/s。

声压是声波通过介质时所产生的压强改变量。声压的大小随时在变化，实际测得的声压是它的有效值。声压的单位为帕斯卡（Pa）。

超声波具有波长短、易于定向发射及抗干扰等优点，在超声波测距、定位，测量液体流速、材料弹性模量等方面有广泛应用。因此，用超声波测量声速比较方便。本实验用干涉共振法和相位比较法测量声波在空气中传播的速度，从而对振动与波的基本概念和物理规律有更深刻的理解。

**【实验目的】**

① 进一步学习示波器和低频信号发生器的使用方法。

② 了解空气中的声速与气体状态参量的关系。

③ 了解超声波的发射与接收原理。

④ 测量声波在空气中的传播速度，加深对相位概念的理解。

**【实验原理】**

（1）空气中的声速

声波在空气中的传播过程可被视为绝热过程，因此其传播速度 $u$ 可表示为

$$u = \sqrt{\frac{\gamma_a RT}{M_a}} \tag{5.1}$$

式中，$\gamma_a$为空气摩尔热容比；$R$＝8.3145J/（mol·K），为普适气体常量；$T$为热力学温度；$M_a$＝$28.964\times10^{-3}$kg/mol，为空气的平均摩尔质量。以摄氏温度$t$计算，由$T=T_0+t$，干燥空气的声速可表示为

$$u = u_0\sqrt{1+\frac{t}{T_0}} \tag{5.2}$$

式中，$u_0$＝331.45 m/s，为0℃时空气的声速，$T_0$＝273.15K。实际上空气并不完全干燥，在含有水蒸气的空气中，声速$u_w$可表示为

$$u_w = u_0\sqrt{1+\frac{t}{T_0}} \Bigg/ \sqrt{1-\frac{p_w}{p}\left(\frac{\gamma_w}{\gamma_a}-0.622\right)} \tag{5.3}$$

式中，$p_w$为水蒸气的压力，可从表5.1中查得；$p$＝$1.01325\times10^5$Pa，为大气压；$\gamma_w$为水蒸气的摩尔热容比，可取$\gamma_w$＝1.33；$\gamma_a$为空气摩尔热容比，取$\gamma_a$＝1.403。

**表5.1　水蒸气的压力 $p_w$**　　单位：Pa

| t/℃ | 0 | 1 | 2 | 3 | 4 | 5 | 6 | 7 | 8 | 9 |
|---|---|---|---|---|---|---|---|---|---|---|
| 0 | 610.66 | 656.25 | 705.40 | 757.47 | 812.91 | 871.91 | 934.67 | 1001.4 | 1072.3 | 1147.5 |
| 10 | 1227.4 | 1312.1 | 1402.0 | 1497.2 | 1598.0 | 1704.8 | 1817.8 | 1937.3 | 2063.6 | 2197.1 |
| 20 | 2338.1 | 2486.9 | 2644.0 | 2809.6 | 2984.3 | 3168.3 | 3362.2 | 3566.3 | 3781.2 | 4007.2 |
| 30 | 4244.9 | 4494.7 | 4757.2 | 5033.0 | 5322.4 | 5626.2 | 5945.0 | 6279.2 | 6629.5 | 6996.7 |

（2）声速的测量方法

声波是一种在弹性介质中传播的机械纵波，其速度$u$、频率$f$与波长$\lambda$的关系为

$$u=f\lambda \tag{5.4}$$

由式（5.4）可以测量声速，只要测出声波的频率$f$与波长$\lambda$即可。声波的频率$f$可通过测量声源的振动频率得到，其波长可由下述方法测量。

① 干涉共振法。设由声源发出一定频率的平面声波，经过空气传播，到达接收器。若波面与接收面严格平行，入射声波会在接收面上垂直反射，入射波与反射波干涉形成驻波，反射面所在处为波节。改变声源与接收器之间的距离$l$，介质中便出现稳定的共振现象。此时，驻波的振幅达到极大值，$l$等于半波长$\lambda/2$的整数倍，即

$$l = n\frac{\lambda}{2} \tag{5.5}$$

相应地，在接收面上的声压也达到极大值。因此，在移动接收器的过程中，相邻两次达到共振所对应的接收面之间的距离即为半波长。若保持频率$f$不变，通过测量相邻两次接收信号达到极大值时接收面之间的距离$\lambda/2$，就可由式（5.4）计算声速。

为了减小读数引起的系统误差，计算波长时常采用逐差法处理数据。当测得一个声速极大值后，连续改变接收器位置，测量相继出现$2k$（$k$为大于2的自然数）个极大值所对应的接

收面位置 $l_i$。然后将数据分为两组，即 $l_1$，$l_2$，$l_3$，…，$l_k$ 和 $l_{k+1}$，$l_{k+2}$，$l_{k+3}$，…，$l_{2k}$，计算相邻 $k$ 个极大值所对应的接收面位置之差 $\Delta l_i = l_{k+i} - l_i$。由式（5.5），有

$$\lambda_i = \frac{2}{k} \Delta l_i \tag{5.6}$$

取式（5.6）的平均值，得 $\overline{\lambda} = 2\overline{\Delta l} / k$，于是，声速的测量值为

$$u = \frac{2\overline{\Delta l}}{k} f \tag{5.7}$$

② 相位比较法。波是振动状态的传播，即相的传播。若沿传播方向上的两点同相，即相差为 $\Delta\varphi = 2n\pi$，（$n=0$，1，2，…），此时这两点之间的距离 $l$ 为波长 $\lambda$ 的整数倍，即

$$l = n\lambda \tag{5.8}$$

如果沿波传播方向上的两点反相，即相差为 $\Delta\varphi =$（$2n+1$）$\pi$，$n=0$，1，2，…，此时这两点之间的距离 $l$ 为半波长 $\lambda/2$ 的奇数倍，即

$$l = (2n+1)\frac{\lambda}{2} \tag{5.9}$$

改变发射器与接收器之间的距离，可通过示波器观察相位变化的李萨如图形，如图 5.1 所示。当声源与接收器之间的距离 $l$ 满足式（5.8）即同相时，可在示波器上观察到李萨如图形为正斜率的直线（Ⅰ、Ⅲ象限），见图 5.1（a）、（i）；当 $l$ 满足式（5.9），即反相时可观察到李萨如图形为负斜率的直线（Ⅱ、Ⅳ象限），见图 5.1（e）、（m）。根据式（5.8）或式（5.9），由式（5.4）可求出声速。

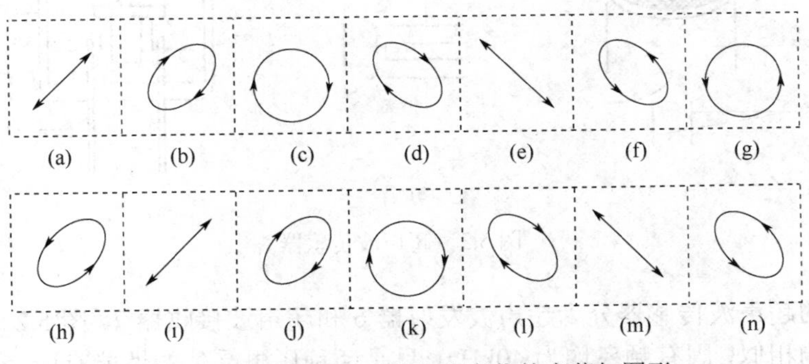


图 5.1　示波器上显示的相位变化的李萨如图形

若用逐差法处理数据，可连续改变接收器的位置，测量相继出现 $2k$（$k$ 为大于 2 的自然数）个同相或反相时所对应的接收面位置 $l_i$。然后将数据分为两组，即 $l_1$，$l_2$，$l_3$，…，$l_k$ 和 $l_{k+1}$，$l_{k+2}$，$l_{k+3}$，…，$l_{2k}$，计算相邻 $k$ 个同相或反相所对应的接收面位置之差 $\Delta l_i = l_{k+i} - l_i$。由式（5.8）或式（5.9），有

$$\lambda_i = \frac{\Delta l_i}{k} \tag{5.10}$$

取平均值，得 $\overline{\lambda} = \overline{\Delta l} / k$，于是，声速的测量值为

$$u = \frac{\overline{\Delta l}}{k} f \tag{5.11}$$

【实验仪器】

数显声速测定仪（图 5.2），函数信号发生器，示波器。

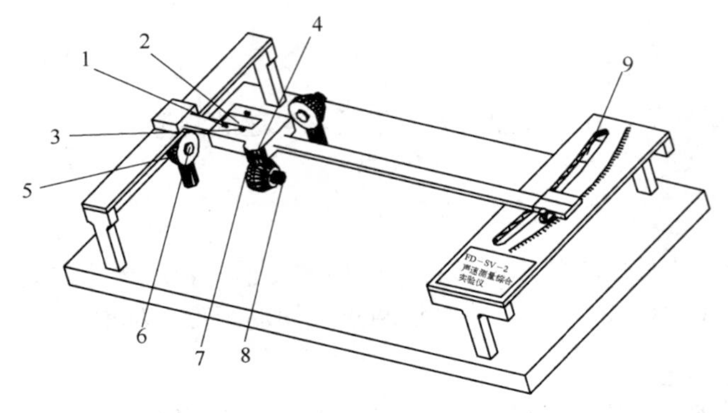


图 5.2 数显声速测定仪

1—电源开关；2—位移液晶显示器；3—置零开关；4—位移调节；5—信号输入；
6—超声波发射器；7—超声波接收器；8—接收信号输出；9—转动导轨

（1）数显声速测定仪

① 超声波发射器与超声波接收器。图 5.3 为超声波传感器结构图。图 5.3（a）为其外形图，图 5.3（b）为电路符号，图 5.3（c）为内部结构。

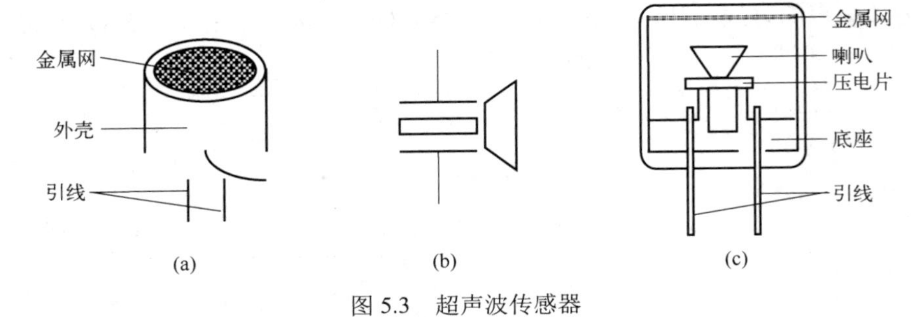


图 5.3 超声波传感器

实验所用的超声波传感器分为超声波发射器 6 和超声波接收器 7（图 5.2）。超声波接收器与发射器的结构相似，固有频率均为 40kHz，只是两种压电晶体的性能有所差别。接收器的压电片机械能转变为电能的效率高，而发射器的压电片电能转变为机械能的效率高。

当一个交变电压信号加在超声波发射器时，压电晶体的电致伸缩（逆压电效应）引起机械振动，进而发射超声波。当正弦电压信号频率调节到 40kHz 时，超声波发射器产生机械共振，输出的超声波能量最大。

同理，当一个机械波加在超声波接收器时，由于压电晶体的压电效应，晶体两个表面产生相应的变化电压。若外加机械波频率调节到 40kHz，超声波接收器输出的电压信号幅度达到最大时，超声波接收器达到共振。

② 数显游标卡尺。数显游标卡尺有一个位移传感器及一个位移液晶显示器 2。游标移动时，能直接显示其移动距离，液晶显示器上有一个电源开关 1 和一个位移显示置零开关 3，测量前应将数字置零。

（2）函数信号发生器

函数信号发生器是一个低频信号发生器，可输出正弦波、方波和三角波三种波形的交变信号，频率范围在10Hz～2000kHz，可分挡调节，也可连续调节。其电压信号幅度可连续调节，上限可达10V，并设有两个衰减挡，输出信号可达毫伏量级。

（3）示波器

有关示波器的使用等知识，请参阅3.7节。

**【实验内容】**

（1）干涉共振法测量声速

① 为了比较声速理论值与实验值，在测量开始和结束时，要先后记录实验室温度 $t_1$ 和 $t_2$，求出平均室温 $t$，并由表5.1查出对应的饱和蒸气压，按式（5.3）计算 $u_w$。

② 调节超声波发射器6与超声波接收器7，使发射面与接收面平行。

③ 将数显声速测定仪、函数信号发生器和示波器等连接好。将信号发生器频率调至40kHz；调节示波器，获得清晰、稳定的图形；调节超声波发射器6与超声波接收器7的距离约为6cm，使输入示波器的信号为最大，记录此时游标卡尺的指示位置；接着调节信号发生器频率，使该信号确实为该位置极大值；最后，细调频率，使接收器输出信号与信号发生器信号同相位，此时信号源输出频率等于两个超声波传感器的固有频率40kHz。

④ 当测得一个声速极大值后，连续改变接收器位置，测量相继出现12个极大值所对应的接收面位置 $l_i$，记录到表5.2，用逐差法求波长。

**表5.2 干涉共振法测量声速数据**

$t$= ℃

| 序号 | 1 | 2 | 3 | 4 | 5 | 6 |
|---|---|---|---|---|---|---|
| $l_i$/mm | | | | | | |
| 序号 | 7 | 8 | 9 | 10 | 11 | 12 |
| $l_{6+i}$/mm | | | | | | |
| $\Delta l_i=l_{6+i}-l_i$/mm | | | | | | |

（2）相位比较法测量声速

① 在测量开始和结束时，要先后记录实验室温度 $t_1$ 和 $t_2$，求出平均室温 $t$，并由表5.1查出对应的饱和蒸气压，按式（5.3）计算 $u_w$。

② 将超声波发射器输出与示波器 $X$ 轴连接，超声波接收器输出与示波器 $Y$ 轴连接。

③ 调节信号发生器频率，并适当调节 $X$ 轴和 $Y$ 轴灵敏度，在示波器上获得稳定的李萨如图形。

④ 由近及远地移动接收器，可以在示波器上观察到李萨如图形由斜率为正的直线变为椭圆，再由椭圆变为斜率为负的直线。记录李萨如图形为相同斜率的直线时游标卡尺所对应的位置到表5.3。

（3）干涉共振法与相位比较法声速比较

求出干涉共振法与相位比较法对应的声速，比较它们的差别。

表 5.3　相位比较法测量声速数据

$t$=　　　℃

| 序号 | 1 | 2 | 3 | 4 | 5 | 6 |
|---|---|---|---|---|---|---|
| $l_i$/mm | | | | | | |
| 序号 | 7 | 8 | 9 | 10 | 11 | 12 |
| $l_{6+i}$/mm | | | | | | |
| $\Delta l_i=l_{6+i}-l_i$/mm | | | | | | |

【数据处理】

（1）干涉共振法测量声速

$$\text{波长}\ \bar{\lambda}=\overline{\Delta l}/3=\cdots$$

$$\text{声速实验值}\ u_{ex}=f\bar{\lambda}=\cdots$$

$$\text{声速理论值}\ u_w=u_0\sqrt{1+\frac{t}{T_0}}\bigg/\sqrt{1-\frac{p_w}{p}\left(\frac{\gamma_w}{\gamma_a}-0.622\right)}=\cdots$$

$$E_u=\frac{u_w-u_{ex}}{u_w}\times 100\%=\cdots$$

（2）相位比较法测量声速

$$\text{波长}\ \bar{\lambda}=\overline{\Delta l}/6=\cdots$$

$$\text{声速实验值}\ u_{ex}=f\bar{\lambda}=\cdots$$

$$\text{声速理论值}\ u_w=u_0\sqrt{1+\frac{t}{T_0}}\bigg/\sqrt{1-\frac{p_w}{p}\left(\frac{\gamma_w}{\gamma_a}-0.622\right)}=\cdots$$

$$E_u=\frac{u_w-u_{ex}}{u_w}\times 100\%=\cdots$$

（3）干涉法与相位法声速比较

$$E_{cp}=\frac{u_{ex2}-u_{ex1}}{u_{ex1}}\times 100\%=\cdots$$

【思考题】

（1）声波与电磁波有何区别？

（2）在声波形成驻波时，为什么波节位置声压最大，接收器输出信号也最大？

（3）用相位比较法测量声速时，为什么在示波器上出现直线时记录数据？

（4）在什么条件下，声波传播过程不能被视为绝热过程？这对声速测量有何影响？

## 5.2　油滴实验

美国物理学家罗伯特·安德鲁·密立根（Robert Andrews Millikan）于 1910～1917 年间在芝加哥大学实验室，应用带电油滴在电场和重力场中运动的方法，精确测定了电子电荷，从而确定了电荷的不连续性，这就是著名的密立根油滴实验。1916 年他曾测定普朗克常量，验证了爱因斯坦光电效应方程的正确性。由于确定了电荷的量子性，并证实了光的粒子性等杰出成就，密立根荣获 1923 年诺贝尔物理学奖。

在油滴实验中，密立根采用经典力学的方法去揭示微观粒子的量子本性，简单、直观、巧妙而又准确，实验结果具有无可置疑的说服力，堪称物理实验的楷模。他对实验一丝不苟，极具耐心，精益求精，对许多实验细节都作了认真细致的考虑，分析并避免各种可能引起误差的因素。在这个实验里，我们不但要测量基本电荷的数值，验证电荷的量子性，还应学习他的实验方法与技术、严谨的科学作风，不断提高我们的实验素质。

【实验目的】

① 了解油滴实验仪测定电子电荷的思想与方法。

② 测量电子电荷值。

③ 验证电子的量子性。

④ 培养学生严谨求实的科学态度。

【实验原理】

处于水平放置的平行板电容器中的一个带电油滴，若两板间距离为 $d$，板间电位差为 $U$，则油滴的受力情况如图 5.4 所示。

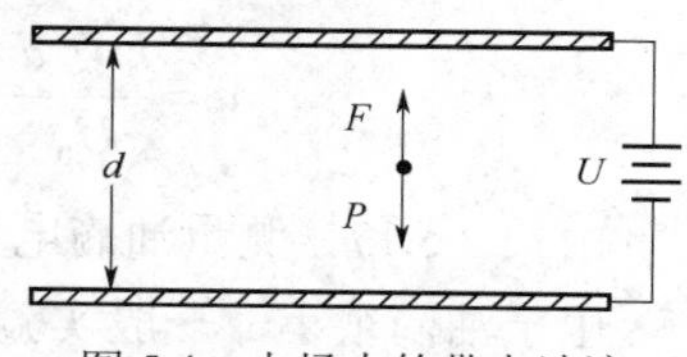

图 5.4 电场中的带电油滴

假定油滴是一个质量为 $m$ 的球体，在不加电场（$U=0$）的空间，油滴会受到重力和空气浮力的作用，重力向下，浮力向上。当重力大于浮力时，油滴便加速向下运动。由于空气对运动的油滴会产生阻力，根据斯托克斯定律，阻力的大小随油滴速度的增加而增大，阻力的方向与运动的方向相反，当油滴达到一定速度 $v_g$ 后，向下的重力 $P$ 和向上的空气浮力 $F_1$、空气阻力 $F_2$ 相平衡，油滴做匀速运动。于是

$$F-P=0 \tag{5.12}$$

式中，$P=mg=4\pi r^3\rho g/3$；$F=F_1+F_2$；$r$ 为油滴半径；$\rho$ 为油滴密度；$g$ 为重力加速度。设空气密度为 $\rho_a$，则空气浮力 $F_1$ 为

$$F_1=\frac{4}{3}\pi r^3\rho_a g \tag{5.13}$$

空气阻力 $F_2$ 与速度 $v_g$ 和空气黏滞系数 $\eta$ 有关，由斯托克斯公式，有

$$F_2=6\pi\eta r v_g \tag{5.14}$$

联立上述方程，得

$$r=\left[\frac{9\eta v_g}{2g(\rho-\rho_a)}\right]^{1/2} \tag{5.15}$$

当两极板间具有电势差 $U$ 时，其间产生一个均匀电场，场强 $E=U/d$。设油滴带电量为 $q$，它受电场力 $F_e$ 的作用为

$$F_e=qU/d$$

若油滴带负电，所受电场力方向向上，且电场力与空气浮力之和大于重力时，油滴便开始向上运动。设油滴上升速度为 $v_e$，则向上与向下的力分别为

$$F_1+F_e=\frac{4}{3}\pi r^3\rho_a g+qE \quad 与 \quad P+F_2=\frac{4}{3}\pi r^3\rho g+6\pi\eta r v_e$$

油滴运动受空气阻力限制，速度增加，阻力也增加，最后油滴匀速上升，受力平衡，即

$$qE-\frac{4}{3}\pi r^3(\rho-\rho_a)g-6\pi\eta r v_e=0$$

由此求得

$$q=\frac{1}{E}\left[\frac{4}{3}\pi r^3(\rho-\rho_a)g+6\pi\eta r v_e\right]$$

将式（5.15）代入上式，得

$$q=\frac{kd}{U}(v_g+v_e)v_g^{1/2} \tag{5.16}$$

式中，$k=18\pi\{\eta^3/[2(\rho-\rho_a)g]\}^{1/2}$。由上式测量油滴电量的方法称为动态法。

如果调节两极间的电势差 $U$ 至 $U_0$，改变平板间的电场强度，使得油滴静止，电场力和油滴重力、浮力相平衡，即 $v_e=0$，则式（5.16）为

$$q=\frac{kv_g^{3/2}d}{U_0} \quad 或 \quad q=18\pi d\{\eta^3/[2(\rho-\rho_a)g]\}^{1/2}v_g^{3/2}/U_0 \tag{5.17}$$

由式（5.17）测量油滴电量的方法称为静态法。

由于油滴很小，一般实验时 $r$ 值在 $10^{-6}$ 量级，空气已不能被视为连续介质，因此应对斯托克斯公式进行修正，修正后的结果为 $\eta'=\eta/[1+(b/pr)]$，式中 $p$ 为大气压，单位为 Pa，$b$ 为常数，其值为 $8.23\times10^{-3}$Pa • m。对于 $r$ 在 $10^{-6}$m 量级的油滴，其修正量约为 8%，因此，对 $\eta$ 值的修正是十分必要的。

设油滴在重力场中下落的速度为 $v_g$，当极板间加以电压 $U$ 时，油滴在电场中的上升速度为 $v_e$，从目镜中观察，油滴在分划板上运动相同的距离 $l$，所需时间各为 $t_g$ 和 $t_e$，油滴所带电荷 $q$ 为

$$q=\frac{k}{U}\left(\frac{l}{t_g}+\frac{l}{t_e}\right)\left(\frac{l}{t_g}\right)^{1/2} \tag{5.18}$$

式中，
$$k=\frac{18\pi}{2(\rho-\rho_a)g}\left(\frac{\eta l}{1+(b/pr)}\right)^{3/2}d$$

用上述方法测得的电荷量是油滴的电量，并非电子的电荷，要确定电子电荷，需要测量不同油滴的电量，或改变同一油滴的电量。通过计算可知，这些油滴的电量是某一电量 $e$ 的整倍数，这个基本的单元电荷就是电子电荷，亦即基本电荷。

计算基本电荷 $e$ 的方法很多。一种方法是求出各油滴电量之间的差值 $\Delta q$，因为每一油滴电量 $q_i$ 为基本电荷 $e$ 的整倍数，各电量之差值 $\Delta q$ 也应为 $e$ 的整倍数，即

$$\Delta q_i=\Delta n_i e \tag{5.19}$$

若实验中测量的电荷足够多，则至少可以碰到两油滴电荷差值恰为一个基本电荷值，利用这个值作为参考值，估计各油滴电量值之差所对应的 $\Delta n_i$ 值。利用下式之一均可求得基本电荷 $e$ 的平均值

$$e_{均}=\sum\Delta q_i/\sum\Delta n_i \tag{5.20}$$

或

$$e_{均}=\sum\Delta n_i\Delta q_i/\sum(\Delta n_i)^2 \tag{5.21}$$

另一种方法是用公认的电子电荷值去除实验测得的电量 $q_i$，得到一个近似于某一整数的值，然后舍去小数部分，其整数部分就是油滴所带电量 $q_i=n_ie$ 中的 $n_i$，用 $n_i$ 去除实验测得的电荷值，所得结果即为实验测得的基本电荷 $e$，求出 $e$ 的平均值并计算平均相对误差即可。

上述公式中的相关参数可参见表 5.4。

**表 5.4　相关参数**

| 油滴密度 $\rho$ | 空气密度 $\rho_a$ | 重力加速度 $g$ | 空气黏滞系数 $\eta$ | 平行板间距 $d$ | 大气压强 $p$ | 常数 $b$ | 电子电荷 $e$ |
|---|---|---|---|---|---|---|---|
| $981\text{kg/m}^3$ | $1.29\text{kg/m}^3$ | $9.804\text{m/s}^2$ | $1.81\times10^{-5}$kg/（m·s） | $6\times10^{-3}$m | $1.00\times10^{5}$Pa | $8.23\times10^{-3}$Pa·m | $1.602\times10^{-19}$C |

**【实验仪器】**

密立根油滴实验仪，CCD 显示系统，喷雾器，钟油等。

**【实验内容】**

（1）油滴仪的调节

① 调节油滴仪底脚螺钉，使其水平。

② 开启油滴仪与显示器，使其正常工作。

③ 用喷雾器将油滴从喷雾孔中喷入，观察显示器，直至看到大量星星点点的油滴在显示屏上向下运动。

（2）测量前准备

如图 5.5 所示，油雾经油雾室进入极板电场空间后，出现许多在重力场作用下降落的油滴。此时可迅速交替在极板上加载平衡电压，将一部分负荷电量较大、看上去运动速度较快的油滴驱除。在剩余的油滴中挑选速度适中的一颗，关闭平衡电压，让其自由降落。再加载平衡电压并升降电压，使其上升一段距离。如此往复上下多次，挑选适合测量的油滴并尽可

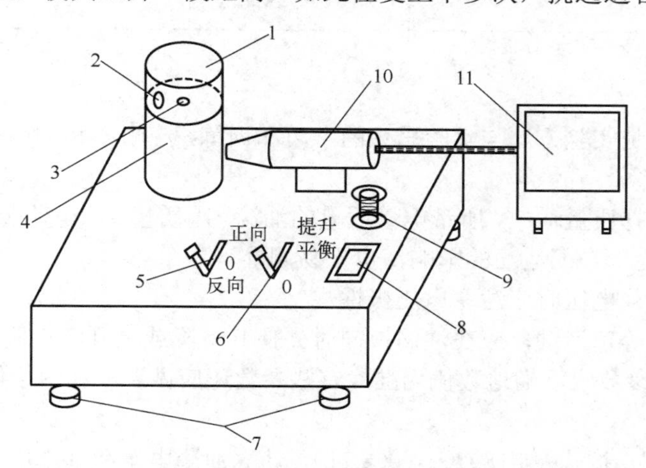


图 5.5　微机密立根油滴仪

1—油雾室；2—喷雾孔；3—油滴孔；4—油室；5—电压换向键；6—油滴控制键；7—可调底脚；8—计时按钮；9—电压调节钮；10—CCD 显示系统；11—显示器

能不要轻易丢失。所选油滴的质量和电量都应适中。油滴质量过大，下降速度太快，不易测准；质量太小，易受热扰动的影响，布朗运动明显，引起较大涨落，也不易测准。同样，油滴电量也不宜太大，以带几个电子电荷为宜。同时练习计时器的使用方法。显示器中的分划线将平行板电容器中的2mm空间放大显示，并可读出极板间的电压值。

（3）测量电子电荷

采用动态法或静态法测量。若用静态法测量，应该十分细心地调节平衡电压。由于调节和观察时油滴受到布朗运动的影响，产生小的飘移，所以会引起测量误差，一般用动态法测量效果较好。

测量平衡电压 $U$、下降时间 $t$、油滴半径 $r$、油滴电量 $q$。每个油滴测量3次，将数据填入表5.5中。

**表5.5　油滴实验数据**

| 油滴序号 | 测量次数 | 平衡电压 $U$/V | 电压均值 $\bar{U}$/V | 下降时间 $t$/s | 时间均值 $\bar{t}$ /s | 油滴半径 $r/\times10^{-7}$m | 油滴电量 $q/\times10^{-19}$C | 电子个数 $n$ | 电子电荷 $e/\times10^{-19}$C | 运动距离 $l/\times10^{-3}$m |
|---|---|---|---|---|---|---|---|---|---|---|
| 1 | 1 | | | | | | | | | |
| | 2 | | | | | | | | | |
| | 3 | | | | | | | | | |
| 2 | 1 | | | | | | | | | |
| | 2 | | | | | | | | | |
| | 3 | | | | | | | | | |
| 3 | 1 | | | | | | | | | |
| | 2 | | | | | | | | | |
| | 3 | | | | | | | | | |

**【注意事项】**

① 本实验重点是实验方法与实验思想的学习和训练，应耐心和细心操作，对实验结果要实事求是。

② 实验中宜选择质量适中、所带电量适量的油滴。因质量大、电荷多的油滴下降速度快，不易测准；太小又会受布朗运动的影响，也不易测准。

③ 在极板上加载电压时应注意电压极性。

④ 为保证油滴等速运动，应在油滴换向时先使其下降或上升一小段距离，然后测量。

⑤ 表5.4中的参数应以当地数值为准，有些参数还应做温度和湿度修正。

**【数据处理】**

根据表5.5数据，按式（5.18）～式（5.21），计算油滴电量和基本电荷。计算所得到电量的最大公约数，即为基本电荷。

**【思考题】**

（1）油滴实验是怎样证明电荷量子化的？

（2）为什么要选择合适的油滴？

（3）如何确保油滴在测量范围内做匀速运动？

（4）一个油滴上升或下降太快，说明了什么？

（5）通过油滴实验测量并检验电荷的量子化，你得到哪些启示和教益？

## 5.3 夫兰克-赫兹实验

丹麦物理学家尼尔斯·玻尔（Niels Henrik David Bohr）在普朗克量子假说和卢瑟福原子行星模型的基础上，于1913年提出了氢原子结构和氢原子光谱的初步理论，解释了氢原子和类氢离子光谱的频率问题，揭示了原子能级的存在。原子发射光谱中的每根谱线是原子从较高能级向较低能级跃迁时辐射形成的。

1914年夫兰克与赫兹研究了电子与汞原子碰撞前后电子能量的改变，测定汞原子的第一激发电位，从而证明了原子分立能级的存在。夫兰克-赫兹实验为玻尔的原子理论提供了直接证据，他们因此获得1925年诺贝尔物理学奖。

**【实验目的】**

① 观察电子与氩原子碰撞过程的能量交换现象，建立原子内部能量量子化的概念。

② 测量氩原子的第一激发电位。

③ 学习用计算机采集和处理数据的方法。

**【实验原理】**

根据玻尔的原子理论，原子只能处于一系列不连续的稳定状态上，其中每一种状态对应于一定的能量值 $E_i$（$i$=1，2，3，…），这些能量值称为能级。最低能级对应的状态称为基态，其他高能级所对应的状态称为激发态，如图5.6所示。

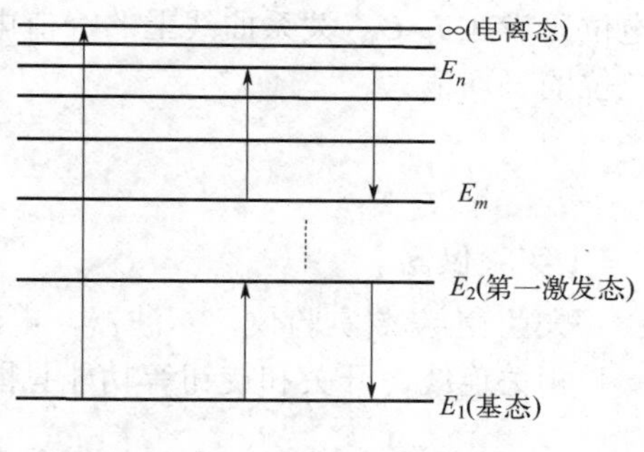


图5.6 原子能级

当原子从一个稳定状态 $E_m$ 过渡到另一个稳定状态 $E_n$ 时就会吸收或辐射频率为 $v$ 的电磁波，频率大小取决于原子所处两定态能级间的能量差，并满足频率条件

$$hv=|E_n-E_m| \tag{5.22}$$

式中，$h$ 为普朗克常量。实验上，使具有一定能量的电子与原子碰撞并进行能量交换，从而实现原子从基态到激发态的跃迁。

充有氩气的夫兰克-赫兹管的基本结构如图5.7所示。电子由阴极K发出，阴极K与第一栅极 $G_1$ 之间的加速电压 $U_{G1}$ 及与第二栅极 $G_2$ 之间的加速电压 $U_{G2}$ 使电子加速。在板极P和第二栅极 $G_2$ 之间设置减速电压 $U_P$。第一栅极 $G_1$ 和阴极K之间的加速电压 $U_{G1}$ 约为1.5V，用于消除阴极电子散射的影响。

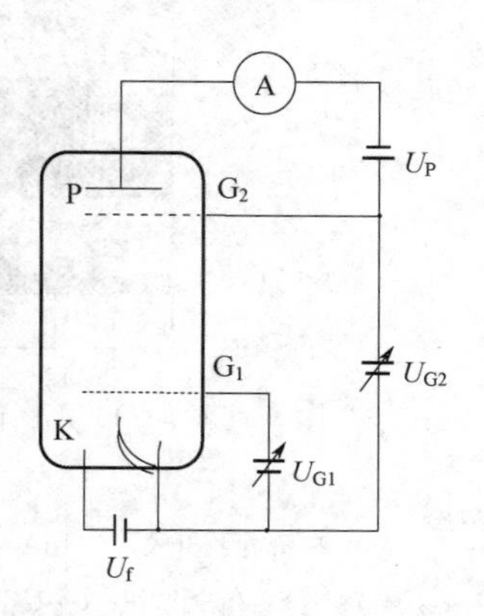


图5.7 夫兰克-赫兹管结构

设氩原子的基态能量为 $E_0$，第一激发态能量为 $E_1$，初速度为零的电子在电位差为 $U$ 的加速电场作

用下，所获得的能量为 $eU$，具有这样能量的电子与氩原子碰撞。如果电子能量 $eU<E_1-E_0$，则电子与氩原子发生弹性碰撞，由于电子质量比氩原子质量小很多，电子的能量损失很少。若 $eU\geqslant E_1-E_0=\Delta E$，则电子与氩原子发生非弹性碰撞，氩原子从电子获得能量$\Delta E$，由基态跃迁到第一激发态，$\Delta E=eU_c$，相应的电位差 $U_c$ 即为氩原子的第一激发电位。

当电子通过栅极 $U_{G2}$ 进入 $G_2P$ 空间时，若能量大于 $eU_P$，就能到达板极形成电流 $I_P$。电子在 $G_1G_2$ 空间与氩原子发生弹性碰撞，电子本身剩余的能量小于 $eU_P$，则电子不能到达板极，板极电流将会随着栅极电压增加而减小。

随着 $U_{G2}$ 增加，电子能量也增加，当电子与氩原子碰撞后仍余留足够能量可以克服 $G_2P$ 空间的减速电场而到达板极 P 时，板极电流又开始上升。若电子在加速电场得到的能量等于 $2\,\Delta E$，则电子在 $G_1G_2$ 空间会因二次非弹性碰撞而失去能量，结果板极电流再次下降。逐渐增加 $U_{G2}$，由电流计读出板极电流 $I_P$，得到如图 5.8 所示的变化曲线。

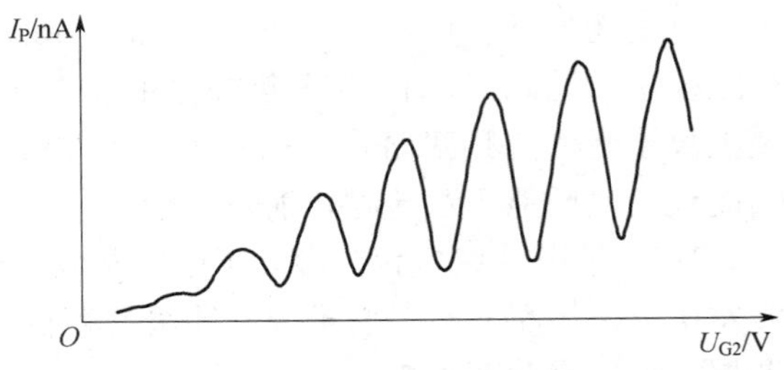


图 5.8　$I_P$-$U_{G2}$ 特性曲线

在加速电压较高的情况下，电子在运动过程中将与氩原子发生多次非弹性碰撞，$I_P$-$U_{G2}$ 关系曲线上表现为多次下降。对氩来说，曲线上相邻两峰（或谷）之间的差值，即为氩原子的第一激发电位（$U_c=11.55$V）。由此证明了氩原子能量的不连续性。

实验中可以测量多组相邻峰值电位之差，然后求其平均值，即可得到氩原子的第一激发电位。设在 $I_P$-$U_{G2}$ 关系曲线上的峰值电压依次为 $U_1$，$U_2$，$U_3$，…，$U_{n+1}$，则氩原子第一激发电位的平均值为

$$\overline{U}_c=\frac{1}{n}\left(\sum_{i=1}^{n}\frac{U_{n+i}-U_i}{n}\right) \tag{5.23}$$

【实验仪器】

夫兰克-赫兹实验仪，示波器，电源线，Q9 线。

相关连线、开关和旋钮等功能见图 5.9 实验仪面板及其说明。

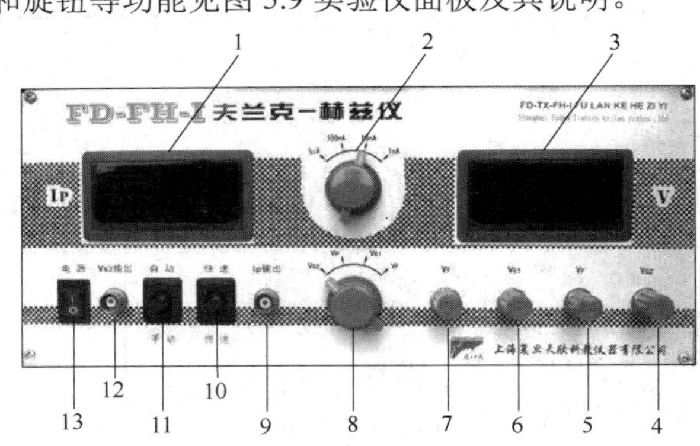


图 5.9　夫兰克-赫兹实验仪面板

1—$I_P$ 显示；2—$I_P$ 量程开关，分 1μA、100nA、10nA、1nA 四挡；3—数字电压表，可显示 $U_F$、$U_{G1}$、$U_P$、$U_{G2}$ 值；4—$U_{G2}$ 调节钮；5—$U_P$ 调节钮；6—$U_{G1}$ 调节钮；7—$U_F$ 调节钮；8—电压示值选择开关，可选择 $U_F$、$U_{G1}$、$U_P$、$U_{G2}$；9—$I_P$ 输出，接示波器 Y 端或微机电流输入端；10—$U_{G2}$ 扫描速率选择开关，快速挡连接示波器或微机，观察 $I_P$-$U_{G2}$ 曲线；11—$U_{G2}$ 扫描方式选择，自动挡供示波器或微机，手动挡记录数据；12—$U_{G2}$ 输出，接示波器 X 端或微机输入端；13—电源开关

【实验内容】

（1）观察电子与氩原子碰撞的能量交换过程

① 用 Q9 线将主机正面板上“$U_{G2}$输出”和“$I_P$输出”与示波器的 X 输入和 Y 输入相连，将电源线插入主机后面板的插孔内，开启电源。

② 将扫描开关调至“自动”，扫描速度开关调至“快速”，将 $I_P$ 电流增益开关调至 10nA。

③ 打开示波器电源开关，分别将 X、Y 电压调节旋钮调至 1V、2V；位置调至 X-Y，“交直流”置于 DC。

④ 分别调节 $U_{G1}$、$U_P$、$U_F$ 电压至适当数值，将 $U_{G2}$ 逐渐调大，此时可以在示波器上观察到稳定的 $I_P$-$U_{G2}$ 曲线。

（2）测绘氩原子的 $I_P$-$U_{G2}$ 曲线

① 将扫描开关置于“手动”挡，调节 $U_{G2}$ 至最小，然后逐渐增大 $U_{G2}$，记录 $I_P$ 与 $U_{G2}$ 值，记录数据到表 5.6 内。

表 5.6 $I_P$-$U_{G2}$ 关系

| $U_{G2}$/V | | | | | | | |
|---|---|---|---|---|---|---|---|
| $I_p$/nA | | | | | | | |
| $U_{G2}$/V | | | | | | | |
| $I_p$/nA | | | | | | | |
| $U_{G2}$/V | | | | | | | |
| $I_p$/nA | | | | | | | |
| $U_{G2}$/V | | | | | | | |
| $I_p$/nA | | | | | | | |
| $U_{G2}$/V | | | | | | | |
| $I_p$/nA | | | | | | | |
| $U_{G2}$/V | | | | | | | |
| $I_p$/nA | | | | | | | |

② 每隔 1V 记录一组 $I_P$、$U_{G2}$ 值，将数据记录到表 5.6 内。

（3）测量氩原子的第一激发电位

将扫描开关置于“手动”挡，调节 $U_{G2}$ 至最小，然后逐渐增大 $U_{G2}$，寻找 $I_P$ 的极大与极小值，记录相应的峰值电压 $U_1$，$U_2$，$U_3$，…，$U_{n+1}$，将数据记录到表 5.7 内。

表 5.7 峰值电压 $U_n$

| $n$ | 1 | 2 | 3 | 4 | 5 | 6 | 7 |
|---|---|---|---|---|---|---|---|
| $U_n$/V | | | | | | | |

【注意事项】

① 实验前检查仪器连接无误后方能接通电源。

② 开、关电源前应先将各电位器逆时针旋至最小值。

③ 夫兰克-赫兹管为玻璃制品，不耐冲击，应重点保护。

④ 要防止夫兰克-赫兹管击穿，若发生击穿应立即调低 $U_{G2}$，以免其损坏。

⑤ 灯丝电压 $U_F$ 不宜调得过大，一般在 2V 左右，如电流偏小再适当增加。

⑥ 实验中应在波峰与波谷位置附近多测几组数据，以提高测量精度。

【数据处理】

① 开启计算机，打开 MS Excel 软件，建立名为 $I_P$-$U_{G2}$ 曲线的文件；输入 $U_{G2}$、$I_P$ 数据，生成 $I_P$-$U_{G2}$ 曲线。

② 用逐差法计算氩原子的第一激发电位 $\overline{U_c}$ 及其不确定度 $u_c$，见下式。

$$\overline{U_c}=\frac{1}{3}\left(\frac{U_7-U_3}{4}+\frac{U_6-U_2}{4}+\frac{U_5-U_1}{4}\right)$$

$$u_c=\left|U_{标}-U_c\right|$$

$U_{标}$ 为氩原子第一激发电位实验室标准测量值，由指导教师给出。

【思考题】

（1）能否用氢气代替氩气进行实验？为什么？

（2）在夫兰克-赫兹实验中，得到的 $I_P$-$U_{G2}$ 曲线为什么呈现周期性变化？

（3）为什么 $I_P$-$U_{G2}$ 曲线的起点不是原点？

（4）为什么在夫兰克-赫兹管内的板极与栅极之间加反向电压？

（5）$I_P$-$U_{G2}$ 曲线上第一个峰的位置，是否对应于氩原子的第一激发电位？

## 5.4 光电效应

物质在光的照射下释放电子的现象称为光电效应。1887 年德国物理学家海因里希·赫兹（Heinrich Rudolph Hertz）在研究电磁波的波动性实验中首先发现。光电效应不能用光的波动理论解释；1905 年阿尔伯特·爱因斯坦（Albert Einstein）借鉴马克斯·普朗克（Max Planck）提出的能量子假设，引入光子概念，根据能量守恒定律成功地说明了这种现象。

1916 年密立根通过光电效应实验对普朗克常量进行了精确测量，其结果与当时用其他方法测量的普朗克常量符合得很好，从而证实了爱因斯坦光子理论的正确性。爱因斯坦因光电效应等方面的杰出贡献获得 1921 年诺贝尔物理学奖。

光电效应被广泛用于科学研究和工程技术等领域。利用光电效应可制成真空光电管、光电摄像管、光电倍增管等光电器件，它们在无线电传真、石油钻井、自动控制等方面都有重要应用。光电计数器、光电跟踪、光电保护等装置在自动化生产方面的应用更为广泛。

【实验目的】

① 观察光电效应，测定普朗克常量 $h$。

② 测绘光电管的伏安特性曲线。

③ 学习用线性拟合法与作图法处理数据。

【实验原理】

光电效应实验电路见图 5.10，入射光照射到光电管阴极 K 上，阴极便释放出电子——光电子。在电场作用下光电子向阳极 A 迁移形成光电流，改变光电管两极电压 $U_{AK}$，光电流将随之变化，由此可测得光电管的伏安特性曲线。

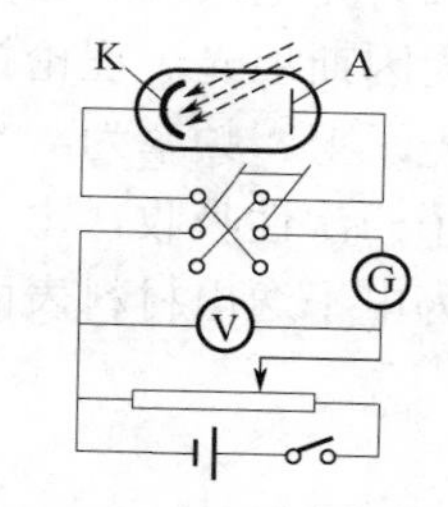


图 5.10 光电效应实验电路

（1）光电效应实验规律

① 光电管伏安特性曲线如图 5.11 所示。入射光频率 $v$ 和强度 $P$ 一定时，随着光电管两极电压 $U_{AK}$ 的增大，光电流趋于一个饱和值 $I_s$。光电流的饱和说明从阴极逸出的光电子已全部被阳极接收。饱和光电流 $I_s$ 与光强度 $P$ 成正比。

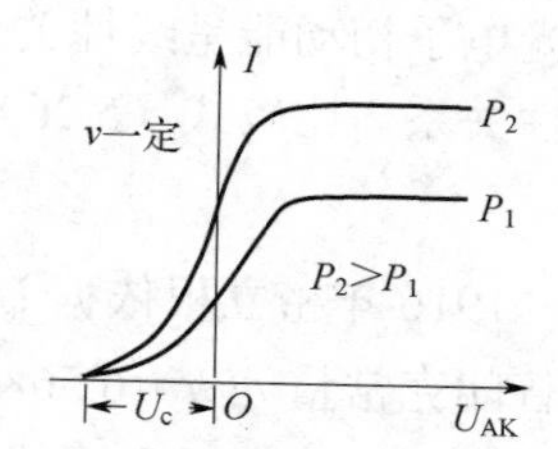


图 5.11 $I$-$U_{AK}$ 曲线

② 由图 5.11 可知，当光电管两极加载反向电压时光电流迅速减小，直至反向电压达到 $-U_c$ 时，光电流才为零，$U_c$ 称为截止电压。截止电压的存在表明，此时从阴极逸出的最快光电子由于受到反向电场的阻碍已不能到达阳极。由能量分析可知，光电子逸出时的最大初动能与截止电压的关系为

$$\frac{1}{2}mv_m^2 = eU_c \tag{5.24}$$

式中，$m$ 和 $e$ 分别为电子的质量和电量；$v_m$ 是光电子逸出时的最大速率。

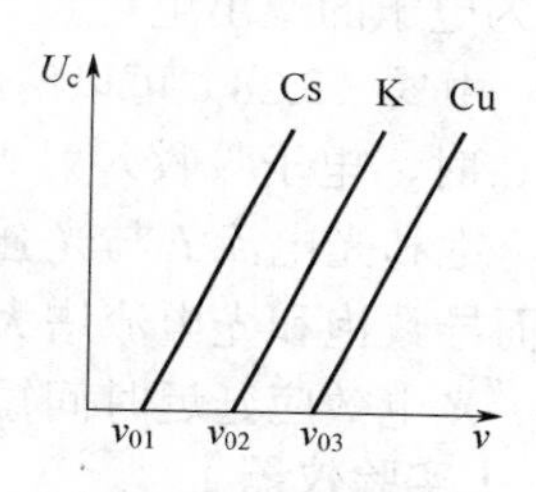


图 5.12 $U_c$-$v$ 曲线

实验表明，当入射光频率 $v$ 不变时，不同入射光强具有相同的截止电压 $U_c$，即光电子初动能与光强无关。

③ 实验还表明，截止电压 $U_c$ 与入射光频率 $v$ 有关。图 5.12 显示了 $U_c$ 与 $v$ 成线性关系，不同直线对应不同的阴极材料。$U_c$ 与 $v$ 的关系可表示为

$$U_c = Kv - U_0 \tag{5.25}$$

式中，$K$ 是直线的斜率，是与材料无关的一个普适恒量。材料不同，$U_0$ 也不同；对同一材料，$U_0$ 为恒量。将式（5.25）代入式（5.24），得

$$\frac{1}{2}mv_m^2 = eKv - eU_0 \tag{5.26}$$

上式表明，光电子的最大初动能随入射光频率的降低而线性减小。当频率降至某一值 $v_0$ 时，$U_c$ 降到零，即图 5.12 中斜线与横轴的交点，此时光电子的初动能为零，不再发生光电效应。这个频率 $v_0$ 称为光电效应的红限（或截止频率），相应的波长叫作红限波长。由式（5.26），红限 $v_0$ 为

$$v_0 = U_0/K \tag{5.27}$$

根据图 5.12，不同材料有不同的红限。碱金属及其合金的红限较低，在可见光区域，其他金属往往在紫外光区域，所以常用碱金属作为产生光电效应的材料。

④ 光电子的逸出时间与照射到光电管阴极上的光强度无关，逸出光电子的延迟时间在 $10^{-9}$s 以下。

（2）光电效应的理论解释

爱因斯坦光子理论指出，光并不像电磁波理论所想象的那样，分布在波阵面上，而是集中在光子上。频率为 $v$ 的光子具有能量 $E=hv$，$h$ 为普朗克常量。当光子照射到材料表面时，被电子一次性吸收，电子将其中的一部分光能用来克服材料表面对它的吸引力，其余的能量转化为电子逸出材料表面时的动能，按照能量守恒定律，爱因斯坦提出了光电效应方程

$$hv=\frac{1}{2}mv^2+W \tag{5.28}$$

式中，$W$ 为材料的逸出功；$mv^2/2$ 为光电子获得的初动能。式（5.28）表明，入射光频率与光电子初动能呈线性关系，与光强无关，解释了式（5.26），说明截止电压与入射光频率的线性关系。比较式（5.26）与式（5.28），得

$$h=eK \tag{5.29}$$

1916 年密立根依据 $U_c$ 与 $v$ 的线性关系，对其斜率 $K$ 进行了精确测量，由式（5.29）计算出普朗克常量为 $h=6.56\times10^{-34}\text{J}\cdot\text{s}$，与当时由其他方法测得的量值符合得很好，从实验上证明了爱因斯坦光子理论的正确性。比较式（5.26）与式（5.28），还可以得到 $W=eU_0$，式中，$U_0$ 为电子的逸出电势。

由式（5.28）可以解释光电效应的红限 $v_0$。若 $mv^2/2=0$，可得 $v_0=W/h$。即当入射光频率为 $v_0$ 时，电子吸收入射光子的能量 $hv_0$ 全部消耗于材料的逸出功 $W$ 上。

饱和光电流 $I_s$ 与光强度 $P$ 成正比，说明单位时间内入射的光子数多，产生的光电子也多，从而导致饱和光电流增大。

光电效应延迟时间短，表明光子被电子吸收的过程需要时间短，是一个瞬时过程。

**【实验仪器】**

（1）仪器介绍

光电效应实验仪，由 GGQ50 汞灯光源、光电管、滤色片、微电流测量放大器以及光电管工作电源组成。

① 测量误差≤3%。

② GGQ50 汞灯可用谱线：365.0nm；404.7nm；435.8nm；546.1nm；578.0nm。

③ 光电管光谱响应范围：300～700nm；阴极灵敏度＞1μA/lm；阴极材料为 Ag-O-K，阳极材料为镍；暗电流≤$10^{-12}$A（$-2\text{V}\leqslant U_{AK}\leqslant0\text{V}$）。

④ 滤色片中心波长：365.0nm；404.7nm；435.5nm；546.1nm；578.0nm。

⑤ 微电流测量放大器电流测量范围：$10^{-13}$～$10^{-6}$A，8 挡、3 位半数显；零漂 $10^{-13}$ 挡 0.5 小时不超过 0.2%。

⑥ 光电管工作电源电压调节范围：−2～2V；−2～30V，稳定度优于 0.1%。

（2）仪器使用方法

理论上讲，不同频率的光照射下的光电流为零时对应的 $U_{AK}$ 的绝对值为该频率对应的截止电压。而由于光电管的阳极反向电流、暗电流、本底电流以及极间接触电位差的影响，实际测量的电流并非光电流，对应的 $|U_{AK}|$ 也并非截止电压。

在光电管制作过程中阳极往往沾上少许阴极材料，入射光照射阳极或入射光从阴极反射到阳极之后都会造成阳极光电子发射，$U_{AK}$ 为负值时，阳极发射的电子向阴极迁移构成了阳极反向电流。极间接触电位差与入射光频率无关，只影响 $U_c$ 的准确性，不影响 $U_c$-$v$ 直线斜率，

对测定 $h$ 无影响。

在测量各谱线的截止电压 $U_c$ 时，一般采用零电流法或补偿法。

零电流法是直接将各谱线照射下测得的电流为零时对应的电压 $U_{AK}$ 的绝对值作为截止电压 $U_c$。此法的前提是阳极反向电流、暗电流和本底电流都很小，用零电流法测得的截止电压与真实值相差很小。

补偿法是调节电压 $U_{AK}$ 使电流为零后，保持 $U_{AK}$ 不变，遮挡汞灯光源，此时测得的电流 $I_1$ 为电压接近截止电压时的暗电流本底电流，重新让汞灯照射光电管，调节电压 $U_{AK}$ 使得电流值至 $I_1$，将此时对应的电压 $U_{AK}$ 的绝对值作为截止电压 $U_c$。此法可补偿暗电流和本底电流对测量结果的影响。

**【实验内容】**

（1）测量准备

开启光电效应实验仪与光源电源，预热 15 分钟，使其处于稳定状态。

分别将微电流输入端子和电压输出端子连接至光电管暗箱的 K、A 及⊥上。

（2）测定普朗克常量 $h$

① 将电压选择键置于−2～2V 挡，将电流量程选择开关置于 $10^{-13}$A 挡，将测试仪电流输入电缆断开，调零后重新接上。

② 将直径 6mm 的光阑及 NG365 滤色片安装在光电管暗箱光输入口上。

③ 将光电管移至离光源为 $L$＝300mm 处，即光具座标尺 300mm 位置。

④ 从低到高调节电压，测量该波长对应的 $U_c$，并将数据填入表 5.8 中。

依次换上 NG405、NG436、NG546、NG577 等滤色片，重复上述步骤，完成表 5.8。

**表 5.8 $U_c$-$\nu$ 关系**

$L$＝300mm

| 滤色片型号 | NG365 | NG405 | NG436 | NG546 | NG577 |
|---|---|---|---|---|---|
| 波长 $\lambda$/nm | | 404.7 | 435.8 | 546.1 | 577.0 |
| $\nu/\times10^{14}$Hz | | 7.408 | 6.879 | 5.490 | 5.196 |
| $U_c$/V | | | | | |

（3）测绘光电管的伏安特性曲线

① 将电压选择键置于−2～30V 挡，电流量程旋钮置于 $10^{-12}$A 挡；将测试仪电流输入电缆断开，调零后重新接上；将光电管移至离光源为 $L$＝350mm 处；将直径 6mm 的光阑及 405.0nm 的滤色片装在光电管暗箱光输入口上。

② 将电压调到 27V，测量对应的光电流，要求有效数字大于或等于三位，若低于三位有效数字，则需要重新确定电流量程。

③ 按照表 5.9 所给电压值，从高到低调节电压，记录对应的电流值到表 5.9。

④ 继续调低电压，使对应的电流为零，记录此时的电压值到表 5.9 第一行、第三列。

⑤ 换上直径 8mm 的光阑及 546.1nm 的滤色片，重复步骤③。

⑥ 继续调低电压，使对应的电流为零，记录此时的电压值到表 5.9 第三行、第三列。

表 5.9　$I$-$U_{AK}$ 关系

$L$=350mm

| | | | | | | | | | | | |
|---|---|---|---|---|---|---|---|---|---|---|---|
| 405.0nm 光阑 6mm | $U_{AK}$/V | | 0 | 3 | 6 | 9 | 12 | 15 | 18 | 21 | 24 | 27 |
| | $I/\times10^{-11}$A | 0 | | | | | | | | | | |
| 546.1nm 光阑 8mm | $U_{AK}$/V | | 0 | 3 | 6 | 9 | 12 | 15 | 18 | 21 | 24 | 27 |
| | $I/\times10^{-11}$A | 0 | | | | | | | | | | |

（4）饱和光电流与入射光强度的关系

由于照射到光电管上的光强与照射距离成正比，可以在 $U_{AK}$ 为 28.0V 时，将电流量程选择开关置于 $10^{-11}$A 挡，调零后，测量在同一谱线、同一光阑下，光电管与入射光不同距离时的电流值，将数据记录到表 5.10 中。

表 5.10　$I_s$-$P$ 关系

$U_{AK}$=28.0V，$\Phi$=10mm

| 入射距离 $L$/mm | | 400 | 350 | 300 |
|---|---|---|---|---|
| $I_s/\times10^{-11}$A | 436.0nm | | | |
| | 546.1nm | | | |

【注意事项】

① 开启光电效应实验仪及光源电源，预热 15 分钟，使其处于稳定状态。

② 开启汞灯电源，预热 15 分钟。汞灯一旦开启，不要随意关闭。

③ 实验操作时务必用遮光罩遮住光源通光孔，避免光线直接照射光电管。

【数据处理】

① 计算普朗克常量 $h$ 及其相对误差。用最小二乘法处理表 5.8 的实验数据，得出 $U_c$-$v$ 直线的斜率 $K$。根据线性回归理论，$U_c$-$v$ 直线的斜率 $K$ 的最佳拟合值为

$$K=\frac{\overline{v}\,\overline{U_c}-\overline{vU_c}}{\overline{v}^2-\overline{v^2}} \tag{5.30}$$

式中　$\overline{v}=\frac{1}{n}\sum_{i=1}^{n}v_i$ ——频率 $v$ 的平均值；

$\overline{v^2}=\frac{1}{n}\sum_{i=1}^{n}v_i^2$ ——频率 $v$ 平方的平均值；

$\overline{U_c}=\frac{1}{n}\sum_{i=1}^{n}U_{ci}$ ——截止电压 $U_c$ 的平均值；

$\overline{vU_c}=\frac{1}{n}\sum_{i=1}^{n}v_iU_{ci}$ ——频率 $v$ 与截止电压 $U_c$ 乘积的平均值。

按式（5.30）求出直线斜率后，由 $h=eK$，求出普朗克常量 $h$，并与给出值 $h_0$ 比较，求出相对误差 $E_h$=（$h-h_0$）/$h_0$（$e=1.602\times10^{-19}$C，$h_0=6.626\times10^{-34}$J·s）。

② 结果表示 $h$=　　　　　　　　，$E_h$=　　　　　　　　。

③ 由表 5.9 中数据，用坐标纸绘出两条波长不同的光电管伏安特性曲线。

④ 由表 5.9 中数据，用 MS Excel 绘制 $I$-$U_{AK}$ 曲线（参见附录 1）。

【思考题】

（1）入射光满足什么条件才能产生光电效应？

（2）在光电效应实验规律中，光电流的饱和现象说明什么？

（3）截止电压的存在说明什么？

（4）实验中所测量的光电流，是由于光电效应产生的光电子形成的吗？

（5）在测绘 $I$-$U_{AK}$ 曲线过程中，为了保证测量准确度，如何改变电流量程？

## 5.5 光电池基本特性研究

辐射到地球表面的太阳光谱不仅随着天气和气候的变化而变化，还与地球表面的不同区域有关，这是由于地球的不同地方所覆盖的大气层的厚度不同。虽然从太阳发出的光与热力学温度为 6000K 的黑体辐射的光谱相同，但太阳光通过大气层到达地球表面时被大气层吸收而变弱。将大气层外和地球表面的太阳光谱比较后会发现，因为大气层中的水蒸气、氧气和二氧化碳等气体的吸收，地球表面的太阳光谱在一些特定波长变得很弱。

太阳光谱用大气质量（air mass，AM）表示，其意义是大气对地球表面接收太阳光的影响程度。因此，大气层外的太阳光谱表示为 AM0（大气质量 0）。大气质量为 AM1.0 的状态，是指太阳光垂直照射到地球表面的情况，相当于晴朗夏日海平面上的阳光。大气质量为 AM1.5，表示典型晴天太阳光照射到一般地球表面的情况，相当于地球表面接收太阳辐射的总量为 $1kW/m^2$，常用于太阳电池效率的测试标准。

光照射产生电流的现象是法国物理学家亚历山大·贝克勒尔（Alexandre Edmond Becquerel）于 1839 年最早发现的。不过直到 1954 年，美国的贝尔实验室才用单晶硅制成了世界上第一个实用的太阳能电池。由于受 1973 年石油危机引起的能源恐慌的影响，美国、日本和欧洲纷纷开始研究太阳电池，使得太阳电池的应用得到了较快发展。

光电池是一种将光能转换成电能的半导体器件。若光电池利用的是太阳光，则称作太阳电池。光电池为许多仪表及设备提供轻便的电源，尤其在宇宙航行中使用更为普遍。光电池的种类很多，按其用途可分为太阳电池和测量光电池；按其所用材料可分为硒、锗、硅、砷化镓、氧化铜、硫化镉等光电池。其中应用最广的是硅光电池，它具有寿命长、性能稳定、光谱范围宽、频率响应好、转换效率高等特点。

硅光电池除用于人造卫星和宇宙飞船等领域外，主要用在仪表及自动化、遥测、遥控和计算机技术等方面。光电池还用于许多民用领域，如光电池汽车、光电池游艇、光电池收音机、光电池计算机、光电池电站等。

【实验目的】

① 测量在无光照条件下光电池的正向伏安特性曲线。

② 测绘光电池在光照时的伏安特性曲线，并计算其基本参数。

③ 测绘 $I_{sc}$ 与相对光强度 $J/J_0$ 的关系曲线和 $U_{oc}$ 与 $J/J_0$ 的关系曲线。

【实验原理】

（1）光电池工作原理

光电池是一种单 p-n 结的晶体二极管。根据半导体理论，若将 n 型半导体与 p 型半导体结合在一起，n 型半导体中的电子和 p 型半导体中的空穴就会互相扩散，如图 5.13（a）所示，结果在 p、n 区交界面处形成一个很薄的空间电荷区，产生如图 5.13（b）所示的内电场，方向由 n 区指向 p 区。

如果有光线照射到 p-n 结，它将吸收入射的光子。若光子能量超过半导体材料的禁带宽度，则在 p-n 结附近产生电子和空穴。在内电场作用下，空穴移向 p 区，电子移向 n 区，其结果是在 n 区聚集大量的电子而带负电，在 p 区聚集大量的空穴而带正电。于是，在 p 区和 n 区之间产生电势差，成为光生电动势。若用导线和电阻将 n 区与 p 区连接起来，回路中就会有光电流 I 通过，电流的方向由 p 区流向 n 区，如图 5.13（c）所示。

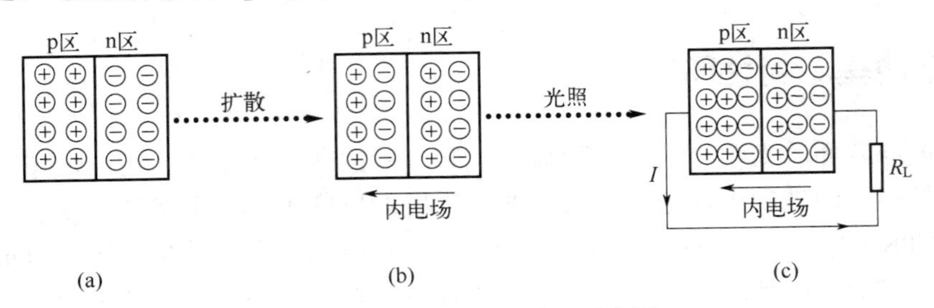


图 5.13　光电池工作原理示意图

光照产生的电子和空穴只有在内电场作用下才能形成光生电动势和光电流。由于内电场是由掺杂的 p 区和 n 区扩散而形成的，因此内电场的强度是非常有限的，这就导致了光电池的光电转换效率很低，最高也仅能达到百分之二十几。

光电池的输出功率受外接负载电阻大小的影响，在负载 $R_L$ 上除有少量的电流维持 p-n 结的导通电压 $U$ 外，光照产生的光生电动势几乎都消耗在光电池内部。由图 5.13（c）可以看出，当 $R_L$ 增大时，其两端的电压 $U$ 也随之增大。由于 $U$ 与内电场方向相反，故会削弱内电场的强度，从而阻碍了光生电子与空穴通过 p-n 结，使输出光电流减小。

（2）光电池的结构

光电池的符号如图 5.14（a）所示，其内部结构等效电路如图 5.14（b）、（c）。

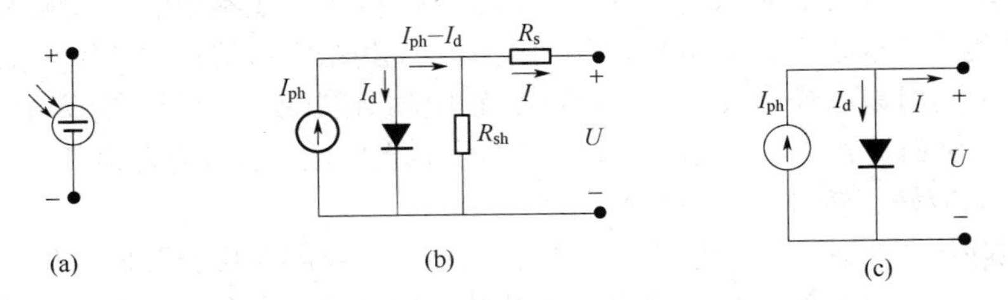


图 5.14　光电池符号及其等效电路

在无光照条件下，光电池与一个二极管类似，其正向偏压 $U$ 与通过其电流 $I_d$ 的关系为

$$I_d=I_0\left(e^{\beta U}-1\right) \tag{5.31}$$

式中，$I_0$ 和 $\beta$ 为常数。

光电池可等效为由一个恒流源、一个理想二极管、一个并联电阻 $R_{sh}$ 和一个串联电阻 $R_s$ 构成的电路，见图 5.14（b）。图中，$I_{ph}$ 为光照时等效的理想电流源的输出电流，$I_d$ 为通过理想二极管的电流。由基尔霍夫定律，有

$$U=(I_{ph}-I_d-I)R_{sh}-IR_s$$

式中，$I$为光电池的输出电流；$U$为输出电压。由上式可得

$$I_{ph}-\frac{U}{R_{sh}}-I_d=I(1+\frac{R_s}{R_{sh}}) \tag{5.32}$$

若$R_{sh}=\infty$，$R_s=0$，光电池可简化为图5.14（c）所示电路。由式（5.31）与式（5.32），$I=I_{ph}-I_d=I_{ph}-I_0(e^{\beta U_{oc}}-1)$。当光电池两端短路时，$U=0$，$I=I_{ph}=I_{sc}$；而开路时，$I=0$，$I_{sc}-I_0(e^{\beta U_{oc}}-1)=0$，于是

$$U_{oc}=\frac{1}{\beta}\ln\left(\frac{I_{sc}}{I_0}+1\right) \tag{5.33}$$

式中，$U_{oc}$为开路电压，是光电池在一定光照条件下的光生电动势；$I_{sc}$为短路电流，是在一定光照条件下，光电池被短路时输出的光电流。

式（5.33）为$R_{sh}=\infty$和$R_s=0$时，光电池开路电压$U_{oc}$和短路电流$I_{sc}$的关系式。

（3）光电池的基本特性

① 光生电动势和光电流与照度的关系。图5.15（a）为光生电动势和光生电流与照度的关系。由图可以看出，电动势与照度具有非线性关系，在照度为2000lx的光照射下光电池已趋向饱和；光生电流与照度具有线性关系，而且受照的p-n结面积越大，光生电流也越大。图5.15（a）中的光生电流为短路电流$I_{sc}$，此时外接负载$R_L$比光电池的内阻小很多。在不同的照度下，光电池的内阻也是不同的。因此，应根据不同的照度选用匹配的负载，以满足短路条件。

② 光照特性与负载的关系。光电池的光照特性与负载$R_L$有密切关系，负载越小，光生电流与照度或光强的线性越好，线性范围也越广；反之，光电流越小，光照特性的线性区域也越小，见图5.15（b），这是光电池的内阻随照度和电压的改变而引起的。

光电池的内阻等于其开路电压除以短路电流。光电池的内阻随其接收光照的面积不同而发生变化。在具体使用光电池时，所匹配的负载大小可根据光强度来确定。

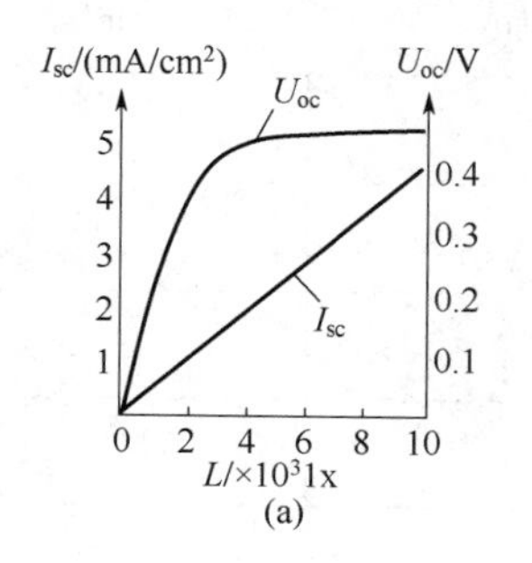


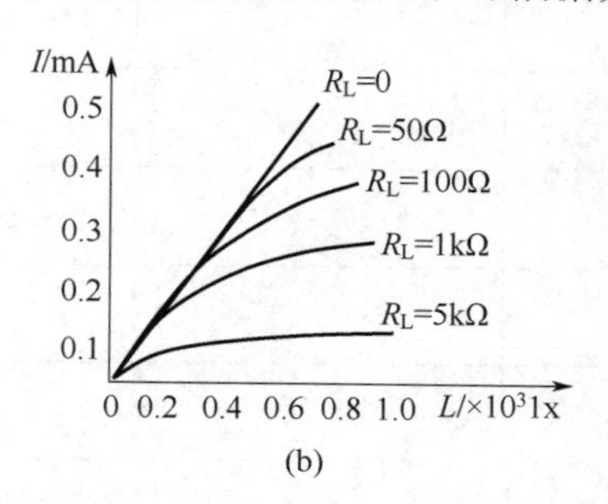


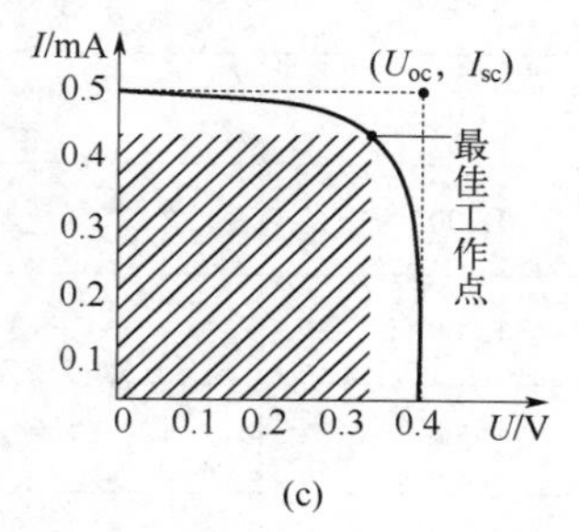


图5.15 光电池的基本特性曲线

③ 光电池的伏安特性。测定光电池的伏安特性可用氙灯与滤光片配合，模拟太阳光照射到光电池上，通常光强度$J=1\text{kW/m}^2$。在一定范围内改变负载电阻$R_L$，同时测量光电池两端的电压$U$和通过回路的电流$I$，即可描绘出光电池的伏安特性曲线，见图5.15（c）。

光电池伏安特性曲线上的最佳工作点对应的功率为最大输出功率$P_m$。最大输出功率$P_m$除以开路电压$U_{oc}$与短路电流$I_{sc}$之积称作填充因子$FF$（fill factor），即

$$FF=P_m/(U_{oc}I_{sc}) \tag{5.34}$$

填充因子的意义是指实际输出的最大功率与理想条件下的输出功率之比，反映光电池转换效率的高低，其值一般在0.5～0.8之间，填充因子越大，转换效率越高。

④ 光电池的转换效率。衡量光电池最重要的指标是光电转换效率 $E_{ff}$，可通过测定其伏安特性求得。设光电池的p-n结面积为 $S$，照射光的强度为 $J$，则其转换效率 $E_{ff}$ 为

$$E_{ff}=\left(\frac{I_{sc}}{S}U_{oc}FF\right)\Big/J \tag{5.35}$$

由光电池的伏安特性曲线，用外推法可求出短路电流 $I_{sc}$、开路电压 $U_{oc}$、最大输出功率 $P_m$ 和填充因子 $FF$。用读数显微镜测量光电池的结面积 $S$，用照度表测量入射光强度 $J$，按式（5.35）可计算光电池的转换效率 $E_{ff}$。目前单晶硅光电池的转换效率可达25%。

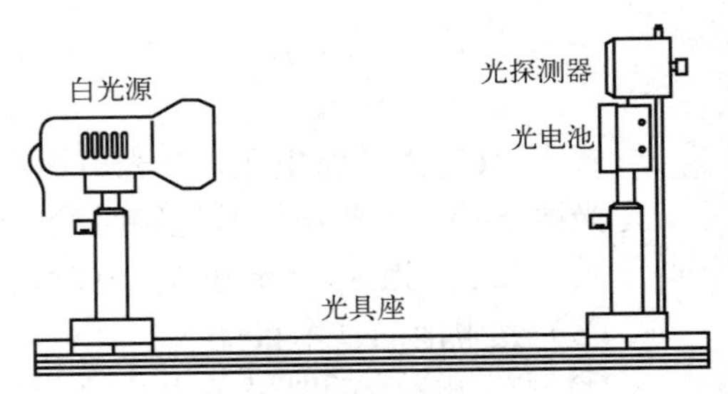


图5.16　光电池实验装置

【实验仪器】

光电池实验仪，照度计，数字电压表，数字电流表，数字万用表，电阻箱，导线等。

光电池实验装置如图5.16所示。

【实验内容】

（1）光电池无光照正向伏安特性测绘

实验电路如图5.17所示，改变电阻箱的阻值，用数字万用表分别测量不同阻值下光电池电压 $U_1$ 和电阻箱两端的电压 $U_2$，将数据填入表5.11。

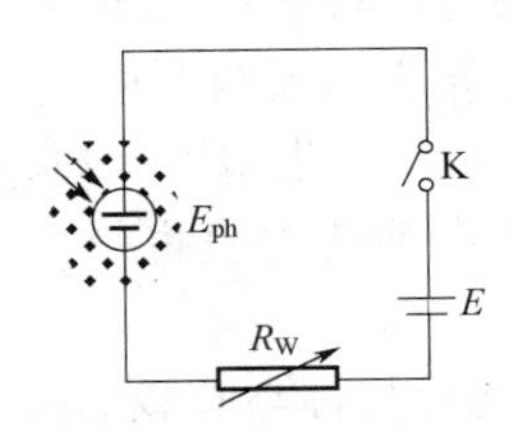


图5.17　光电池无光照正向伏安特性测试电路

**表5.11　无光照正向伏安特性数据**

| $R$/kΩ | $U_1$/V | $U_2$/mV | $I$/μA | $\ln I$ |
|---|---|---|---|---|
| 21.00 | | | | |
| 18.00 | | | | |
| 15.00 | | | | |
| 12.00 | | | | |
| 9.00 | | | | |
| 7.00 | | | | |
| 5.00 | | | | |
| 3.00 | | | | |
| 0.00 | | | | |

（2）光电池无偏压恒定光照伏安特性测绘

① 按图 5.18 连接线路，保持白光源到光电池的距离为 20cm，然后开启光源开关。

② 测量不同阻值的电阻箱两端电压 $U$，将数据填入表 5.12。

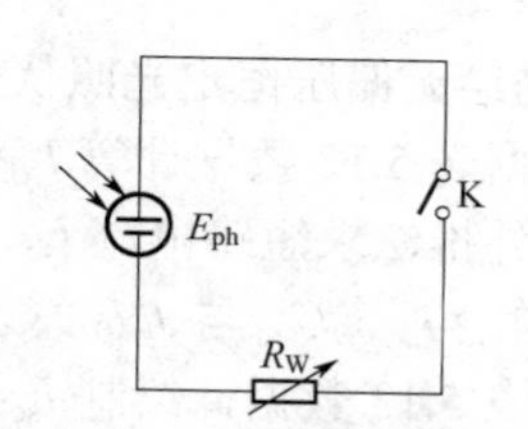


图 5.18　光电池无偏压恒定光照伏安特性测试电路

**表 5.12　无偏压恒定光照伏安特性数据**

| $R/\Omega$ | $U$/V | $I$/mA | $P$/mW | $R/\Omega$ | $U$/V | $I$/mA | $P$/mW |
|---|---|---|---|---|---|---|---|
| 100 | | | | 2700 | | | |
| 200 | | | | 2900 | | | |
| 300 | | | | 3100 | | | |
| 400 | | | | 3300 | | | |
| 500 | | | | 3500 | | | |
| 600 | | | | 3700 | | | |
| 700 | | | | 3900 | | | |
| 900 | | | | 4100 | | | |
| 1100 | | | | 4300 | | | |
| 1300 | | | | 4500 | | | |
| 1500 | | | | 4700 | | | |
| 1700 | | | | 4900 | | | |
| 1900 | | | | 5100 | | | |
| 2100 | | | | 5300 | | | |
| 2300 | | | | 5500 | | | |
| 2500 | | | | 6000 | | | |

（3）$I_{sc}$、$U_{oc}$ 与 $J/J_0$ 关系曲线测绘

① 自绘测量电路并连接线路，保持白光源到光电池距离 $x_0=20$cm，然后开启光源开关。

② 用遮光罩挡光，取 $x_0=20$cm 处的光强为标准光强度 $J_0$，用照度计测量该值，并记录 $J_0$ 到表 5.13。

③ 分别读取短路电流 $I_{sc}$ 与开路电压 $U_{oc}$，将数据记录到表 5.13。

④ 改变水平距离 $x$，测量 $x$ 处的光强度 $J$ 和对应的 $I_{sc}$ 与 $U_{oc}$，将数据填入表 5.13。

**【数据处理】**

（1）描绘无光照正向伏安特性

① 由表 5.11 第 1 列与第 3 列数据计算电流 $I$ 和 $\ln I$，填入该表第 4 列与第 5 列。

② 以 $U$ 为横坐标，$\ln I$ 为纵坐标，绘制无光照条件下光电池正向伏安特性曲线。

③ 求常数 $\beta$ 和 $I_0$。

（2）描绘无偏压恒定光照伏安特性

① 根据表 5.12 数据计算 $I$ 和 $P$，画出 $I$-$U$ 伏安特性曲线和 $P$-$R$ 曲线。

② 用外推法求短路电流 $I_{sc}$、开路电压 $U_{oc}$、最大输出功率 $P_m$ 和填充因子 $FF$。

（3）描绘 $I_{sc}$、$U_{oc}$ 与 $J/J_0$ 关系曲线

① 由表 5.13 数据，绘制 $I_{sc}$-$J/J_0$ 曲线和 $U_{oc}$-$J/J_0$ 曲线。

② 根据最小二乘法求 $I_{sc}$ 和 $U_{oc}$ 与 $J/J_0$ 的函数关系式。

**表 5.13　$I_{sc}$ 和 $U_{oc}$ 与 $J/J_0$ 关系**

| $x$/cm | $J$/mW | $J/J_0$ | $I_{sc}$/mA | $U_{oc}$/V |
| --- | --- | --- | --- | --- |
| 35 | | | | |
| 34 | | | | |
| 33 | | | | |
| 32 | | | | |
| 31 | | | | |
| 30 | | | | |
| 29 | | | | |
| 27 | | | | |
| 25 | | | | |
| 23 | | | | |
| 20 | | | | |
| 15 | | | | |

**【思考题】**

（1）光电池是怎样将光能转换成电能的？

（2）太阳光谱用大气质量表示为 AM1.5 是什么意思？它相当于地球表面接收太阳辐射的总能量密度是多少？

（3）光电池的光生电流除了与照射光强度成正比外，还与哪些因素有关？

（4）光电池的内阻等于多少？其大小是否为恒定值？

（5）如何理解填充因子 $FF$ 的物理意义？实验中怎样测量它？

## 5.6 *LRC*电路暂态过程研究

*LRC* 电路是一种由电感 $L$、电阻 $R$、电容 $C$ 组成的电路结构。*RC* 电路是其简单的例子，它一般被称为二阶电路，因为电路中的电压或者电流的值，通常是某个由电路结构决定其参数的二阶微分方程的解。电路元件都被视为线性元件的时候，一个 *LRC* 电路可以被视作电子谐波振荡器。*LRC* 电路的组成结构一般有串联型、并联型两种，可用于电子谐波振荡器、带通或带阻滤波器。

在具有电阻、电感和电容的电路里，对交流电所起的阻碍作用叫作阻抗，阻抗单位为Ω。阻抗常用$Z$表示，是一个复数，实部称为电阻，虚部叫作电抗。电抗包括容抗和感抗，电抗单位为Ω。阻抗是电阻与电抗在向量上的和。对于一个具体交流电路，阻抗随着电源频率$f$变化而变化。容抗和感抗，其值大小与交流电频率有关系，频率越高则容抗越小感抗越大，频率越低则容抗越大而感抗越小，电感上的电压$U_L$与电容上的电压$U_C$相位相差180°。

谐振电路在无线电接收机中用于频率选择，对电源信号进行滤波整形，完成对故障信号的检测，在电路间进行能量传递转移，可以实现对蓄电池进行恒流充电，并可以以此技术来实现电动机的软启动并且减小启动电流。谐振法还可以消除高频变压器分布电容对充电电源恒流特性的影响，改善充电波形。近年来随着新理论和方法的出现，基于压电元件的被动控制正受到越来越多的重视。压电换能器是一种将超声频电能转变为机械振动的器件，可将其等效为$R$、$L$、$C$串并联电路，利用其等效电路可以分析并得到动态电阻、换能器工作频率、阻抗变化等特点，并以此来进行换能器匹配研究。压电换能器的应用和压电元件在悬臂梁多模态振动控制中的应用都是$LRC$谐振电路在实际工程中的应用。

**【实验目的】**

① 研究$LRC$电路的暂态特性。

② 理解$L$、$R$、$C$元件在电路中的作用。

③ 掌握示波器的使用方法。

**【实验原理】**

$LRC$电路的暂态过程就是当电源接通或断开后的瞬间，电路中的电流和电压呈现非稳定的变化过程。实验研究$RC$串联电路、$RL$串联电路、$LRC$串联电路在暂态过程中的瞬时特性，研究与之相关联的过电压和过电流现象，对于进一步认识这种电路的工作机制，防止暂态过程产生损害和利用这一过渡过程获得更有用的高电压和大电流有不可替代的作用。

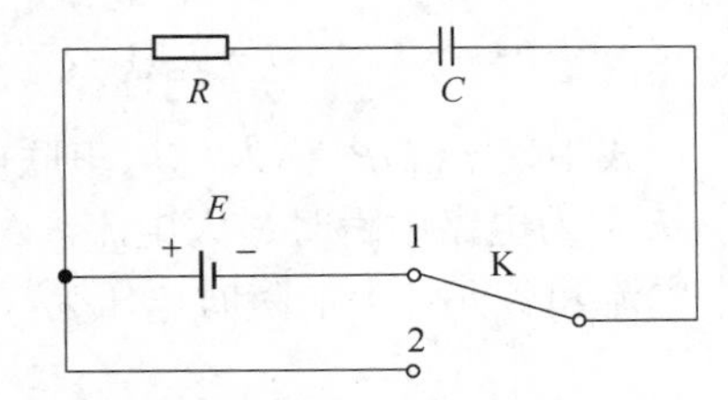


图5.19　$RC$串联电路原理示意图

（1）$RC$串联电路

图5.19中，电阻$R$和电容$C$串联，当开关K置于位置1时，有

$$RI+\frac{q}{C}=E \tag{5.36}$$

式（5.36）也可写作

$$R\frac{\mathrm{d}q}{\mathrm{d}t}+\frac{q}{C}=E \tag{5.37}$$

电容器上储存的电荷量为

$$q=Q(1-e^{-t/\tau}) \tag{5.38}$$

式中，$\tau=RC$称为$RC$电路的时间常数，s；$Q$为电容器充满时的电荷量，C。

由式（5.38）得出电容和电阻两端的电压和时间的关系为

$$U_C=\frac{q}{C}=E(1-e^{-t/\tau}) \tag{5.39}$$

$$U_R = Ee^{-t/\tau} \tag{5.40}$$

当开关 K 置于位置 2 时，有

$$R\frac{\mathrm{d}q}{\mathrm{d}t}+\frac{1}{C}q=0 \tag{5.41}$$

根据电荷守恒定律 $q$（0）$=Q=EC$，得

$$q = Qe^{-t/\tau} \tag{5.42}$$

$$U_C = Ee^{-t/\tau} \tag{5.43}$$

$$U_R = -Ee^{-t/\tau} \tag{5.44}$$

研究后可知：

① $RC$ 串联电路中的电容所储存的电荷量不能突变，因此其两端的电压也不能突变，但电阻两端的电压能够突变；

② $RC$ 串联电路中的过渡时间 $\tau$ 与 $RC$ 有关，$\tau$ 值大，过渡时间长，电路电压变化缓慢。

（2）$RL$串联电路

在图 5.20 中，当开关 K 置于位置 1 时，有

$$L\frac{\mathrm{d}I}{\mathrm{d}t}+RI=E \tag{5.45}$$

电路中瞬时电流为

$$I = I_{\mathrm{m}}(1-e^{-t/\tau}) \tag{5.46}$$

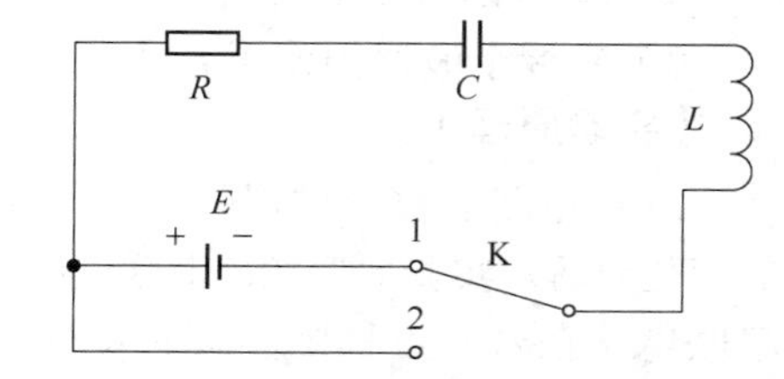

图 5.20　$RL$ 串联电路原理示意图

式中，$\tau=L/R$ 称为 $RL$ 串联电路的时间常数，s；$I_{\mathrm{m}}=E/R$ 为电路中瞬时最大电流，A。同样可以得到电路中电流和各元件上的瞬时电压为

$$I = I_{\mathrm{m}}e^{-t/\tau} \tag{5.47}$$

$$U_R = E(1-e^{-t/\tau}) \tag{5.48}$$

$$U_L = Ee^{-t/\tau} \tag{5.49}$$

研究后可知：

① $RL$ 串联电路中的电流不能突然变化，而线圈两端的电压能够突变；

② $RL$ 串联电路中，电压、电流的变化快慢与时间参量 $\tau$ 有关。

（3）$LRC$ 串联电路

在图 5.21 中，开关 K 置于位置 1，电源 $E$ 对电路中的电容 $C$ 充电。当电容充满时，将开关置于位置 2。此时有

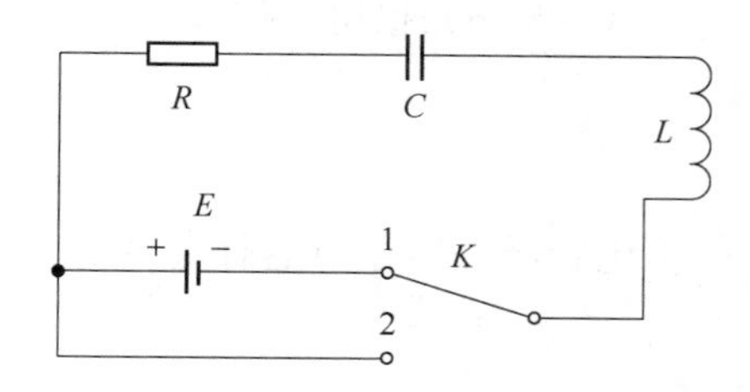

图 5.21　$LRC$ 串联电路原理示意图

$$U_C+U_L+U_R=0 \tag{5.50}$$

$$U_C + L\frac{\mathrm{d}I}{\mathrm{d}t} + IR = 0 \tag{5.51}$$

因为

$$I = \frac{\mathrm{d}q}{\mathrm{d}t} = C\frac{\mathrm{d}U_C}{\mathrm{d}t} \tag{5.52}$$

可以得到

$$LC\frac{\mathrm{d}^2U_C}{\mathrm{d}t^2} + RC\frac{\mathrm{d}U_C}{\mathrm{d}t} + U_C = 0 \tag{5.53}$$

电路中电容上电压$U_C$的变化规律为以下三种情况（见图5.22）。

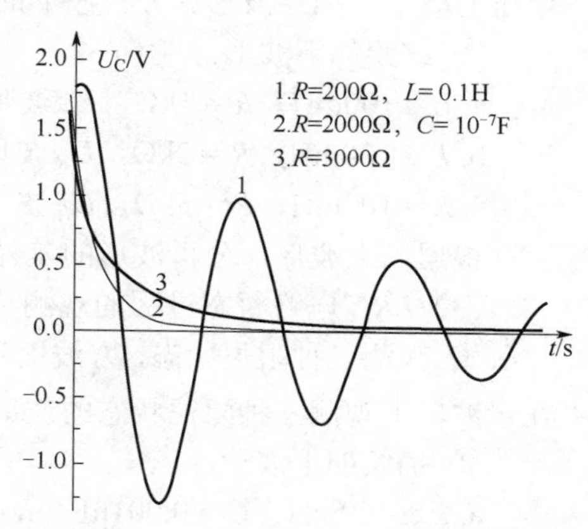

图5.22 三种状态下$U_C$与$t$的关系

① 当$R^2 < 4L/C$时，$U_C = Ue^{-t/\tau}\sin(\omega t+\varphi)$，其中

$$\omega = \frac{1}{\sqrt{LC}}\sqrt{1-\frac{R^2C}{4L}}，\quad \tau = \frac{2L}{R}，\quad U=E \tag{5.54}$$

这表明，$U_C$的衰减很慢，电路中电压与电流相互转换的规律接近于自由振荡，称这种状态为欠阻尼状态。

② 当$R^2 = 4L/C$时，$U_C=U(1+t)e^{-t/\tau}$，称这种状态为临界阻尼状态。

显然电路处于这种状态时，电路中的电压和电流刚好能够完全转换后就停止工作，能够比较快地达到某个指示值或者回到零点。

③ 同样地，当$R^2 > 4L/C$时，有

$$U_C = U(e^{-t/r_1} + e^{-t/r_2})，\quad r_1 = \tau + \sqrt{\tau^2-\omega^2}，$$
$$r_2 = \tau - \sqrt{\tau^2-\omega^2} \tag{5.55}$$

电路中的电压或电流在开关置于位置2时，很快释放完毕，电路不再工作，称这种状态为过阻尼状态。

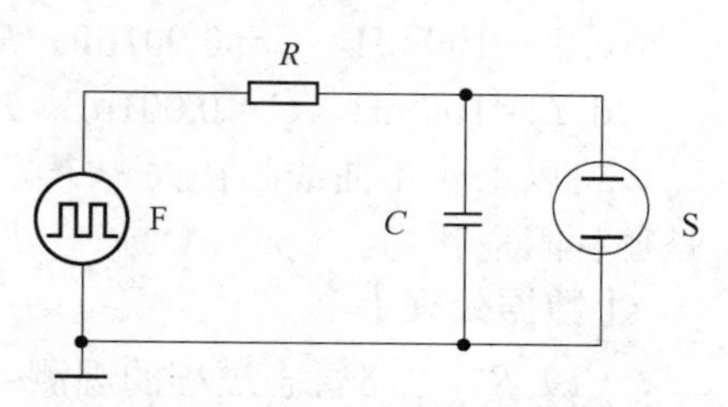

图5.23 $RC$暂态过程实验电路图

**【实验仪器】**

示波器、$LRC$电路试验仪。

**【实验内容】**

（1）$RC$电路暂态过程的观测

在图5.23中，S为示波器，F为方波发生器，方波发生器自动控制加到电容上的电压的极性和大小，在示波器上可以观测到电容充放电的过程，电容两端及电阻两端的电压变化规律如图5.24所示。

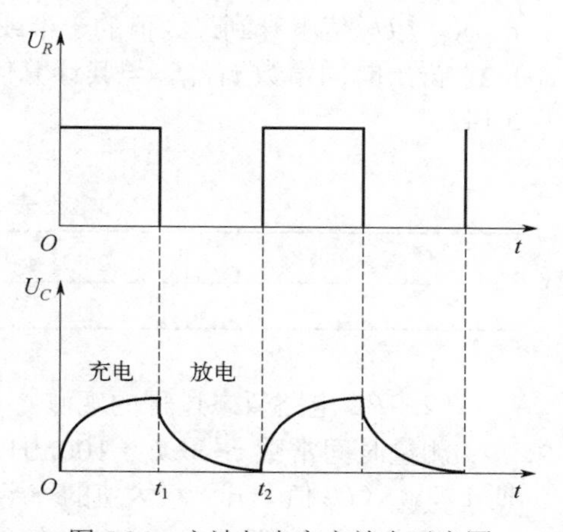

图5.24 方波与电容充放电示意图

① 观测$U_C$波形，方波信号使用500Hz，取不同的时间常数$RC$，用示波器观察电容两端电压的波形，描绘波形并分析波形的差异。

② 描绘如下波形：

a. $C = 0.2\mu F$，$R = 1k\Omega$，$U_C$波形；

b. $C = 0.2\mu F$，$R = 5k\Omega$，$U_C$波形；

c. $C = 0.2\mu F$，$R = 10k\Omega$，$U_C$波形。

根据以上波形，分析波形的差异，说明时间常数变化对波形有什么样的影响。

（2）$RL$ 电路暂态过程的观测

参照前述的观察步骤和方法观察不同 $RL$ 的 $U_R$ 波形并描绘。

① 观察 $U_R$ 波形，方波信号使用 500Hz，取不同的时间常数 $L/R$，用示波器观察电阻两端电压的波形，描绘波形并分析波形的差异。

② 描绘如下波形：

a. $L = 100mH$，$R = 1k\Omega$，$U_R$波形；

b. $L = 100mH$，$R = 2k\Omega$，$U_R$波形；

c. $L = 100mH$，$R = 5k\Omega$，$U_R$波形。

根据以上波形，分析波形的差异，说明时间常数变化对波形有什么样的影响。

（3）$LRC$ 电路暂态过程的观测

① 观测三种阻尼状态，方波信号使用 500Hz，$L$=100mH，$C = 0.001\mu F$，改变电阻的数值，在示波器上观测三种阻尼状态的波形临界阻尼约为 $R = \sqrt{4L / C} = 20000\Omega$ 。

② 描绘如下波形：

a. $L = 100mH$，$C = 0.001\mu F$，$R = 1k\Omega$，$U_C$波形；

b. $L = 100mH$，$C = 0.001\mu F$，$R = 10k\Omega$，$U_C$波形；

c. $L = 100mH$，$C = 0.001\mu F$，$R = 20k\Omega$，$U_C$波形；

d. $L = 100mH$，$C = 0.001\mu F$，$R = 50k\Omega$，$U_C$波形。

将以上 4 条曲线画在同一个图上，根据以上波形，分析波形的差异，说明每条曲线分别是哪种阻尼状态。

**【数据处理】**

（1）$RC$ 电路暂态过程的观测

测量时间常数 $\tau$：取 $C = 0.2\mu F$ 、$R = 1k\Omega$ 的 $U_C$ 波形，从示波器上根据波形查出其半衰期 $\tau_{半实验值}$（$U_C$ 值上升到最大值的一半或衰减为最大值的一半时的时间），根据公式 $\tau_{实验值}=\tau_{半实验值}/\ln 2$，得出时间常数 $\tau_{实验值}$，与其计算值 $\tau_{计算值}=RC$ 相比较，计算其相对误差。将所得数据填入表 5.14。

**表 5.14 时间常数 $\tau$ 测量数据**

| $\tau_{半实验值}$/ms | $\tau_{实验值}$/ms | $\tau_{计算值}$/ms | 相对误差 |
|---|---|---|---|
|  |  |  |  |

（2）$RL$ 电路暂态过程的观测

测量时间常数 $\tau$：取 $L = 100mH$、$R = 1k\Omega$ 的 $U_R$ 波形，从示波器上根据波形查出其半衰期 $\tau_{半实验值}$（$U_R$ 值上升到最大值的一半或衰减为最大值的一半时的时间），根据公式 $\tau_{实验值}=\tau_{半实验值}/\ln 2$，得出时间常数 $\tau_{实验值}$，与其计算值 $\tau_{计算值}=L/R$ 相比较，计算其相对误差。将所得数据填入表 5.15。

表 5.15　时间常数 $\tau$ 测量数据

| $\tau_{半实验值}$/ms | $\tau_{实验值}$/ms | $\tau_{计算值}$/ms | 相对误差 |
|---|---|---|---|
| | | | |

（3）*LRC* 电路暂态过程的观测

测量欠阻尼振荡周期 $T$：取 $L = 100\text{mH}$、$C = 0.001\mu\text{F}$、$R = 1\text{k}\Omega$ 的 $U_C$ 波形，测出其 2 个周期时间 $t$，求出周期 $T_{计算值}=t/2$，与计算值 $T_{计算值}=2\pi/\omega$（$\omega=1/\sqrt{LC}$）相比较，计算其相对误差。将所得数据填入表 5.16。

表 5.16　欠阻尼振荡周期 $T$ 测量数据

| $t$/ms | $T_{实验值}$/ms | $T_{计算值}$/ms | 相对误差 |
|---|---|---|---|
| | | | |

【思考题】

（1）时间常数 $\tau$ 的物理意义是什么？

（2）*RL* 电路暂态过程中通过电感线圈的电流和 *RC* 电路暂态过程中在电容两端的电压能否突变？

（3）根据实验，说明 *LRC* 电路的暂态过程三种状态的波形是怎样演变的。在幅度、衰减形式和衰减快慢方面有哪些变化？

## 5.7　风能发电

风能发电是指把风的动能转换为电能的过程，风能是一种清洁无公害的可再生能源，很早就被人们利用，主要是利用风车来抽水、磨面等。

风能发电是除水力发电技术外，新能源发电技术中最成熟、最具大规模开发和商业化发展前景的发电方式。风能发电机组种类繁多，根据不同的划分标准可以分为以下几种类型：按照机组容量来划分，容量为 0.1～1kW 的为小型机组，1～1000kW 为中型机组，1～10MW 为大型机组，10MW 以上的为特大或巨型机组；根据风能发电机的运行特征和控制方式分为恒速恒频风能发电系统和变速恒频风能发电系统。恒速恒频风能发电系统中，当风速发生变化时，风能机的转速不变，导致输出功率下降，浪费了风力资源，发电效率大大降低。而变速恒频风能发电系统的转速可变化，根据风速可适时调节风能机转速，实现对风能最大限度地捕获，系统的发电效率也大为提高。目前，国内外已建或新建的大型风电场中的风电机组多采用这种运行方式。

相对于陆地，海上风能发电系统发展空间几乎没有限制，可节约大量的土地资源；风切度小，可有效降低机组塔架高度，海上风电建设成本更低；海上的风能资源远比陆上丰富，风速更高，发电量也相应显著提升；同时，海平面摩擦力小，作用在机组上的荷载小，机组使用寿命可长达 50 年；噪声、鸟类、景观以及电磁干扰等问题对海上风电影响也相对较小；对生态环境基本无影响，更加绿色环保。

风能是太阳辐射下空气流动所形成的。与其它能源相比，风能具有蕴藏量巨大、清洁无污染、成本低廉、安全可靠等优势。把风的动能转变成风轮的机械能，再把该机械能转化为电能，这就是风能发电。风电是重要的战略性新兴产业，具有广阔的发展前景。

【实验目的】

① 理解风能转换成电能的过程及基本原理。

② 了解影响风电转换效率的相关因素。

③ 了解提高风力发电机功率系数的研究方法。

【实验原理】

空气的定向流动就形成了风。设风速为$v_1$，质量为$\Delta m$的空气，单位时间通过垂直于气流方向，面积为$S$的截面的气流动能为：

$$E=\frac{1}{2}\Delta m v_1^2=\frac{1}{2}\frac{\rho LS}{t}v_1^2=\frac{1}{2}\rho S v_1^3 \tag{5.56}$$

式中，$L$为气流在时间$t$内所通过的距离；$\rho$为空气密度，在标准状态下取值为1.293kg/m$^3$，一般随高度及温度升高而减小。由上式可见空气的动能与风速的立方成正比。

贝茨定律是风力发电中关于风能利用效率的一条基本理论，它由德国物理学家Albert Betz于1919年提出。贝茨假定风轮是理想的，气流通过风轮时没有阻力，气流经过整个风轮扫掠面时是均匀的，并且气流通过风轮前后的速度为轴向方向。

以$v_1$表示风机上游风速，$v_0$表示流过风轮旋转面$S$时的风速，$v_2$表示流过风扇叶片截面后的下游风速。

根据动量定理，流过风轮旋转面$S$，质量为$\Delta m$的空气，在风轮上产生的作用力为：

$$F=\frac{\Delta m(v_1-v_2)}{\Delta t}=\frac{\rho S v_0 \Delta t(v_1-v_2)}{\Delta t}=\rho S v_0(v_1-v_2) \tag{5.57}$$

风轮吸收的功率为：

$$P=Fv_0=\rho S v_0^2(v_1-v_2) \tag{5.58}$$

此功率由空气动能转换而来，从风机上游至下游，单位时间内空气动能的变化量为：

$$\Delta E=\frac{1}{2}\rho S v_0(v_1^2-v_2^2) \tag{5.59}$$

令式（5.58）、式（5.59）两式相等，得到：

$$v_0=\frac{1}{2}(v_1+v_2) \tag{5.60}$$

将式（5.60）代入式（5.58），可得到功率随上下游风速的变化关系式：

$$P=\frac{1}{4}\rho S(v_1+v_2)(v_1^2-v_2^2) \tag{5.61}$$

当上游风力$v_1$不变时，令$\mathrm{d}P/\mathrm{d}v_2=0$，可知当$v_2=\frac{1}{3}v_1$时式（5.61）取得极大值，且：

$$P_{\max}=\frac{8}{27}\rho S v_1^3 \tag{5.62}$$

将上式除以式（5.56），可以得到风力发电机的最大理论效率（贝茨极限）：

$$\eta_{\max}=\frac{P_{\max}}{\frac{1}{2}\rho S v_1^3}=\frac{16}{27}\approx 0.593 \tag{5.63}$$

我们将风力发电机的实际风能利用系数（功率系数）$C_P$ 定义为风力发电机实际输出功率与流过风轮旋转面 $S$ 的全部风能之比，即：

$$C_P=\frac{P}{E}=\frac{2P}{\rho S v_1^3} \tag{5.64}$$

功率系数 $C_P$ 总是小于贝茨极限，商品风机工作时，$C_P$ 一般在 0.4 左右。但 $C_P$ 不是一个常数，它随风速、发电机转速、负载以及叶片参数（如翼型、翼长、桨距角等）而变化。

由上式，风力机实际的功率输出为：

$$P=\frac{1}{2}C_P\rho S v_1^3=\frac{1}{2}C_P\rho \pi R^2 v_1^3 \tag{5.65}$$

式中，$R$ 为风轮半径。

式（5.65）是本实验的基本理论依据，它展示了风力发电机功率输出与各物理量的依赖关系。

对风力发电机功率输出影响最大的因素依次是风速 $v_1$ 和风轮半径 $R$，这对风场的选址和叶片长度的选择具有决定性的指导意义。

**【实验仪器】**

多功能风力发电实验仪。

**【实验内容】**

（1）用风速仪测量轨道上不同位置的风速

在轨道上移动风力发电机滑块到远离风源一端，风机和风源间放置风速仪探头滑块，在距风源 10cm 的位置上调整探头高度和角度使风速仪显示出该位置的最大读数值（约 5.4m/s 以上）。

在轨道上移动探头滑块到不同设定位置，测量风速值并记录到表 5.17。

**表 5.17 轨道上不同位置风速**

| 轨道位置/cm | 10 | 20 | 30 | 40 | 50 | 60 | 70 | 80 | 90 |
|---|---|---|---|---|---|---|---|---|---|
| 风速 1/（m/s） | | | | | | | | | |
| 风速 2/（m/s） | | | | | | | | | |
| 平均风速/（m/s） | | | | | | | | | |

建议做此项实验时，尽量减小外界气流扰动，从高风速开始向低风速依次测量，待读数稳定后再记录，并重复测量 2 次取平均值。

注意：测量时风速仪要用平均值测量挡。

（2）风速与风力发电机输出功率关系实验

放置风速仪探头滑块到离风源最远端轨道上。发电机滑块安放在探头和风源之间。

在风轮轮毂上安装 3 个异型叶片并调到最长位置，调整叶片在轮毂上的角度到 50° 左右位置，安装风轮到发电机转轴上。

合上风源开关和电压表、电流表工作开关，观察表上显示的电压、电流值，调整负载电阻到 480 Ω 左右。可调负载各点的电阻值见表 5.18。

表 5.18 可调负载各点的电阻值

| 负载指示点 | a | b | c | d | e | f | g |
|---|---|---|---|---|---|---|---|
| 电阻值/Ω | 0 | 150 | 300 | 480 | 670 | 850 | 1010 |

根据实验内容（1）测出的风速与轨道位置关系，在轨道上移动风力发电机滑块到不同风速位置上，观察表上的电压、电流值并记录到表 5.19 中。根据功率与电压及电流关系算出相应的风机输出功率。

表 5.19 风速与风力发电机输出功率间关系

| 风速/（m/s） | 5.4 | 5.2 | 5.0 | 4.8 | 4.6 | 4.4 | 4.2 |
|---|---|---|---|---|---|---|---|
| 电流/mA | | | | | | | |
| 电压/V | | | | | | | |
| 功率/mW | | | | | | | |

（3）叶片长度与风机的输出功率关系实验

参照实验内容（2）的操作，其他不变，只调整叶片在轮毂上的位置，缩短叶片长度。观察并记录不同长度下的输出功率值，见表 5.20。

表 5.20 叶片长度与风力发电机输出功率间关系风速

| 风速/（m/s） | | 5.4 | 5.0 | 4.6 |
|---|---|---|---|---|
| 短叶片 | 电流/mA | | | |
| | 电压/V | | | |
| | 功率/mW | | | |
| 长叶片 | 电流/mA | | | |
| | 电压/V | | | |
| | 功率/mW | | | |

（4）叶片形状与风机的输出功率关系实验

参照实验内容（2）的操作，其他不变，变换叶片形状为异型及平板型。观察并记录不同叶型下的输出功率值，见表 5.21。

表 5.21 叶片形状与风力发电机输出功率间关系

| 风速/（m/s） | | 5.4 | 5.0 | 4.6 |
|---|---|---|---|---|
| 异型叶片 | 电流/mA | | | |
| | 电压/V | | | |
| | 功率/mW | | | |
| 平板型叶片 | 电流/mA | | | |
| | 电压/V | | | |
| | 功率/mW | | | |

【注意事项】

① 风源（采用轴流风机）工作时，轴流风机内金属叶片在高速旋转，切勿将手伸入轴流风机内，以免造成严重伤害。

② 每测量一个数据前，保持环境稳定 10s 左右。

③ 测量数据时，人员应尽量保持静止状态，避免走动尤其大幅运动干扰风场使实验数据波动、失真。当邻组的风源对实验数据干扰较大时，应互相协调错开各组记录敏感数据时间或找实验指导教师帮助解决。如有电风扇等其他干扰源，请控制到最小。

【数据处理】

根据表 5.19 画出风速 $v$ 和风力发电机输出功率 $P$ 关系图。

## 5.8 音频信号光纤传输技术实验

光纤是光导纤维的简写，是一种由玻璃或塑料制成的纤维，可作为光传导工具。传输原理是光的全反射。

香港中文大学前校长高锟和 George A. Hockham 首先提出光纤可以用于通信传输的设想，高锟因此获得 2009 年诺贝尔物理学奖。微细的光纤封装在塑料护套中，使得它能够弯曲而不至于断裂。通常，光纤一端的发射装置使用发光二极管（light emitting diode，LED）或一束激光将光脉冲传送至光纤，光纤另一端的接收装置使用光敏元件检测脉冲。

在日常生活中，由于光在光导纤维的传导损耗比电在电线传导的损耗低得多，光纤被用作长距离的信息传递。通常光纤与光缆两个名词会被混淆。多数光纤在使用前必须由几层保护结构包覆，包覆后的缆线即被称为光缆。光纤外层的保护层和绝缘层可防止周围环境对光纤的伤害，如水、火、电击等。光缆分为缆皮、芳纶丝、缓冲层和光纤。光纤和同轴电缆相似，只是没有网状屏蔽层。中心是光传播的玻璃芯。

在多模光纤中，芯的直径是 50μm 和 62.5μm 两种，大致与人的头发的粗细相当。而单模光纤芯的直径为 8 ~ 10μm，常用的是 9μm。芯外面包围着一层折射率比芯低的玻璃封套，俗称包层，包层使得光线保持在芯内。再外面是一层薄的塑料外套，即涂覆层，用来保护包层。光纤通常被扎成束，外面有外壳保护。纤芯通常是由石英玻璃制成的横截面积很小的双层同心圆柱体，它质地脆，易断裂，因此需要外加一保护层。

光纤传输，即以光导纤维为介质进行的数据、信号传输。光导纤维，不仅可用来传输模拟信号和数字信号，而且可以满足视频传输的需求。光纤传输一般使用光缆进行，单根光导纤维的数据传输速率能达几吉比特每秒，在不使用中继器的情况下，传输距离能达几十公里。

到 1960 年，美国科学家 Maiman 发明了世界上第一台激光器后，为光通信提供了良好的光源。随后二十多年，人们对光传输介质进行了攻关，终于制成了低损耗光纤，从而奠定了光通信的基石。从此，光通信进入了飞速发展的阶段。

光纤传输有许多突出的优点：频带宽；损耗低；重量轻；保真度高；工作性能可靠；成本不断下降。

【实验目的】

① 学习音频信号光纤传输系统的基本结构及各部件的选配原则。

② 熟悉光纤传输系统中光电/电光转换器件的基本性能。

③ 了解如何在音频光纤传输系统中获得较好的信号传输质量。

【实验原理】

自20世纪70年代初第一条适合通信用的石英光导纤维问世以来，光纤技术已取得惊人的发展，并成为现代科学技术领域中重要的组成部分。因此，了解光纤理论和光纤技术的基本知识十分必要。

通过本实验的学习，在了解光导纤维的基本结构和光在其中传播规律的基础上，要建立起光导纤维的数值孔径、光纤色散、光纤损耗、集光本领等基本概念。光纤通信具有频带宽、速度快、不受电磁干扰影响等一系列优点，正在得到不断发展和应用。

（1）系统组成

光纤传输系统如图5.25所示，主要包括：①光信号发送端；②光纤传输；③光信号接收端。光信号发送端的功能是将待传输的电信号经电光转换器件转换为光信号，电光转换器件一般采用发光二极管或半导体激光管。发光二极管的输出光功率较小，信号调节速率相对低，但价格便宜，其输出光功率与驱动电流在一定范围内基本上呈线性关系，比较适于短距离、低速、模拟信号的传输；激光二极管输出功率大，信号调制速率高，但价格较高，适于远距离、高速、数字信号的传输。光纤的功能是将发射端光信号以尽可能小的衰减和失真传送到光信号接收端，目前光纤一般采用在近红外波段有良好透过率的多模或单模石英光纤。光信号接收端的功能是将光信号经光电转换器件还原为相应的电信号，光电转换器件一般采用半导体光电二极管或雪崩光电二极管。

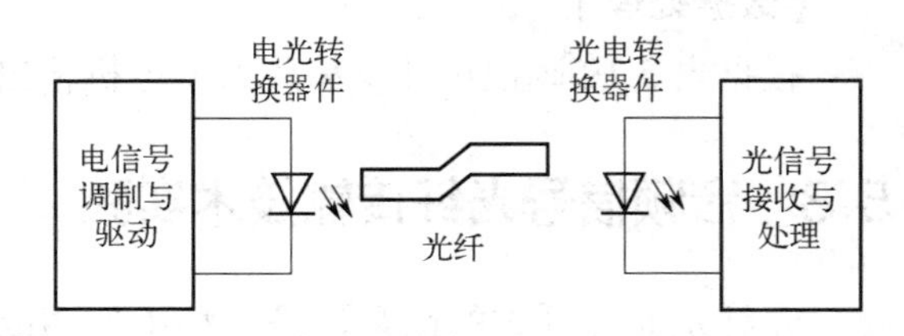

图5.25　音频信号光纤传输系统示意图

组成光纤传输系统光源的发光波长必须与传输光纤呈现低损耗窗口的波段、光电检测器件的峰值响应波段匹配。发送端电光转换器件采用中心发光波长为0.84μm的高亮度近红外半导体发光二极管，传输光纤采用多模石英光纤，接收端光电转换器件采用峰值响应波长为0.8～0.9μm的硅光电二极管。

（2）光信号发送端的工作原理

图5.26所示为光信号发送端的工作原理。系统采用发光二极管调制与驱动电路，信号调制采用光强度调制的方法。发射光强度调节电位器用于调节流过发光二极管的静态驱动电流，从而相应改变发光二极管的发射光功率。设定的静态驱动电流调节范围为0～20mA，对应面板光发送强度驱动显示值为0～2000单位。当驱动电流较小时发光二极管的发射光功率与驱动电流基本上呈线性关系。音频信号先经电容、电阻网络，再经集成运放电压跟随器隔离，然后耦合到另一集成运算放大器的负输入端与发光二极管的静态驱动电流叠加，使发光二极管发送随音频信号变化而变化的光信号（见图5.27），并经光纤耦合器将这一信号耦合到传输光纤。传输信号频率的低端可由电容、电阻网络决定，系统低频响应不大于20Hz。

（3）光信号接收端的工作原理

图5.28所示为光信号接收端的工作原理。传输光纤把从发送端发出的光信号通过光纤耦合器耦合到光电转换器件光电二极管，通过光电二极管，光信号转换为与之成正比的电流信号。光电二极管使用时反偏压，经集成运算放大器的电流电压转换把电流信号转换成与之成正比的电压信号，电压信号中包含的音频信号经电阻耦合到音频功率放大器，驱动扬声器发声。光电二极管的频响一般较高，系统的高频响应主要取决于集成运算放大器等的响应频率。

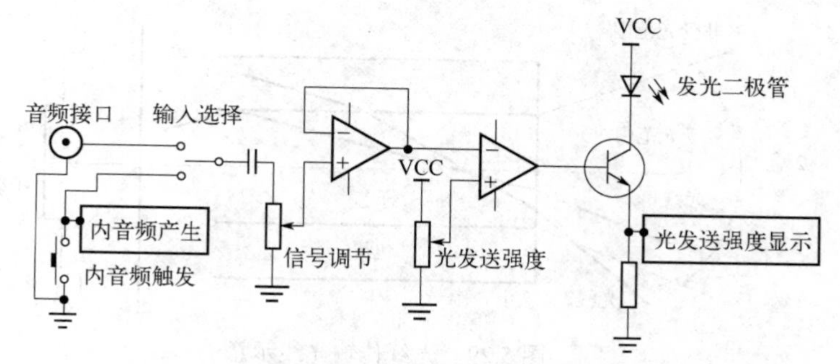


图 5.26 光信号发送端工作原理

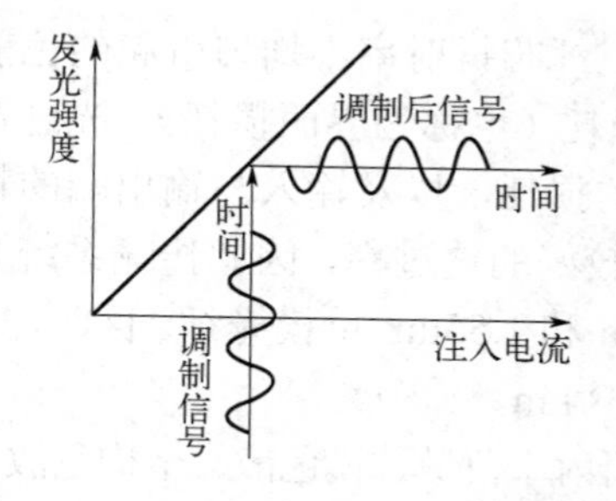


图 5.27 发光二极管的正弦信号调制原理

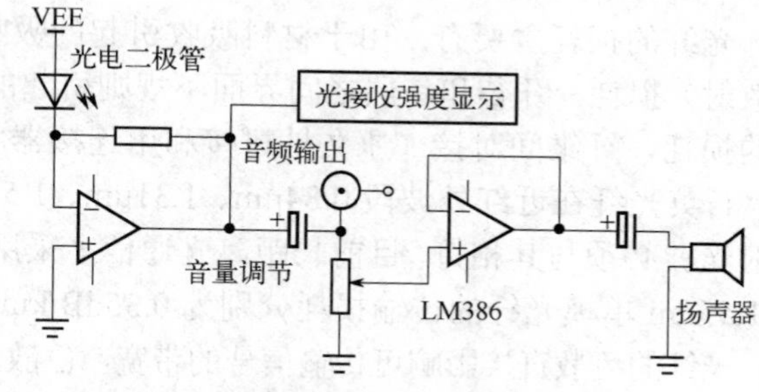


图 5.28 光信号接收端工作原理

（4）光纤传输的工作原理

光纤实际上是一种介质波导，光被闭锁在光纤内，只能沿光纤传输，光纤的芯径一般从几微米到几百微米。按照传输光模式，光纤可分为多模光纤和单模光纤；按照光纤折射率分布方式，光纤可分为阶跃折射率型光纤和渐变折射率型光纤两种。阶跃折射率型光纤包含两种圆对称的同轴介质，两者都质地均匀，但折射率不同，外层折射率低于内层折射率。阶跃折射率型光纤纤芯与包层间折射率的变化是阶梯状的。光纤的传输是在纤芯与包层的界面上产生全反射，呈锯齿形前进。渐变折射率型光纤是一种折射率沿光纤横截面渐变的光纤，这样改变折射率的目的是使各种模传输的群速度相近，从而减小模色散，增加通信带宽。渐变折射率型光纤纤芯的折射率从中心轴线开始沿径向逐渐减小，偏离中心轴线的光线沿曲线蛇形前进。多模折射率阶跃型光纤由于各模传输的群速度不同而产生模间色散，传输的带宽受到限制。多模折射率渐变型光纤由于其折射率特殊分布，所以各模传输的群速度一样而增加信号传输的带宽。单模光纤是指传输单种光模式的光纤，单模光纤可传输信号带宽最高，目前长距离光通信大多采用单模光纤。

目前用于光通信的光纤一般采用石英光纤，它是在折射率 $n_2$ 较大的纤芯内部，覆上一层折射率 $n_1$ 较小的包层，光在纤芯与包层的界面上发生全反射而被限制在纤芯内传播，如图 5.29 所示。石英光纤的主要技术指标有衰减特性、数值孔径和色散等。

数值孔径描述光纤与光源探测器和其他光学器件耦合时的特性，它的大小反映光纤收集光的能力。如图 5.29 所示，在立体角 $2\theta_{max}$ 范围内入射到光纤端面的光线在光纤内部界面产生全反射而得以传输，在 $2\theta_{max}$ 范围外入射到光纤端面的光线在光纤内部界面不产生全反射，而是透过到包层后马上被衰减掉。光纤的数值孔径定义为 $N.A.=\sin\theta_{max}$，它的值一般在 0.1～0.6，对应的 $\theta_{max}$ 在 9°～33°。多模光纤具有较大的数值孔径，单模光纤的数值孔径相对较小，所以

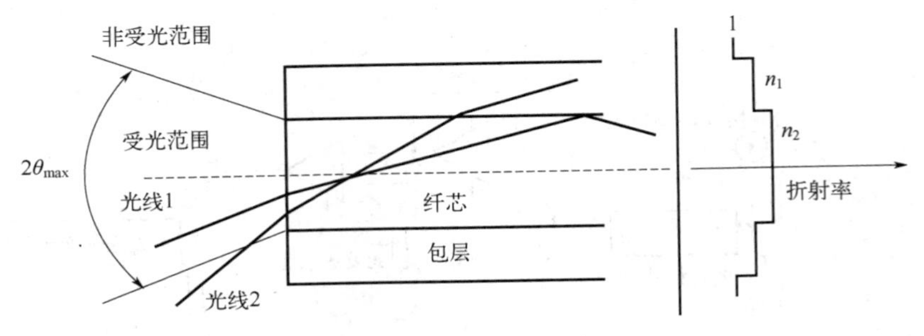


图 5.29　光纤传输光线示意

一般单模光纤需要用 LED 半导体激光器作为光源。

光纤的损耗主要有：由于材料吸收引起的吸收损耗，纤芯折射率不均匀引起的色散（瑞利散射）损耗，纤芯和包层之间界面不规则引起的散射损耗（也称为界面损耗），光纤弯曲造成的损耗，纤维间对接（永久性拼接和用连接器相连）的损耗，以及输入与输出端的耦合损耗。石英光纤在近红外波段 0.84μm、1.31μm、1.55μm 有较好的透过率，因此传输系统光源的发射光波必须与其相符，目前长距离光通信多采用 1.31μm 和 1.55μm 单模光纤。目前，1.31μm 和 1.55μm 单模光纤的传输损耗分别为 0.35dB/km 和 0.2dB/km。

光纤的色散直接影响可传输信号的带宽，色散主要由折射率色散、模色散、结构色散三部分组成。折射率色散是光纤材料的折射率随不同光波长变化而引起，采用单波长窄谱线的半导体激光器可以使折射率色散减至最小。采用单模光纤可以使模色散减至最小。结构色散由光纤材料的传播常数及光频产生非线性关系所造成。目前，单模光纤的传输带宽可达到数吉赫兹每秒。

**【实验仪器】**

TKGT-1 型光纤音频信号传输实验仪，信号发生器，双踪示波器。

**【实验内容】**

（1）光纤传输系统静态电光/光电传输特性测定

熟悉实验仪器面板，实验仪器面板如图 5.30 所示。打开仪器电源，连接光纤，分别观测面板上显示发送光强度和接收光强度的两个三位半数字表头。调节发送光强度电位器，每隔 200 单位（相当于改变发光管驱动电流 2mA）记录一次发送光强度数据与接收光强度数据，记录于表 5.22 中。

（2）光纤传输系统频响的测定

将输入选择开关打向“外”，在音频输入接口上从信号发生器输入正弦波，将双踪示波器的通道 1 和通道 2 分别接到发送端示波器接口和接收端音频信号输出口，保持输入信号的幅度不变，连续调节信号发生器输出频率（可以从 1kHz 开始，使频率连续调小或连续调大），记录输出端信号电压幅度的变化情况，分别测定系统的低频和高频截止频率[信号衰减为正常信号（如频

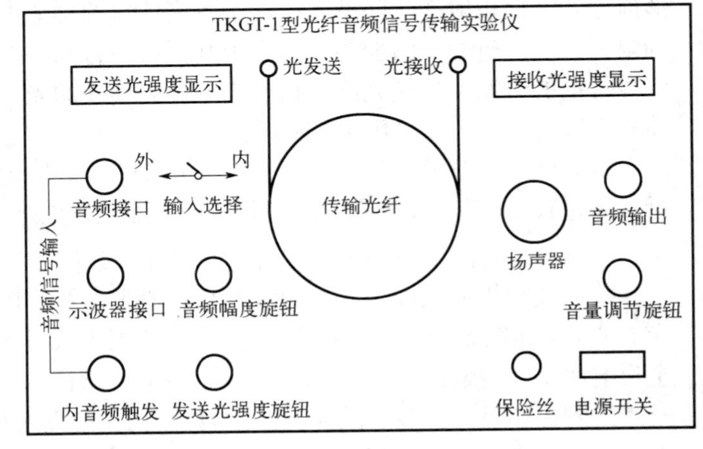


图 5.30　实验仪器面板示意图

率1kHz）响应电压幅度的三分之一左右视为截止]，将数据记录于表5.23。

**表5.22 光纤传输系统静态电光/光电传输特性测量数据**

| 发送光强/mA | | | | | | | | | | | |
|---|---|---|---|---|---|---|---|---|---|---|---|
| 接收光强/mA | | | | | | | | | | | |

**表5.23 低频和高频截止频率测量数据**

| 低频截止频率/Hz | | | | | | | | | |
|---|---|---|---|---|---|---|---|---|---|
| 高频截止频率/Hz | | | | | | | | | |

（3）LED偏置电流与无失真最大信号调制幅度关系测定

将从信号发生器输入的正弦波频率设定在1kHz，保持不变。输入信号幅度调节电位器置于最大位置，然后在LED偏置电流为5mA和10mA这两种情况下，调节信号发生器的信号源输出幅度，使其从零开始增加，同时在信号接收端观察输出波形变化，直到波形出现失真现象，记录此时电压波形的峰-峰值（表5.24），由此确定LED在不同偏置电流下信号输出的最大幅度。

**表5.24 LED偏置电流与无失真最大信号调制幅度关系**

| LED偏置电流/mA | | |
|---|---|---|
| 电压波形的峰-峰值/V | | |

（4）多种波形关系传输实验

将方波信号和三角波信号先后输入音频接口，改变输入频率，从接收端观察输出波形变化情况，在数字光纤系统中往往采用方波来传输数字信号。

（5）音频信号光纤传输实验

将输入选择开关打向“内”，调节发送光强度电位器，改变发送端LED的静态偏置电流（1000个发送光强度左右），按下“内音频触发”按钮，在接收端用示波器观测语音或音乐波形。考察当LED的偏置电流小于多少时，音频传输信号产生明显失真，分析原因，并同时在示波器中分析观察语音信号波形变化情况。

**【注意事项】**

实验仪器中光纤是比较脆弱的，尽量不要碰触光纤以及耦合部分。

**【数据处理】**

根据表5.22绘制静态电光/光电传输特性曲线。

**【思考题】**

（1）实验中LED偏置电流如何影响信号传输质量？

（2）实验中光纤传输系统哪几个环节引起光信号的衰减？

（3）光纤传输系统中如何合理选择光源与探测器？

（4）光电二极管在工作时应正偏压还是反偏压？为什么？

# 第6章

# 设计性实验

设计性实验是根据给定的实验题目、要求和条件，由学生自己设计实验方案并独立完成的实验。设计性实验的目的是让学生了解科学实验的一般过程，逐步掌握科学思想与科学方法，培养学生独立实验的能力和解决给定问题的能力。

实施设计性实验教学时，要求学生自行查阅相关资料、确定实验原理、拟定实验步骤、选择实验方法、选配实验仪器，独立完成实验，最后写出符合要求的实验报告。

## 6.1 设计性实验的性质与特点

### 6.1.1 科学实验的一般过程

科学实验的过程，即研究物理现象、寻找物理规律、建立物理定律并予以验证。为了具体描述这一过程，用图 6.1 的方框图作进一步说明。

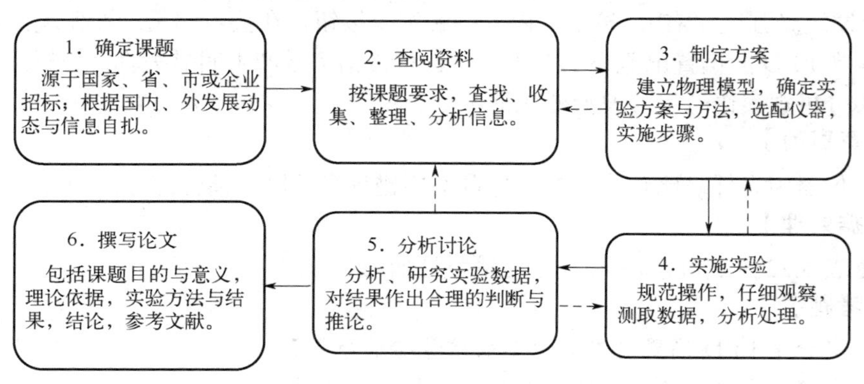


图 6.1 科学实验的一般过程

图中实线表示相继进行的各个环节，虚线表示反馈和修正。任何科学实验都需要经过实践→反馈→修正→实践的多次反复过程，并在实验过程中不断完善。

常规的教学实验，主要是方框图4和5中的各个环节。属于继承和接受前人知识技能的实验，是科学实验的基础训练。这类实验经过长期教学实践的检验，在实验原理、实验方法、配套仪器、内容取舍、现象观察、数据处理等方面都具有典型性和代表性。

### 6.1.2 设计性实验的特点

在物理实验教学过程中，应以培养学生科学实验能力、提高学生科学素养为出发点。学生经过一定数量的基础性与综合性实验训练后，接受具有一般科学实验性质的设计性实验训练是非常必要的。

设计性实验的核心是设计、选择实验方案，独立完成实验，并检验实验方案的正确性与合理性。实验方案的设计一般应包括：根据实验要求与精度要求确定实验原理，选择实验方法，确定测量条件，选配实验仪器以及正确处理数据等。

进行设计性实验时，应考虑可能存在的系统误差，分析其产生的原因，从测量数据中发现和检验它们的存在，估计其大小，消除或减小系统误差的影响等。

## 6.2 实验方案的选择

实验方案的选择一般包括：实验方法与测量方法的选择，测量仪器的选配与测量条件的选择，数据处理方法的选择，以及分析、综合与误差估算等。

### 6.2.1 实验方法的选择

根据相关的物理原理，选择确定被测量与可测量之间关系的各种可能方法。然后比较各种方法能达到的实验精度、适用条件及实施的可行性，找出最佳实验方法。例如，重力加速度研究实验，要求测定重力加速度的大小，并与本地区的标准值相比较，其相对不确定度不大于0.05%。查阅资料后知道，有多种实验方法，如单摆法、复摆法、自由落体法等。它们都各有优缺点，需进行综合分析与比较，然后选择最佳实验方法。

### 6.2.2 测量方法的选择

实验方法确定后，要根据实验精度的要求，并考虑可能提供的仪器，确定合适的测量方法。往往有多种测量方法可供选择。在仪器已经确定的情况下，若有几种测量方法可供选择，应选取测量结果误差最小的那种方法。

例如，测量一个电源的输出电压，要求测量相对不确定度$E_x \leqslant 0.05\%$。给定的条件是：电压表0.5级，电位差计0.05级，可变标准电压源0.1级。可直接与电压表比较或用电位差计测量。若直接用电压表比较，要求所选电压表的准确度等级为0.05，而给定电压表为0.5级，无法达到要求；若改用电位差计测量，其准确度等级为0.05，能够满足要求。

### 6.2.3 测量仪器的选配

在不考虑价格和实用性的前提下，选择测量仪器时，必须考虑量程、分度值和准确度等级（或仪器基本误差）三个主要技术参数。量程指测量范围，分度值指可读取的最小值，准确度等级表示仪器或量具的基本误差。

一般以课题要求的相对不确定度范围，确定仪器的基本误差，进而决定选用哪一种合适的仪器或量具。例如，测定某圆柱体的体积 $V$，要求相对不确定度 $u_V \leqslant 0.5\%$，试问如何正确选择测量仪器？直径为 $D$、高为 $H$ 的圆柱体的体积 $V$ 为

$$V = \pi \frac{D^2}{4} H$$

根据等精度要求，有

$$u_V = \sqrt{4\left(\frac{u_D}{\overline{D}}\right)^2 + \left(\frac{u_H}{\overline{H}}\right)^2} \leqslant 0.5\%$$

若直径 $D$ 与高 $H$ 相当，有

$$4\left(\frac{u_D}{\overline{D}}\right)^2 = \left(\frac{u_H}{\overline{H}}\right)^2 \leqslant 0.025\%$$

因此，应以直径 $D$ 为主选择测量仪器。

### 6.2.4 测量条件的选择

确定测量的最佳条件，就是确定引起测量误差最小的条件。该条件可以由各个自变量对误差函数求导并令其为零而得到。例如，电学仪表在准确度等级选定后，应注意选择合适的量程才能使测量的相对误差最小。

设 $a$ 为电表的准确度等级，$\varDelta_{仪}$表示电表的最大示值误差，$N_m$ 表示电表的量程，则有

$$\varDelta_{仪} = N_m a\%$$

若待测量为 $N_x$，则其相对误差为

$$E_x = \frac{\varDelta_{仪}}{N_x} = \frac{N_m}{N_x} a\%$$

显然，当 $N_x = N_m$ 时，相对误差最小。量程与被测量的比值越小相对误差越小，由此可指导正确地选择电表的量程。

### 6.2.5 数据处理方法的选择

在确定实验方案时，可用数据处理的一些技巧，解决某些不能或不易直接测量的物理量的测量问题。例如，单摆的周期 $T_0$ 与摆长 $L$ 的关系为

$$T_0 = 2\pi \sqrt{\frac{L}{g}} \tag{6.1}$$

上式在摆角 $\theta$ 趋于零的条件下成立，测量时摆角有一定数值，测得的不是 $T_0$，而近似为

$$T = T_0 \left[1 + \frac{1}{4}\sin^2\left(\frac{\theta}{2}\right)\right] \tag{6.2}$$

为了求得 $T_0$，可以测出单摆在不同 $\theta$ 值下的 $T$ 值，用差值法处理数据，即可求出 $T_0$ 值。

用数据处理方法可绕过某些不易测出的量而求得所需要的物理量。例如，用简谐振动测定弹簧振子的劲度系数 $k$。由简谐振动周期公式

$$T = 2\pi\sqrt{\frac{m}{k}} \tag{6.3}$$

只要测出简谐振动的周期 $T$ 及弹簧振子的有效质量 $m$，就可按式（6.3）求出 $k$ 值。实际上弹簧振子的有效质量 $m$ 为

$$m = m_v + m_e \tag{6.4}$$

式中，$m_v$ 是振动体的质量；$m_e$ 是弹簧的有效质量。由于 $m_e$ 不易确定，$m$ 也无法确定。因此，直接由式（6.3）求 $k$ 就无法实现。若将式（6.3）变形为

$$T^2 = 4\pi^2 \frac{m_v + m_e}{k} \tag{6.5}$$

用图解法或回归法，测出不同 $m_v$ 对应的周期 $T$，由 $T^2$-$m_v$ 曲线的斜率，可求出倔强系数 $k$。于是便绕过了 $m_e$ 的测量。

## 6.3 误差与仪器选配

在科学实验和工程技术领域中，经常会遇到对某一个项目进行检测或校准，可选用的仪器、仪表和量具的品种很多，它们的结构原理、准确度和显示形式各异，而且成本和价格也不相同。在这种情况下，就要求实验者按照检测需要和实际情况进行统筹考虑，合理地选择仪器、仪表和量具。

选择仪器时应从以下几方面考虑：规格（量程）、准确度（误差）、分度值（分辨率）、实用性、价格。后两项在学校训练阶段可暂不考虑，但在实际工作中，却是非考虑不可的重要因素。

**【实验目的】**

① 根据误差与误差分配原则的要求，合理选择实验仪器。

② 由误差分析选定测量电路，电表的量程、分度值和准确度等级，以及电源输出电压。

**【实验要求】**

① 电学实验必须遵守电学实验操作规程。

② 用多量程电流表、电压表和具有多量程输出的直流稳压电源，测量几个阻值不同的电阻器的阻值，并进行误差分析。

③ 由仪器引入的最大相对误差 $\Delta R_{仪}/R \leqslant 1.5\%$，合理选择电表的量程、准确度等级、稳压电源输出电压和测量条件。

④ 对测量方法引入的系统误差进行修正，确定实验结果的精度。

⑤ 确定测量方法，画出实验电路，写出实验步骤。

⑥ 按实验设计要求写好预习报告，与教师讨论后自行实验。

**【实验仪器】**

除了阻值为51Ω、100Ω和510Ω，额定功率均为0.125W的金属膜电阻器外，自行提出所需仪器及仪器的规格等参数。

**【提示】**

① 根据待测电阻的大小选定电流表的内接或外接方式。给出表头内阻引入的系统误差修

正公式，并对结果进行修正。

② 由待测电阻的额定功率，算出最大允许电流 $I_{max}$ 或能承受的最高电压。为了避免电阻器发热，一般选取 $I_{max}$ 的五分之一作为测量电流。然后，确定稳压电源输出大小，检测电表的规格与测量条件。

【思考题】

（1）由 $\Delta R_{仪}/R \leqslant 1.5\%$，实验拟选择的电流表与电压表的准确度等级为多少？

（2）总结实施简单设计性实验的体会。

## 6.4 重力加速度研究

伽利略证明，若忽略空气摩擦的影响，则所有物体都将以同一加速度落向地面，这个加速度称为重力加速度，通常用符号 $g$ 表示。重力加速度是地球的一个重要物理常数，准确测定其量值，在科学研究和工程应用等方面都具有重大意义。重力加速度的数值随海拔高度增大而减小。当物体距地面高度远远小于地球半径时，重力加速度变化不大。距离地面同一高度的重力加速度，也会随着纬度的升高而变大。

由于重力加速度随纬度变化不大，因此国际上将纬度 45°的海平面精确测得的物体重力加速度 $g=9.80665\text{m/s}^2$ 作为重力加速度的标准值。在解决地球表面附近的问题中，通常将重力加速度 $g$ 作为常量，在一般计算中可以取 $g=9.80\text{m/s}^2$。

【目的】

① 精确测定当地的重力加速度，在确定测量方法后，设法消除各种因素的影响，使测量的精度提高。

② 分析研究测定重力加速度的多种方法。

【要求】

① 以 2.3 节为基础，精确测定当地的重力加速度 $g$ 值，要求有四位有效数字，测定值与标准值比较，百分误差须小于 0.5%。

② 从单摆和复摆两方面研究重力加速度的测定，提出若干测试方案，并加以比较，指出它们的优缺点。

③ 用单摆测定重力加速度 $g$ 时，要研究周期 $T$ 与摆长 $L$、摆角 $\theta$、摆球质量 $m$ 之间的关系，以及如何修正其影响。测量周期时，确定摆动次数 $n$，并说明理由。

④ 写明研究的方案及其依据。

⑤ 拟出实验的具体程序与数据记录表格。

【仪器】

单摆，复摆，多用数字测试仪，物理天平，秒表，米尺，千分尺，直流稳压电源。

【提示】

复摆的周期 $T=2\pi\sqrt{J/mgL}$，式中，$J$ 为复摆的转动惯量；$m$ 为复摆的质量；$g$ 为重力加速度；$L$ 为转轴到复摆质心的长度，该公式仅当摆角很小时才成立。

【思考题】

（1）比较测量重力加速度的各种方法，分析它们的优缺点。

（2）用单摆测量重力加速度时，哪些量容易测得准确，哪些量不易测准？

## 6.5 简谐振动研究

自然界中存在各种振动现象，最基本最简单的振动是简谐振动。一切复杂振动都可分解为若干个简谐振动。简谐振动在研究电磁场振荡、固体的晶格振动以及分子振动等问题中是一种十分有用的模型。因此，研究简谐振动是研究其他复杂振动的基础。本实验将对弹簧振子的简谐振动规律进行观察和研究。

【目的】

① 进一步学习设计性实验的基本方法，培养简单实验的设计能力。

② 选择合适的实验方法来研究物理现象，寻找物理规律。

③ 通过简谐振动研究弹簧振子中弹簧的有效质量，测定弹簧的倔强系数。

【要求】

① 设计研究简谐振动规律的方案：

a. 写出验证的规律与验证方法。

b. 选择数据处理方法。

c. 提出所需要的仪器与器材。

② 设计测量弹簧有效质量和倔强系数的方法：

a. 写出测量方法。

b. 选择数据处理方法。

c. 拟出测量步骤。

d. 列出数据处理表格。

③ 按实验设计要求写好预习报告，与教师讨论后，自行实验。

【仪器】

自行提出所需的各种仪器与器材。

【提示】

参阅2.8节。

【思考题】

(1) 测量周期$T$时，取多少个周期为宜？这是由什么因素决定的？

(2) 由理论可知，弹簧有效质量为$m_e=m/3$，$m$为弹簧质量，试与实验结果进行比较。

## 6.6 电阻率测量

电阻率是表征物质导电性能的物理量。电阻率越小，导电能力越强。电阻率常用下面的两种规定：①长1cm、截面积$1cm^2$的导电体在一定温度下的电阻，单位为Ω·cm。如铜在20℃时的电阻率约为$1.7\times10^{-5}$Ω·mm。②长1m、截面积$1mm^2$的导电体在一定温度下的电阻。如铜在20℃时的电阻率约为$1.7\times10^{-5}$Ω·mm。电阻率的倒数称为电导率，一般只用第一种规定的倒数来表示。

【目的】

学会使用各种量具和仪器测量材料的电阻率。

【要求】

① 写出原理，画出实验电路，写出实验步骤。

② 测量电炉丝的体积和电阻，计算电炉丝的电阻率。

【仪器】

电炉丝 1 根，物理天平 1 台，烧杯 1 个，螺旋测微计 1 个，惠斯通电桥 1 台，稳压电源 1 台，电位差计 1 台，标准电阻器 1 个，可调精密电阻箱 1 个，单刀开关 1 只，导线若干。

【提示】

① 设电炉丝体积为 $V$，质量为 $m$，水的密度为$\rho$，则 $mg-V\rho g=m'g$，$m'$为砝码质量，于是 $V=(m-m')/\rho$。

② 精确测量电阻既可用惠斯通电桥，也可用电位差计。

【思考题】

(1) 如果不用阿基米德原理，能否测量电炉丝的体积？

(2) 若不用惠斯通电桥，应采用哪种电路测量电炉丝的电阻？

## 6.7 变阻器的使用

变阻器是在电路导通的情况下均匀地改变阻值的电阻器。通常使用的变阻器有滑动变阻器和标准电阻箱。滑动变阻器能够均匀地改变接入电路的电阻，起到均匀改变电流大小的作用，但不能显示接入电路的电阻值。标准电阻箱能显示接入电路的电阻大小，但电阻值是不连续变化的。变阻器的作用是限制电流、保护电路、改变电路中电压的分配。

【目的】

① 研究滑动变阻器的有关参数。

② 根据对电路的控制与调节要求，学会设计简单的控制电路，正确选择滑动变阻器的阻值、额定电流，以及在电路中的连接方法。

【要求】

① 设计一个用伏安法测量阻值为 40Ω 负载的控制电路，测量电流范围为 0.01～0.1A。

a. 选择合适的电源（规格），安培表、伏特表（量程），滑动变阻器（阻值、额定电流），设计电路连接的方法和依据。

b. 检验你的选择和设计的正确性，作出特性曲线，考察细调情况，进行分析与讨论。

② 研究滑动变阻器的调节范围、控制电路特性、细调程度等参数。设计一个用比较法校准伏特表的控制电路，已知负载电阻为 1kΩ，待校表量程为 3V 而表面刻度为 150 格。具体要求与①中的 a、b 要求相同。

③ 设计一个玩具电动机的调速控制电路，能方便地连续控制和调节其转速和方向。

a. 画出控制电路图，列出所需的仪器、元件等。

b. 写出选择的控制方法及其原理，并验证选择情况。

④ 按设计任务要求，写好预习报告，与教师讨论后自行实验。

【仪器】

独立提出所需的各种仪器、用具等。

【提示】

参阅 3.3 节。

【思考题】

（1）选定分压电路或限流电路的主要依据是什么？

（2）若选定分压电路，那么选择变阻器的阻值时，应考虑哪些主要因素？

（3）如果选定限流电路，应该怎样选择变阻器的阻值？

（4）细调时，微调变阻器与主控变阻器的阻值之比应如何确定？

## 6.8 电学元件伏安特性研究

电路中含有各种电学元件，如电阻器、电容器、变压器、晶体管、光电晶体管、热敏电阻和光敏电阻，等等。为了准确地选用它们，常常需要了解这些元件的伏安特性。

在一个电学元件两端加载直流电压，便有电流通过元件，流过元件的电流与其端电压之间的关系称为该元件的伏安特性。一般以电压为横坐标，电流为纵坐标绘出的电压电流关系曲线，称为该元件的伏安特性曲线。

【目的】

① 掌握测量电学元件伏安特性的基本方法。

② 学会按回路接线的方法。

③ 观察电学元件的伏安特性，测绘其伏安特性曲线。

【要求】

① 测绘金属膜电阻器的伏安特性曲线。

② 测绘小灯泡的伏安特性曲线。

③ 测绘热敏电阻的伏安特性曲线。

④ 测绘晶体二极管的正、反向伏安特性曲线。

⑤ 测绘不同照度条件下光敏二极管的伏安特性曲线。

⑥ 写出实验原理，画出测量电路图，给出实验步骤与数据表格。

【仪器】

直流稳压电源，滑动变阻器，电阻箱，电流表，电压表，面包板，电阻器，小灯泡，热敏电阻，晶体二极管，光敏二极管，导线等。

【提示】

参阅3.3与3.4节。

【思考题】

（1）测量电阻器的伏安特性时，在什么情况下采用电流表的外接方式？

（2）测绘晶体二极管的正、反向伏安特性的电路设计有什么不同？应注意什么问题？

（3）普通晶体二极管的伏安特性与光敏二极管的伏安特性有什么区别？

## 6.9 用电位差计校准电表

电位差计是常用的电工仪表之一，其工作原理基于补偿法。在测量时补偿回路中电流为零，即不改变被测电路的工作状态（当然不是绝对的，检流计灵敏度越高，越接近于零）。电位差计不仅可以用来测定电源的电动势，而且还可以作为校准电流表或电压表的标准仪器，或对电阻作精确测定，若配上热电偶，则可进行温度的测量。

**【目的】**

① 简单测量电路的设计和测量条件的选择。

② 加深对补偿法测量原理的理解和运用。

**【要求】**

(1) 校准量程为 3V 的电压表

① 使稳压电源输出在 0～3V 间连续可调，设计校准电压表的控制电路。

② 根据电位差计和待校表的量程，选取适当的分压比和分压器电阻。

③ 作$\Delta U$-$U$校准曲线（$\Delta U$为校准值与被校电压表示值之差），对待校表作出质量评价。

(2) 校准量程为 3mA 的电流表

① 使稳压电源输出在 0～3V 间连续可调，设计校准电流表的控制电路。

② 控制电路电流调节范围为 0.5～3mA，选取适当的取样电阻和变阻器阻值。

③ 作$\Delta I$-$I$校准曲线（$\Delta I$为校准值与被校电流表示值之差），对待校表作出质量评价。

(3) 测量电阻

① 使稳压电源输出固定在 1.5V，设计测定待测电阻的控制电路。

② 选择合适的测量条件：标准电阻值、控制电路的工作电流和变阻器阻值。

③ 测量次数不少于 6 次，估算其标准误差。

**【仪器】**

电位差计，标准电池，检流计，工作电源，直流稳压电源，分压器，标准电阻，滑动变阻器，待校电压表，待校电流表，待测电阻（约 100Ω，0.25W），开关，导线等。

**【提示】**

(1) 分压器与分压比

当电位差计的量程小于所测电压时，需要用分压器分压后才能进行测量。图 6.2 所示的分压器，$A$、$B$ 为电压输入端，其电阻值为 $R_0$，$A$、$C$ 为输出端，移动滑动端 $C$，可控制输出电压的大小。当 $C$ 在某一位置时，$A$、$C$ 两端的电压为

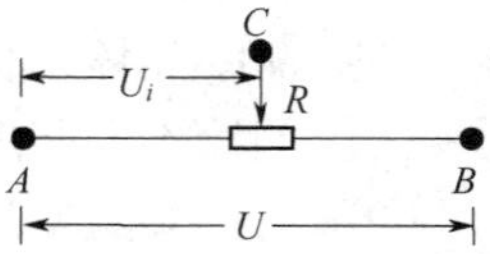

C
U_i
R
A
B
U

图 6.2 分压器

$$U_i = \frac{U}{R} R_{AC} = \frac{U}{R/R_{AC}} = \frac{U}{m}$$

式中，$m=R/R_{AC}$，称为分压比。

(2) 测量条件的选择

待测电阻的相对误差为

$$E = \frac{\Delta R_x}{R_x} = \frac{\Delta U_x}{U_x} + \frac{\Delta U_s}{U_s} + \frac{\Delta R_s}{R_s} \approx \frac{\Delta U_x}{U_x} + \frac{\Delta U_s}{U_s}$$

令 $dE/dU_s=0$，可选定标准电阻 $R_s$ 的阻值。

待测电阻允许通过的最电流为 $I_{max}$，为避免其发热，一般选取 $I_{max}/5$ 作为工作电流。

其余内容参阅 3.8 节。

**【思考题】**

(1) 校准电表时，为什么将电压（或电流）从小到大，再从大到小进行？如果两者结果完全一致，说明了什么？若两者结果不一致，又说明了什么？

(2) 用电位差计校准电表时，为什么必须先调节其工作电流，然后才能进行测量？在测

量电阻时，是否也必须这样操作？为什么？

## 6.10 电表的改装与校准

万用表是一种可以实现多功能、多量程、多种电量测量的便携式电气测量仪表，一般可用来测量直流电流、直流电压、交流电流与电压、电阻、音频电平和晶体管直流放大倍数等参量。万用表由表头、测量线路、转换开关以及测试表笔等组成。

校准电表就是对改装表或有偏差的表进行检验或比较，即使被校表与标准表同时处于相同工作状态（相同电流或相同电压）下，比较它们的指示值，以确定被校表的准确度。

对电表定标，就是使被定标表与标准表处于相同工作状态下，测出各个不同示值的表针偏转格数，并依此数据标定出电表的刻度值。

**【目的】**

① 学习按一定原理组装多用电表的技能。

② 掌握扩大电表量程的原理与方法。

③ 学会校准电表和对电表定标的原理与方法。

**【要求】**

① 将量程为100μA、1.5级的微安表改装为1mA和5mA的双量程电流表。

② 将量程为100μA、1.5级的微安表改装为5V和10V的双量程电压表。

③ 将量程为100μA、1.5级的微安表改装为200Ω和10kΩ的双量程欧姆表。

④ 对改装的电压表和电流表进行校准。

⑤ 对改装的欧姆表定标。

⑥ 按上述项目，写出原理，画出测量电路图，写出实验步骤，设计并绘制数据表格。

**【仪器】**

电流表表头，标准电流表，标准电压表，电阻箱，滑动变阻器，直流稳压电源，导线等。

**【提示】**

参阅3.1节和图6.3～图6.5。

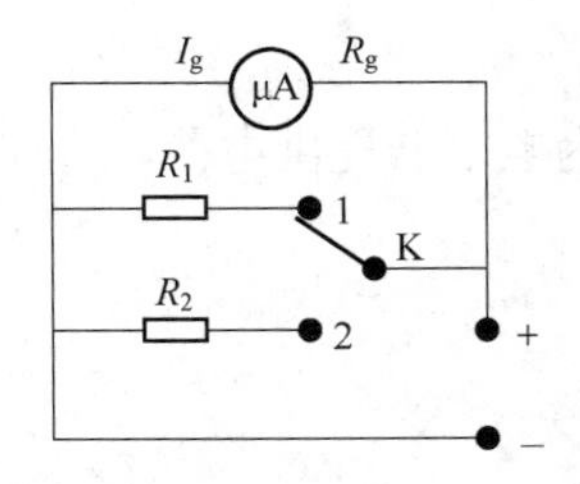


图6.3 双量程电流表电路

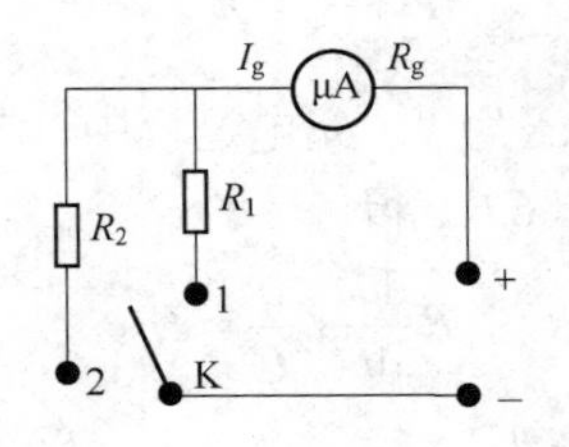


图6.4 双量程电压表电路

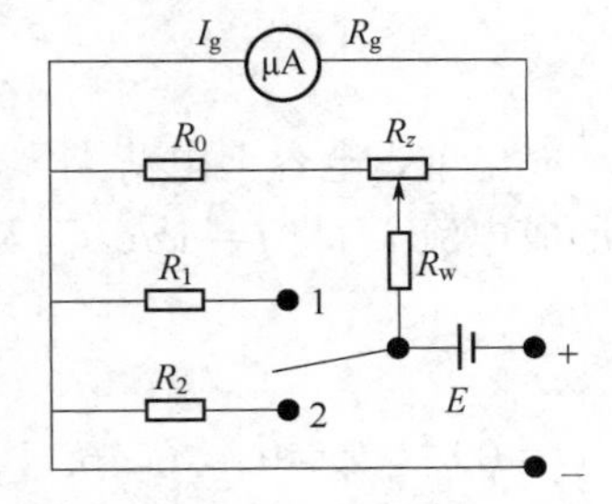


图6.5 双量程欧姆表电路

**【思考题】**

（1）电流表的量程是否可以缩小？

（2）为什么要对电表进行校准？如何校准改装的电压表？

（3）选择标准表的依据是什么？怎样为改装的欧姆表定标？

## 6.11 *RC*电路暂态过程研究

电阻器与电容器是电路的基本元件。在 *RC* 串联电路中，接通或断开电源的瞬间，电容器上的电压不会突变，电路只能从一个平衡态迅速过渡到另一个平衡态，这个过程称为暂态过程。*RC* 串联电路的暂态特性在电子电路中有许多用途，例如，隔离直流、耦合作用，积分与微分作用，延迟作用等。

本实验研究 *RC* 串联电路在暂态过程中不同参数对电流、电压的影响。

【目的】

① 学习和训练如何通过实验方法研究 *RC* 串联电路的暂态过程。

② 通过研究 *RC* 串联电路的暂态过程，加深对电容特性的认识。

③ 提高对 *RC* 串联电路暂态过程的分析技能。

【要求】

① 用电压表研究 *RC* 串联电路的充放电曲线。

② 计算 *RC* 电路的时间常数。

③ 研究不同阻值的 *RC* 串联电路的各种特性。

④ 用示波器观察和测量 *RC* 串联电路的充放电曲线和时间常数。

⑤ 研究 *RC* 串联电路的半衰期。

⑥ 用示波器观察方波通过 *RC* 电路的波形，进一步研究电容的充放电特性。

⑦ 写出具体的研究内容与实施方案、步骤。

【仪器】

不同阻值和容量的电阻器与电容器，面包板，数字电压表，稳压电源，示波器，秒表等。

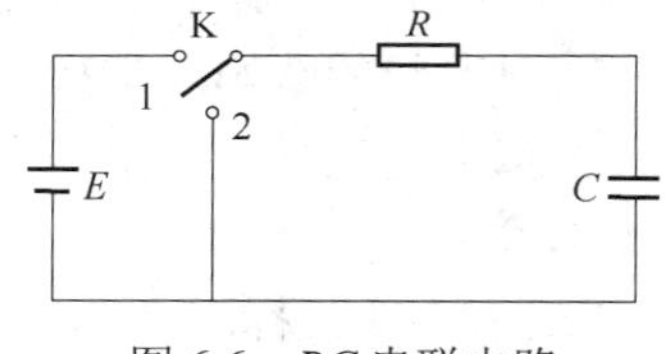


图 6.6 *RC* 串联电路

【提示】

（1）*RC* 串联电路的充电过程

如图 6.6 所示，在 *RC* 串联电路中，当开关 K 置于 1 时，电源通过电阻 *R* 对电容 *C* 进行充电，此时，电路方程为

$$iR+\frac{q}{C}=E \tag{6.6}$$

充电前，电容上电荷为零，电压为零。充电过程中，电源为电容器提供电荷，同时在电路中形成电流 $i$，将 $i=\mathrm{d}q/\mathrm{d}t$ 代入式（6.6）得

$$R\frac{\mathrm{d}q}{\mathrm{d}t}+\frac{q}{C}=E \tag{6.7}$$

$t=0$ 时，$q=0$。式（6.7）的解为

$$q(t)=CE(1-e^{-\frac{t}{RC}})$$

由此得电容两端的电压为

$$U_C(t)=E(1-e^{-\frac{t}{RC}}) \tag{6.8}$$

充电电流为

$$i(t)=\frac{E}{R}e^{-\frac{t}{RC}} \tag{6.9}$$

电阻 $R$ 两端的电压为

$$U_R(t)=Ee^{-\frac{t}{RC}} \tag{6.10}$$

令 $\tau=RC$，称为时间常数，其大小表示充电的快慢。

（2）$RC$ 串联电路的放电过程

当电路稳定后，将开关K置于2，此时电容 $C$ 通过 $R$ 放电，电路方程为

$$R\frac{\mathrm{d}q}{\mathrm{d}t}+\frac{q}{C}=0 \tag{6.11}$$

$t=0$ 时，$q=CE$。解式（6.11）得

$$q(t)=CEe^{-\frac{t}{RC}}=CEe^{-\frac{t}{\tau}}$$

由此得

$$U_C(t)=Ee^{-\frac{t}{\tau}} \tag{6.12}$$

$$i(t)=-\frac{E}{R}e^{-\frac{t}{\tau}} \tag{6.13}$$

$$U_R(t)=-Ee^{-\frac{t}{\tau}} \tag{6.14}$$

（3）半衰期

半衰期是反映暂态过程快慢的另一个重要参量，其意义是在放电过程中，$U_C(t)$ 下降到初始值一半所需的时间，即

$$\frac{1}{2}E=Ee^{-\frac{T_{1/2}}{\tau}} \tag{6.15}$$

半衰期与时间常数的关系为 $T_{1/2}=\tau\ln2=0.6931\tau$。

**【思考题】**

（1）用电压表测量 $RC$ 暂态过程特性时，发现在电容充电过程中，电容两端的电压不能达到电源电压 $E$ 值，试分析讨论，并提出解决办法。

（2）用电压表、秒表测出的 $T_{1/2}$，计算 $\tau=T_{1/2}/0.6931$ 的值，与通过 $R$、$C$ 标称值计算的 $\tau=RC$ 值相比，误差较大，为什么？

（3）用示波器研究 $RC$ 串联电路暂态过程特性的电路应如何连接？

## 6.12 光栅特性研究

光栅亦称衍射光栅，是指平行、等宽而又等间距的多狭缝光学元件。它是通过单缝衍射与多缝干涉使光发生色散的。光栅通常用于研究复色光的成分，进行光谱分析，获得特定波长的单色光。因此，光栅是一种重要的分光元件。

反映光栅特征的主要参数有光栅常数、角色散率、分辨本领和衍射效率。通过实验研究这些参数，可以加深对光栅衍射理论的理解，以便更好地使用光栅进行光谱分析。

**【目的】**

① 学习如何选择实验方法测定光栅的特性参数。

② 通过实验研究，进一步理解光栅方程的物理意义。

【要求】

① 选定方法和仪器，测量所给衍射光栅的光栅常数 $d$、角色散率 $\psi$、分辨本领 $R$ 和衍射效率 $\eta$。

② 用所给光栅测量钠灯的双线波长，或汞灯谱线的各个波长，或 He-Ne 激光器的激光波长。要求测量结果的准确度 $E_\lambda \leqslant 0.1\%$。

③ 在给定光栅和汞灯波长条件下，从理论上计算能观察到的光栅最高衍射级数 $k$，并用实验加以检验。

④ 观察分辨本领 $R$ 与光栅狭缝数目 $N$ 的关系。挡住光栅的一部分，减少狭缝数目 $N$，观察钠灯的钠双线随 $N$ 的减少而发生的变化。

⑤ 写出具体的研究内容与实施方案、方法与实验步骤。

【仪器】

只提供规格不同的光栅，其余仪器、量具自行提出。

【提示】

根据光栅衍射理论，衍射明条纹的位置由光栅方程确定，即

$$d\sin\varphi = \pm k\lambda,\quad k=0,\ 1,\ 2,\ \cdots \tag{6.16}$$

式中，$d$ 为光栅常数；$\varphi$ 为衍射角；$k$ 为衍射级数；$\lambda$ 为入射光的波长。

光栅的主要参数有：

① 光栅常数 $d$。$d=a+b$，$a$ 为光栅狭缝宽度，$b$ 为相邻狭缝间不透明部分的宽度。

② 角色散率 $\psi$。$\psi=\mathrm{d}\varphi/\mathrm{d}\lambda$，为单位波长间隔两单色谱线间的角位移。由式（6.16）有

$$\psi = \frac{\mathrm{d}\varphi}{\mathrm{d}\lambda} = \frac{k}{d\cos\varphi} \tag{6.17}$$

③ 分辨本领 $R$。$R=\bar{\lambda}/\Delta\lambda$，为两条恰能分辨的谱线的平均波长除以这两条谱线的波长差。根据瑞利判据，两条恰能分辨的谱线是指：波长相差 $\Delta\lambda$ 的两条相邻谱线，其中一条谱线的最亮处与另一条谱线的最暗处重叠。对于宽度一定的光栅，$R$ 的理论极限值为

$$R_{\mathrm{m}} = kN = k\frac{L}{d} \tag{6.18}$$

式中，$k$ 为光谱衍射级数；$N$ 为有效狭缝数，即参与衍射的光栅狭缝数；$L$ 为光栅有效宽度，即入射光束范围内的光栅宽度；$d$ 为光栅常数。

④ 衍射效率 $\eta$。为第一级衍射光谱强度 $I_1$ 与零级衍射光谱强度 $I_0$ 之比，即

$$\eta = I_1/I_0 \tag{6.19}$$

【思考题】

（1）实验所测的分辨本领 $R$ 数值小于理论极限值，说明为什么。

（2）从谱线的排列次序、间距、角色散率和衍射级数等项目，分析、比较光栅光谱与棱镜光谱的特点。

# 附　录

## 附录1　用MS Excel绘制实验曲线

MS Excel 功能强大，物理实验的很多实验曲线可以应用它来绘制，既省时又方便，更准确，比如材料电阻随温度变化曲线、伏安特性曲线等等。同时，通过 Excel 的趋势线功能，可以精确求出所绘曲线的斜率。

下面通过几个例子介绍这种绘图方法。

**【例1】** 由附表 1.1 数据，用 MS Excel 绘制铜丝电阻与温度变化曲线。

附表 1.1　铜丝电阻与温度的关系

室温：16.0℃　　时间：____年__月__日

| $T$/℃ | | 20.0 | 30.0 | 40.0 | 50.0 | 60.0 | 70.0 | 80.0 | 90.0 |
|---|---|---|---|---|---|---|---|---|---|
| $R$/Ω | 升温 | 1.282 | 1.323 | 1.370 | 1.425 | 1.484 | 1.515 | 1.570 | 1.626 |
| | 降温 | 1.274 | 1.314 | 1.362 | 1.415 | 1.468 | 1.509 | 1.562 | 1.620 |
| | 平均 | 1.278 | 1.318 | 1.366 | 1.420 | 1.471 | 1.512 | 1.566 | 1.623 |

（1）打开 MS Excel，在工作表的 A、B 两列分别建立 $T$ 与 $R$ 数列，并选中这两列数据，然后点击菜单栏的“插入”按钮，如附图 1.1 所示。

（2）在“插入”选项卡中选择图表中的 XY 散点图，再选择平滑线散点图，即画出如附图 1.2 所示的实验曲线图。

（3）单击曲线图，使其处于被选中状态，选择随后出现的“设计”选项卡，点击左侧“快速布局”菜单，可以选择合适的布局类型、图表标题、横纵坐标名称和单位、图例等等，如附图 1.3 所示。

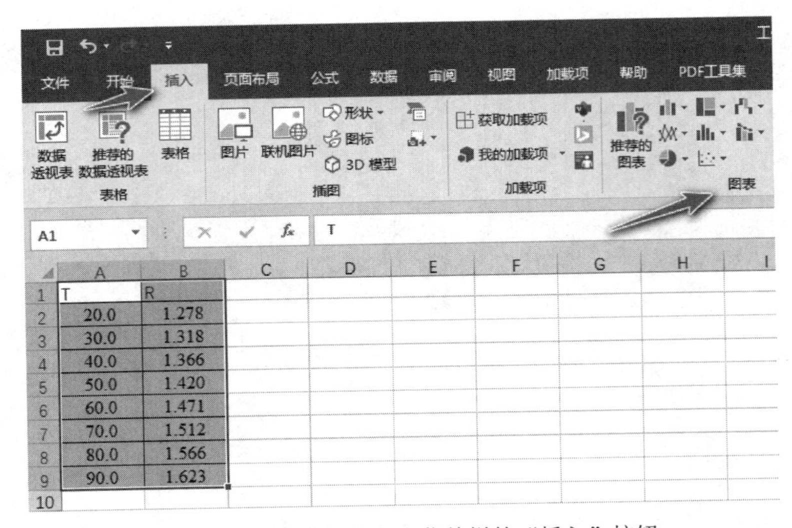


附图 1.1　选中两列数据并点击菜单栏的“插入”按钮

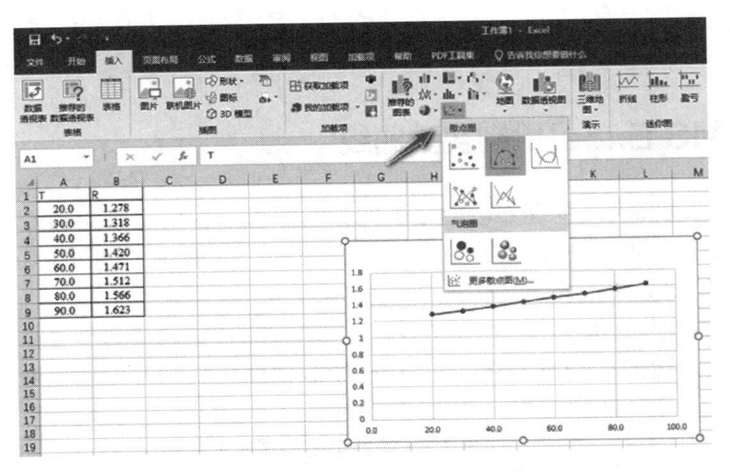


附图 1.2　选择图表中的 XY 散点图

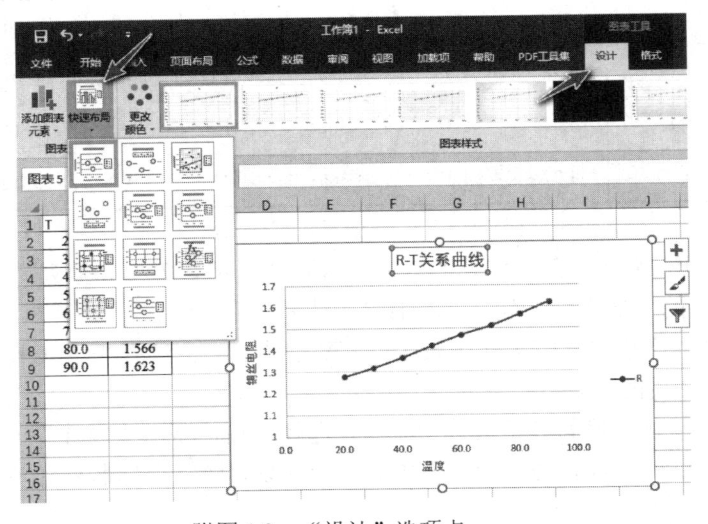


附图 1.3　“设计”选项卡

【例2】 用附表 1.2 数据，绘制在光电效应实验中光电管伏安特性曲线。

附表 1.2 光电管伏安特性关系

| $U_{AK}$/V | −1.7 | 0.0 | 3.0 | 6.0 | 9.0 | 12.0 | 15.0 | 18.0 | 21.0 | 24.0 | 27.0 |
|---|---|---|---|---|---|---|---|---|---|---|---|
| $I/10^{-11}$A | 0.0 | 0.3 | 2.1 | 4.1 | 5.1 | 5.8 | 6.2 | 6.6 | 6.9 | 7.1 | 7.2 |

（1）打开 MS Excel，在 A、B 两列分别输入横坐标数据与纵坐标数据，并选中这两列数据，然后点击菜单栏的插入按钮，如附图 1.1 所示。

（2）在图表选项卡中，选择 XY 散点图，再选择平滑线散点图；在“图表标题”栏输入“$I$-$U_{AK}$ 关系曲线”，数值轴分别输入 $I$ 和 $U_{AK}$，其他选项根据需要设定，最后如附图 1.4 所示。

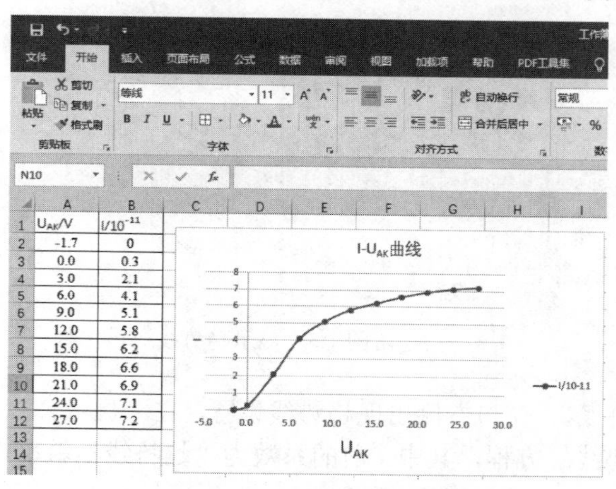

附图 1.4 $I$-$U_{AK}$ 关系曲线

【例3】 用 MS Excel 计算直线斜率。

（1）打开 MS Excel，在工作表的 A、B 两列分别建立 $x$ 与 $y$ 数列，并选中这两列数据，重复例 1 步骤画出折线图，如附图 1.5 所示。

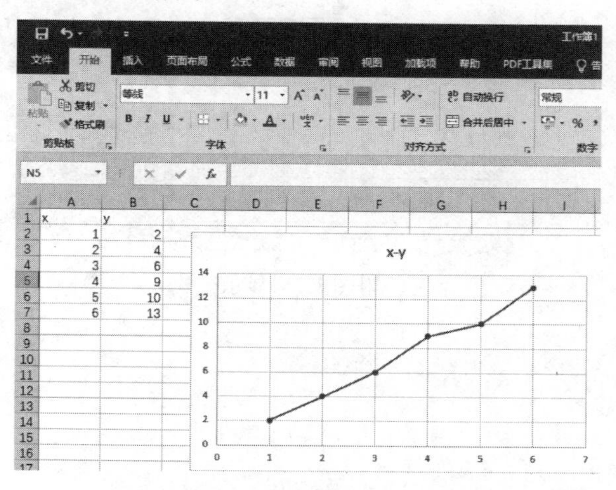

附图 1.5 画出折线图

（2）在折线图上点击曲线，让曲线处于被选中状态，点击随后出现的“设计”选项卡，点击左侧“添加图表元素”菜单，在下拉菜单中可以看到“趋势线”内容，鼠标放到其上可显示“趋势线”种类，选择“线性”，可以看到折线图上有一条虚线出现，即为趋势线，如附图 1.6 所示。

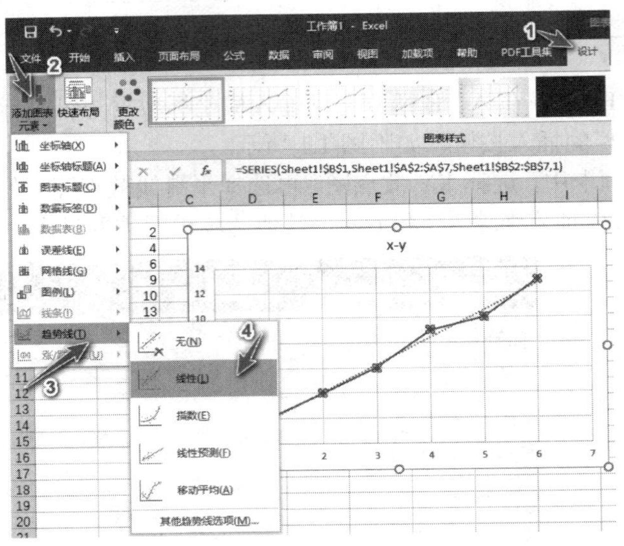


附图 1.6　显示趋势线

（3）点击“趋势线”，窗口右侧出现趋势线设置，在“显示公式”前面的框里打钩，折线图上即可出现“趋势线”方程，其中 $x$ 前的系数为“趋势线”斜率，如附图 1.7 所示。

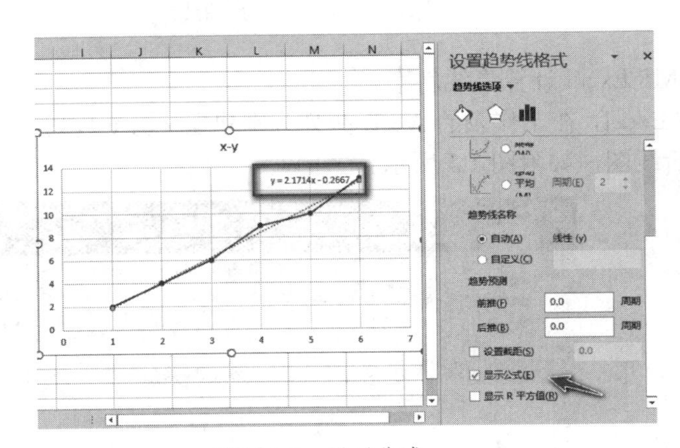


附图 1.7　显示公式

# 附录2　物理实验练习题

【选择题】

（1）下列说法正确的是（　　）。

A. 多次测量可以减小随机误差　　B. 多次测量可以消除系统误差

C. 多次测量可以减小系统误差　　D. 多次测量可以消除随机误差

（2）用最大误差为0.01mA，最大刻度为10mA的电流表测量电流，读数是6.00mA，算出读数的相对误差是0.2%，那么此表的准确度等级为（　　）。

A. 0.1　　B. 0.2　　C. 0.5　　D. 1.0

（3）$N=x+\frac{1}{2}y^3$，其标准偏差正确的是（　　）。

A. $\sigma_N=\sigma_x+(\sigma_y y^2/2)$　　B. $\sigma_N=\sigma_x+(3\sigma_y y^2/2)$

C. $\sigma_N=\sigma_x+(3\sigma_y/2)$　　D. A、B、C都不对

（4）用分度值为0.02mm的游标卡尺测量长度，正确的读数为（　　）。

A. 67.88mm　　B. 5.67mm　　C. 45.748mm　　D. 36.9mm

（5）下列说法正确是（　　）。

A. 可用仪器最小分度或最小分度的一半作为该仪器一次测量的误差

B. 可以用仪器精度等级估算该仪器一次测量的误差

C. 只要知道仪器的最小分度值，就可以大致确定仪器误差的数量级

D. 以上三种说法都正确

（6）下列消除系统误差的测量方法有（　　）。

A. 交换法　　B. 模拟法　　C. 代替法　　D. 放大法

（7）对某量进行直接测量，如下说法正确的是（　　）。

A. 有效数字的位数由所使用的量具确定

B. 有效数字的位数由被测量的大小确定

C. 有效数字的位数由使用者的水平高低来确定

D. 有效数字的位数由使用的量具与被测量的大小共同确定

（8）下列测量结果表达正确的是（　　）。

A. $L=$（33.68±0.005）m　　B. $I=6.09\pm0.10$mA

C. $T=$（1.96±0.01）s　　D. $p=$（3.67±0.3）Pa

（9）计算$x=ny/m$的数值，其中$m=$（1.00±0.02）mm，$n=$（10.00±0.03）mm，$y=$（5.00±0.01）mm，其结果为（　　）。

A. $x=$（0.50±0.01）mm　　B. $x=$（0.50±0.02）mm

C. $x=$（0.50±0.03）mm　　D. $x=$（0.50±0.04）mm

（10）测量某物长度，得到如下数据：$L$（cm）=1.63，1.66，1.62，1.67，1.65，1.61，1.68，1.63，1.67，2.17。剔出不良值后，算得$\sigma_L$为（　　）cm。

A. 0.001　　B. 0.002　　C. 0.005　　D. 0.008

（11）下列测量结果表达正确的是（　　）。

A. $L$=3010±100mm　　B. $R$=（27.3±0.3）Ω

C. $S$=（7.32±0.02）cm$^2$　　D. $f$=1.832×10$^4$±0.09×10Hz

（12）测量边长为1cm的正方形面积，要求测量相对不确定度小于0.6%，选用最合适的量具有（　　）。

A. 20分度游标卡尺　B. 标准米尺　C. 50分度游标卡尺　D. 外径千分尺

（13）下列几个测量结果中，测量准确度最低的是（　　）。

A. $l_1$=（253.98±0.02）cm　　B. $l_2$=（4.213±0.001）cm

C. $l_3$=（5.398±0.002）cm　　D. $l_4$=（3.5198±0.0002）cm

（14）在拉伸法测杨氏模量实验中，产生系统误差的因素有（　　）。

A. 支架不铅直　　B. 标尺的刻度误差

C. 砝码的误差　　D. 实验前钢丝没拉直

（15）如附图3.1所示，在牛顿环实验中，观察到的干涉条纹是由（　　）两束光线的反射光产生的。

A. 1和2　　B. 3和4

C. 4和1　　D. 2和4

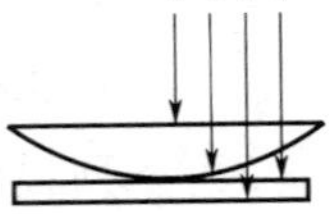

1 2 3 4

附图3.1　牛顿环实验

（16）在电位差计的使用实验中，校准工作电流时平衡指示仪的指针始终偏向一边，可能的原因是（　　）。

A. 没开工作电源　　B. 连接标准电池的导线不通

C. 平衡指示仪的导线极性接反　　D. 工作电源电压偏高或偏低

（17）求$x=B+C+D-A$，其中$A$=（20.004±0.005）cm，$B$=（17.32±0.02）cm，$C$=（2.684±0.001）cm，$D$=（100±2）cm，其结果为（　　）。

A. $x$=（100.0±0.2）cm　　B. $x$=（100.00±0.02）cm

C. $x$=（100±2）cm　　D. $x$=（100.000±0.003）cm

（18）在牛顿环实验中，观察到如附图3.2所示条纹，其原因是（　　）。

A. 凸透镜内有气泡　　B. 平板玻璃内有气泡

C. 平板玻璃有凹处　　D. 平板玻璃有凸起之处

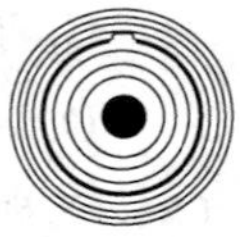

附图3.2　牛顿环

（19）在调整分光计时，当望远镜叉丝与物镜的距离使“+”字反射像正好处于叉丝平面上，左右观察叉丝与“+”字反射像无视差时，就可以说（　　）。

A. 望远镜可以接收平行光了　　B. 平行光管可以发射平行光了

C. 望远镜光轴垂直于主轴　　D. 望远镜光轴与载物台面垂直于主轴

（20）仪器准确度等级的含义是（　　）。

A. 最大误差与满刻度示值的百分数的分子表示

B. 仪器仪表值引用误差

C. 仪器仪表用百分数表示的示值相对误差中的分子表示

D. 仪器仪表值误差与指示值的百分数的分子表示

（21）用量程为 15mA、准确度等级为 0.5 的电流表测量某电流的指示值为 10.00mA，其测量结果的最大误差为（　　）。

A. 0.75mA　　B. 0.08mA　　C. 0.05mA　　D. 0.008mA

（22）在示波器实验中，若 $Y$ 轴输入 50Hz 的信号，经调节得到附图 3.3 的李萨如图形，则 $X$ 轴输入的低频信号发生器的输出频率应为（　　）。

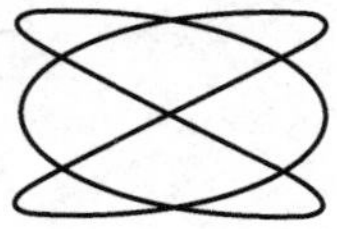

A. 25Hz　　B.（100/3）Hz

C.（200/3）Hz　　D. 75Hz

附图 3.3　李萨如图

（23）用示波器观察波形，如果看到了波形，但不稳定，为使其稳定，可（　　）。

A. “扫描频率”调节　　B. “扫描频率”与“聚焦”配合调节

C. “触发电平”调节　　D. “扫描频率”与“触发电平”配合调节

（24）在模拟法测绘静电场实验中，若提高电源电压，则（　　）。

A. 电场分布会有畸变　　B. 等势线的分布更密集

C. 电力线会产生变化　　D. 等势线的形状不会发生改变

（25）在牛顿环实验中，干涉条纹的中心为（　　）。

A. 暗纹　　B. 亮纹　　C. 零级条纹　　D. 不确定

（26）在电桥法测电阻实验中，联结好线路后进行测量，无论如何调节，检流计指针始终偏向一边，可能的原因有（　　）。

A. 短路　　B. 有一根导线不通

C. 断路　　D. 有一个电阻箱不通

（27）在牛顿环实验中，下列哪种措施可以减小误差？（　　）

A. 将半径的测量变成直径的测量　　B. 用单色性好的光源

C. 用逐差法处理数据　　D. 测量时保持显微镜的测微手轮单向移动

（28）使用分光计时，调节望远镜及载物台平面，使其垂直于主轴，用自准直法调节时发现三棱镜两面的反射十字像的位置分别如附图 3.4 所示，下列说法正确的是（　　）。

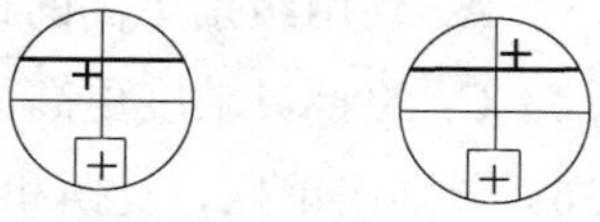

A.载物台平面不垂直主轴

B. 望远镜光轴不垂直主轴

C. 望远镜基本垂直于主轴

D. 载物台和望远镜光轴都不垂直主轴

附图 3.4　望远镜视场中的反射十字像

（29）用单臂电桥测量电阻，若出现下述情况，不能继续正常测量的是（　　）。

A. 有一个臂电阻短路　　B. 电源正、负极性接反

C. 有一个臂电阻开路　　D. 电源与检流计接线位置互换

（30）在模拟法测绘静电场实验中，若画出的等势线不对称，则可能的原因是（　　）。

A. 电压表的分流作用　　B. 电极与导电介质接触不良或不均匀

C. 导电介质不均匀　　　　D. 以上全部

（31）用自准直法调节分光计望远镜工作状态时，若从望远镜视场中看到的三棱镜两个面的反射十字像如附图 3.5 所示，则表明望远镜工作状态明显调好的是（　　）。

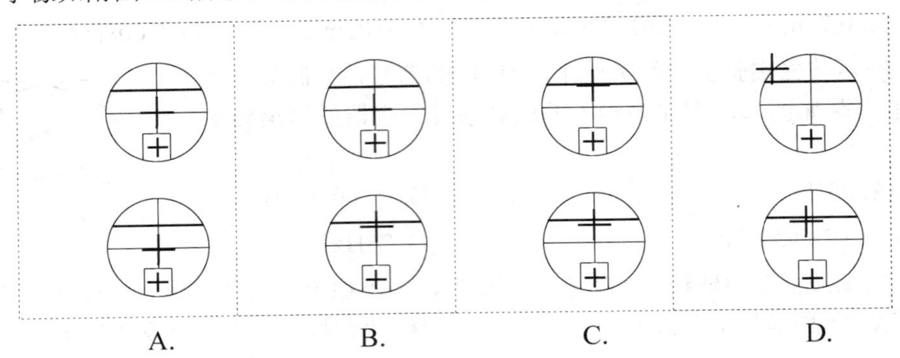


附图 3.5　望远镜视场中三棱镜的反射十字像

（32）在拉伸法测杨氏模量实验中，当负荷按比例增加或减少，读出相应的标尺数据时，发现标尺读数的增量不按比例增减，相差较大，可能的原因是（　　）。

A. 起初砝码太轻，尚未将金属丝完全拉直

B. 金属丝锈蚀、粗细不均匀使金属丝产生剩余形变

C. 光杠杆后足位置安放不当，与平台有摩擦

D. 支柱未铅直，造成金属丝下端的夹头不能在平台圆孔中上下自由移动

（33）在示波器的使用实验中，$X$轴（时间轴）上加的信号为（　　）。

A. 正弦波　　B. 方波　　C. 三角波　　D. 锯齿波

（34）牛顿环的干涉条纹是以凸透镜与平板玻璃的接触点为圆心的同心圆。实际上多数情况是出现一个大黑斑。下列说法正确的是（　　）。

A. 黑斑的出现对实验结果无影响　　B. 接触处有灰尘

C. 黑斑的出现对实验结果有影响　　D. 凸透镜与平板玻璃压得太紧

（35）提高电位差计灵敏度的方法有（　　）。

A. 使用级别更高的标准电池　　B. 增加工作电流

C. 更换灵敏度更高的检流计　　D. 提高电源电压

（36）分别用单摆、复摆和自由落体测得重力加速度数据如下，其中至少两种方法存在系统误差的一组是（　　）。

A. $g_{单}$=（980±1）cm/s$^2$，$g_{复}$=（980.2±0.2）cm/s$^2$，$g_{自}$=（981.13±0.03）cm/s$^2$

B. $g_{单}$=（980±2）cm/s$^2$，$g_{复}$=（980.0±0.2）cm/s$^2$，$g_{自}$=（981.04±0.03）cm/s$^2$

C. $g_{单}$=（982±1）cm/s$^2$，$g_{复}$=（980.2±0.2）cm/s$^2$，$g_{自}$=（977.63±0.03）cm/s$^2$

D. $g_{单}$=（982±2）cm/s$^2$，$g_{复}$=（983.2±0.2）cm/s$^2$，$g_{自}$=（977.63±0.03）cm/s$^2$

**【填空题】**

（1）测量值包括____________和__________。

（2）绝对误差等于____________；相对误差等于____________。

（3）系统误差可分为__________、__________、__________和__________。

（4）圆柱体侧表面积公式 $S=2\pi RL$，其中，$R$=0.2640m，$L$=0.10006m。式中 $R$ 为______位有效数字，$L$ 为______位有效数字，2 为______位有效数字，π为______位有效数字。

（5）用一只准确度等级为 1.0 级、量程为 30mA、分度值为 1mA 的电流表测量电流。如果电流表指针指在 21mA 上，应读作________mA。

（6）用米尺测量某长度 $L$=2.34cm，若用外径千分尺测量，应有______位有效数字。

（7）天平砝码的准确性引起的误差为______误差，用______类不确定度来评定。

（8）随机误差的分布具有三个性质，即______性，______性，______性。

（9）在电学元件伏安特性研究实验中，因电流表内接或外接产生的误差为______误差。

（10）50 分度游标卡尺的仪器误差为__________。

（11）量程为 10mA 的电流表，准确度等级为 1.0，当读数为 6.5mA 时，其最大误差为__________。

（12）标准偏差大，________误差就大，表示测量值比较________；标准偏差小，随机误差就小，表示测量值比较________。

（13）用 20 分度游标卡尺测量长度，刚好为 15mm，应记为________mm。

（14）误差按性质可分为______误差和______误差。

（15）指出下列各数的有效数字的位数：0.050cm 是______位；$7.421\times10^{-3}$mm 是______位；周长 $L=2\pi R$ 中的 π 是______位；（4.382±0.004）kg 中的 4.382kg 是______位。

（16）从测量方法上消除系统误差的方法有__________法、__________法、__________法和__________法等。

（17）对同一个物理量进行多次等精度测量，一般用多次测量值的__________代替约定真值，用__________表示随机误差。

（18）能体现__________大小，位数大于和等于__________最后一位的所有数字，叫作有效数字。

（19）有效数字反映测量的__________。有效数字位数________，准确度________。

（20）利用读数显微镜测量一个微小圆环，其内半径为 $R_1$，外半径为 $R_2$，厚度为 $t$。测量时主要应注意消除__________；将半径的测量转化为________的测量。

（21）等精度测量某物体长度 6 次，数据为 29.22m，29.18m，29.27m，29.24m，29.25m，29.26m，其平均值为__________；标准偏差为__________。

（22）在单次测量中，用单次测量值 $x_m$ 作为被测量的__________；测量值的不确定度一般只估计不确定度的 $B$ 类分量，用仪器误差 $\Delta_{仪}$ 作为 $x_m$ 的__________。

（23）在分光计实验中，望远镜的调节用的是______________法。

（24）在拉伸法测杨氏模量实验中用__________法消除系统误差。

（25）示波器最基本的组成部分是__________、__________、__________和__________。

（26）电位差计的基本原理是__________。其三个重要组成部分是__________回路、__________回路和__________回路。

（27）分光计由__________、__________、__________和__________组成。

（28）在牛顿环实验中应注意消除__________误差。

（29）在分光计实验中采用__________法来消除偏心误差。

（30）在示波器的水平和垂直偏转板上分别加上两个正弦信号，当两电压信号的频率为

__________比时荧光屏上出现__________的曲线，称为__________图形。

（31）根据获得测量值的方法，测量可分为__________测量和__________测量；根据测量的条件，可将测量分为__________测量和____________测量。

（32）相对误差小，测量准确度高。相对误差是____________的数值表示。

（33）在测量结果表示中，由若干位可靠数字加上____位可疑数字，组成其有效数字。

（34）在进行十进制单位换算时，有效数字的位数____________。

（35）相对误差等于______________之比，实际计算中一般是用______________之比。

（36）用分光计测得一角度为30°，分光计的分度为1′，测量结果为______________。

（37）进行多次等精度测量时，若每次读数的重复性好，则__________误差一定小，其测量结果的__________高。

（38）下列物理实验中，分别使用了一种测量方法。电桥法测电阻使用了________法；用电位差计测电动势使用了________法；测量微波布拉格衍射强度分布使用了________法；拉伸法测杨氏模量实验中用光杠杆测量微小伸长量使用了________法。

（39）在测绘静电场实验中，用________场的______分布，模拟________的______分布。

（40）在液体黏度测量实验中，要测小球的运动速度，这个速度应是小球做______运动的速度；如果液体中有气泡，可能使这个速度______，从而使$\eta$的测量值______。

（41）用伏安法测中值电阻时，由实验电路引入的误差属于__________，当电流表外接时，所测电阻$R_x$偏______，当电流表内接时，所测电阻$R_x$偏______。

（42）改变示波器的亮度，是调节示波管内__________电压，改变其清晰度是调节示波管内__________电压，观察波形时一般要使用示波器的________系统，如果观察波形时显示屏幕上只看到一条水平线条，这时一定是与________信号有关的部分有问题。

（43）在示波器内部，同步、扫描系统的作用是获得__________电压信号，这种电压信号加在偏转板上，可使光点匀速地沿$X$方向从左向右做周期性运动。

（44）在牛顿环实验中，若发现视场中半明半暗，应调节____________；若发现视场非常明亮，但观察不到干涉环，其原因是____________；若干涉环不清晰应调节____________。

**【计算题】**

（1）由单摆公式$T^2=4\pi^2 l/g$，通过测量周期$T$来测量摆长$l$。如果已知$g$的标准值，并测得$T\approx 2\text{s}$，周期测量的极限误差为$\Delta T=0.1\text{s}$，若使$l$的不确定度小于1.0%，时间至少应测量多少个周期？

（2）由体积计算公式$V=4m/\pi hd^2$，测量铜圆柱体的密度，数据为$m=(45.38\pm0.04)$ g，$d=(1.2420\pm0.0004)$ cm，$h=(4.183\pm0.003)$ cm。试计算$\rho$的不确定度，并写出结果表达式。

（3）用电位差计校准量程为1mV的毫伏表，测量数据见附表3.1。确定其准确度等级，并在附图3.6中画出毫伏表的校准曲线。

**附表3.1　$\Delta U$-$U$校准曲线数据**

| 测量次数$n$ | 1 | 2 | 3 | 4 | 5 | 6 | 7 | 8 | 9 | 10 |
|---|---|---|---|---|---|---|---|---|---|---|
| 毫伏表读数$U$/mV | 0.100 | 0.200 | 0.300 | 0.400 | 0.500 | 0.600 | 0.700 | 0.800 | 0.900 | 1.000 |
| 电位差计读数/mV | 0.1050 | 0.2150 | 0.3130 | 0.4070 | 0.5100 | 0.6030 | 0.6970 | 0.7850 | 0.8920 | 1.0070 |
| 修正值$\Delta U$/mV | 0.005 | 0.015 | 0.013 | 0.007 | 0.010 | 0.003 | −0.003 | −0.015 | −0.008 | 0.007 |

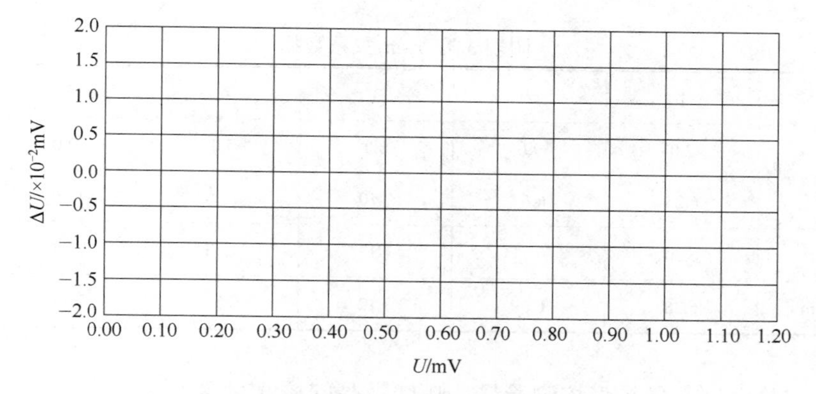


附图 3.6　Δ*U*-*U* 校准曲线

（4）用 50 分度游标卡尺测量圆盘直径 10 次，数据为 $L$=15.272cm，15.276cm，15.268cm，15.274cm，15.270cm，15.272cm，15.274cm，15.268cm，15.274cm，15.272cm，求合成不确定度。

（5）测量一个圆柱体的高和直径分别为 $h$=（13.322±0.006）cm，$d$=（1.541±0.005）cm，试计算圆柱体的体积 $V$，并写出结果表达式。

（6）用单摆测定某地重力加速度，由 $g=4\pi^2 l/T^2$ 计算。其测量数据为 $T$=（2.000±0.002）s，$l$=（1.000±0.001）m，计算 $g$ 和 $\sigma_g$，写出结果表达式。

（7）用三线摆测量转动惯量时，摆动周期为 1s，一次连续测量若干个摆动周期的计时误差为 0.1s，若要求周期测量对转动惯量测量的相对不确定度的影响为 1.0%，问一次连续测量摆动周期的数目不得少于多少？

（8）已知物理量 $x$ 与 $y$ 的实验数据见附表 3.2，试用逐差法和最小二乘法进行线性拟合，并求其回归方程。

**附表 3.2　*x*-*y* 实验数据**

| $x_i$ | 1.00 | 2.00 | 3.00 | 4.00 | 5.00 | 6.00 |
|---|---|---|---|---|---|---|
| $y_i$ | 1.90 | 4.10 | 5.95 | 8.05 | 10.08 | 12.03 |

（9）圆柱体积 $V=\pi D^2H/4$，$D\approx$1cm，$H\approx$1cm。若通过测量直径 $D$ 和高 $H$ 来测量 $V$，可选择米尺（$\Delta_{米}$=0.05cm）、游标卡尺（$\Delta_{游}$=0.002cm）和外径千分尺（$\Delta_{千}$=0.0004cm）。若要求 $V$ 的相对不确定度 $E_V\leqslant$0.6%，应选择哪种量具？

（10）用惠斯通电桥测未知电阻 $R_x$ 时，$R_x$=（$l_1/l_2$）$R$，式中 $R$ 为已知量，$l_1$、$l_2$ 是一根滑线电阻由触头分为的两部分。若只考虑由 $l_1$ 和 $l_2$ 产生的误差，则触头如何放置，才能使 $R_x$ 的相对误差最小？

（11）用物距像距法测量一个凸透镜的焦距 $f$，物与透镜分别位于 $A$ 和 $B$ 处，用米尺单次测量其距离为 $A$=100.00cm，$B$=100.00cm；像位置 $C$ 共测量 6 次，数据是 20.16cm、20.07cm、19.84cm、20.28cm、19.90cm、19.75cm。试计算焦距 $f$、不确定度 $u_f$，并写出结果表达式。

（12）在拉伸法测杨氏模量实验中，由公式 $E=8\Delta mglD/\pi d^2RS$ 测量杨氏模量，数据为 $D\approx$1m，$L\approx$0.8m，$R$=（7.000±0.005）cm，$d$=（0.700±0.004）mm，$r_i$ 的有关数据见附表 3.3。

附表 3.3 $r_i$-$m_i$ 关系数据

| 次数 $i$ | 1 | 2 | 3 | 4 | 5 | 6 |
|---|---|---|---|---|---|---|
| $m_i$/kg | 2.0 | 4.0 | 6.0 | 8.0 | 10.0 | 12.0 |
| $r_i^+/\times10^{-2}$m | 6.25 | 6.67 | 7.10 | 7.50 | 7.89 | 8.32 |
| $r_i^-/\times10^{-2}$m | 6.30 | 6.71 | 7.13 | 7.52 | 7.93 | 8.32 |
| 均值 $r_i/\times10^{-2}$m | 6.28 | 6.69 | 7.12 | 7.51 | 7.91 | 8.32 |

① 在此实验中哪些量是直接测量量，哪些量是间接测量量？

② 根据测量条件与可能，$D$、$L$、$R$ 和 $d$ 应选择什么仪器测量最合适？

③ 用逐差法处理数据，求 $S=\Delta r$。

④ 求 $\Delta r$ 带给 $E$ 的相对误差。

## 附录3 物理实验报告模板

# 参考文献


[1] 孙越胜. 新编大学物理实验. 合肥：中国科学技术大学出版社，2017.

[2] 白亚乡，杨桂娟，迟建卫.物理实验. 北京：清华大学出版社，2016.

[3] 魏连荣，魏弢. 万用表使用入门. 北京：化学工业出版社，2009.

[4] 丁慎训，张连芳. 物理实验教程. 2 版. 北京：清华大学出版社，2002.

[5] 张士欣，等. 基础物理实验. 北京：北京科学技术出版社，1993.

[6] 沈元华，陆申龙. 基础物理实验. 北京：高等教育出版社，2005.

[7] 马文蔚，苏惠惠，解希顺. 物理学原理在工程技术中的应用. 3 版. 北京：高等教育出版社，2006.

[8] 向义和. 大学物理导论——物理学的理论与方法、历史与前沿. 北京：清华大学出版社，2002.

[9] 程守洙，江之永，胡盘新，等修订. 普通物理学. 6 版. 北京：高等教育出版社，2006.